软件开发魔典

U0215232

MongoDB

从入门到项目实践（超值版）

聚慕课教育研发中心　编著

清華大學出版社
北京

内容简介

本书采取"知识基础→知识提高→核心技术→高级操作→项目实践"结构和"由浅入深，由深到精"的学习模式进行讲解。全书共分为 17 章，首先讲解了 MongoDB 数据库的入门、安装使用、数据结构、脚本编程等 MongoDB 数据库的基础知识，并深入地介绍了 MongoDB 存储原理和结构、MongoDB 的一些常用查询、文本搜索等 MongoDB 数据库语言的核心技术，还详细探究了 MongoDB 在不同开发语言环境下的不同链接和使用方法，以及软件开发中所提供的各种技术和特性。在项目实践环节不仅讲述了 MongoDB 数据库在 Java、Node.js 和 Python 中的详细应用，还详细讲解了 MongoDB 数据库在商品管理系统和舞蹈培训管理系统中的运用，全面地向读者展示了项目开发实战的全过程。

本书的目的是从多角度、全方位地帮助读者快速掌握数据库的使用技能，构建从高校到社会的就职桥梁，让有志从事软件开发行业的读者轻松步入职场。本书赠送的资源比较多，我们在本书前言部分对资源包的具体内容、获取方式以及使用方法等做了详细说明。

本书适合希望学习 MongoDB 数据库编程的初中级程序员阅读，还可作为大中专院校及培训学校的老师和学生的参考书。

图书在版编目（CIP）数据

MongoDB 从入门到项目实践：超值版 / 聚慕课教育研发中心编著. —北京：清华大学出版社，2021.4

（软件开发魔典）

ISBN 978-7-302-57672-3

Ⅰ. ①M…　　Ⅱ. ①聚…　　Ⅲ. ①关系数据库系统　　Ⅳ. ①TP311.132.3

中国版本图书馆 CIP 数据核字（2021）第 039811 号

责任编辑：张　　敏
封面设计：杨玉兰
责任校对：徐俊伟
责任印制：杨　艳

出版发行：清华大学出版社
网　　　址：http: //www.tup.com.cn, http://www.wqbook.com
地　　　址：北京清华大学学研大厦 A 座　　　邮　　编：100084
社 总 机：010-62770175　　　　　　　　　邮　　购：010-83470235
投稿与读者服务：010-62776969, c-service@tup.tsinghua.edu.cn
质量反馈：010-62772015, zhiliang@tup.tsinghua.edu.cn
印 装 者：天津安泰印刷有限公司
经　　销：全国新华书店
开　　本：203mm×260mm　　　印　　张：21.25　　字　　数：598 千字
版　　次：2021 年 6 月第 1 版　　　印　　次：2021 年 6 月第 1 次印刷
定　　价：99.00 元

产品编号：084871-01

前言
PREFACE

丛书说明

本套"软件开发魔典"系列图书,是专门为编程初学者量身打造的编程基础学习与项目实践用书。

本丛书针对"零基础"和"中级"学习者,通过案例引导读者深入技能学习和项目实践。为满足初学者在框架知识方面的基础入门、扩展学习、编程技能、项目实践 4 个方面的职业技能需求,特意采用"知识基础→知识提高→核心技术→高级操作→项目实践"的结构和"由浅入深,由深到精"的学习模式进行讲解。

MongoDB 最佳学习线路

本书以 MongoDB 最佳的学习模式来设计内容结构,第 1～3 篇可使读者掌握 MongoDB 数据库安装、存储、查询、优化等基础知识和应用技能,第 4～5 篇可使读者拥有多个行业项目开发经验。读者如果遇到问题,可观看本书同步微视频,也可以通过在线技术支持让老程序员答疑解惑。

本书内容

全书分为 5 篇共 17 章。

第 1 篇(第 1～3 章)为基础篇,主要讲解对 MongoDB 的初步认识、MongoDB 的安装与配置以及 MongoDB 数据库的使用。读者在学完本篇后将会了解 MongoDB 的基本概念以及数据库的简单操作。

第 2 篇(第 4～7 章)为提高篇,主要讲解 MongoDB 存储、MongoDB 查询、聚合以及 MongoDB 的管理。通过本篇的学习,读者将对如何使用 MongoDB 有个深度的了解,为后面的开发奠定基础。

第 3 篇(第 8～11 章)为核心技术篇,主要讲解 MongoDB 数据库高级查询优化和大数据复制。学完本篇,读者将对 MongoDB 索引与优化、复制、分片以及使用 MongoDB 数据库进行综合性编程具有一定的综合应用能力。

第 4 篇(第 12～14 章)为高级操作篇,主要讲解 MongoDB 数据库在 Java、Node.js、Python 等语言开发中的应用。学完本篇,读者将能够贯通前面所学的各项知识和技能,学会在不同语言开发中应用 MongoDB 数据库的技能。

第 5 篇（第 15～17 章）为项目实践篇，主要讲解商品管理系统、舞蹈培训管理系统、网站帖子爬取及数据展示 3 个实战案例。通过本篇的学习，读者将对 MongoDB 数据库编程在项目开发中的实际应用有切身体会，为日后进行软件开发积累项目管理及实践开发的经验。

全书不仅融入了作者丰富的工作经验和多年的使用心得，还提供了大量来自工作现场的实例，具有较强的实战性和可操作性。读者系统学习后可以掌握 MongoDB 的基础知识，拥有全面的数据库操作能力、优良的团队协同技能和丰富的项目实战经验。编写本书的目的就是让数据库初学者快速成长为一名合格的中级程序员，通过演练积累项目开发经验和团队合作技能，在未来的职场中获取一个较高的起点，并能迅速融入软件开发团队。

本书特色

1. 结构科学，易于自学

本书在内容组织和范例设计中充分考虑初学者的特点，由浅入深，循序渐进，无论读者是否接触过框架，都能从本书中找到最佳的起点。

2. 视频讲解，细致透彻

为降低学习难度，提高学习效率。本书录制了同步微视频（模拟培训班模式），通过视频除了能轻松学会专业知识外，还能获取老师的软件开发经验，使学习变得更轻松有效。

3. 超多、实用、专业的范例和实践项目

本书结合实际工作中的应用范例逐一讲解 MongoDB 数据库的各种知识和技术，在项目实践篇中更以 3 个项目实践来总结本书前 14 章介绍的知识和技能，使读者在实践中掌握知识，轻松拥有项目开发经验。

4. 随时检测自己的学习成果

每章首页中，均提供了"学习指引"和"重点导读"，以指导读者重点学习及学后检查；章后的"就业面试技巧与解析"均根据当前最新求职面试（笔试）题精选而成，读者可以随时检测自己的学习成果，做到融会贯通。

5. 专业创作团队和技术支持

本书由聚慕课教育研发中心编著和提供在线服务。读者在学习过程中遇到任何问题，可加入图书读者（技术支持）QQ 群（661907764）进行提问，作者和资深程序员为读者在线答疑。

本书附赠超值王牌资源库

本书附赠了极为丰富、超值的王牌资源库，具体内容如下：

（1）王牌资源 1：随赠本书"配套学习与教学"资源库，提升读者的学习效率。

- 本书 316 节同步微视频（扫描二维码观看）。
- 本书 3 个大型项目案例以及 100 个实例源代码。
- 本书配套上机实训指导手册及本书教学 PPT 课件。

（2）王牌资源 2：随赠"职业成长"资源库，突破读者职业规划与发展瓶颈。

- 求职资源库：100 套求职简历模板、600 套毕业答辩模板和 80 套学术开题报告模板。

- 面试资源库：程序员面试技巧、200 道求职常见面试（笔试）真题与解析。
- 职业资源库：100 套岗位竞聘模板、程序员职业规划手册、开发经验及技巧集、软件工程师技能手册。

（3）王牌资源 3：随赠"软件开发魔典"资源库，拓展读者学习本书的深度和广度。

- 案例资源库：100 个实例及源码注释。
- 软件开发文档模板库：10 套八大行业软件开发文档模板。
- 编程水平测试系统：计算机水平测试、编程水平测试、编程逻辑能力测试、编程英语水平测试。
- 软件学习电子书资源库：MongoDB 常用工具查询电子书、MongoDB 常用命令查询电子书、MongoDB 数据库运维手册、MongoDB 可视化工具使用技巧和 MongoDB 吃内存问题及解决方案。

（4）王牌资源 4：编程代码优化纠错器。

- 本纠错器能让软件开发更加便捷和轻松，无须安装配置复杂的软件运行环境即可轻松运行程序代码。
- 本纠错器能一键格式化，让凌乱的程序代码更加规整美观。
- 本纠错器能对代码精准纠错，让程序查错不再难。

上述资源获取及使用

注意：由于本书不配送光盘，书中所用及上述资源均需借助网络下载才能使用。

1. 资源获取

采用以下任意途径，均可获取本书所附赠的超值王牌资源库。

（1）加入本书微信公众号"聚慕课 jumooc"，下载资源或者咨询关于本书的任何问题。

（2）加入本书图书读者服务（技术支持）QQ 群（661907764），读者可以打开群"文件"中对应的 Word 文件，获取网络下载地址和密码。

2. 使用资源

读者可通过 PC 端、App 端、微信端学习和使用本书微视频和资源。

本书适合哪些读者阅读

本书非常适合以下人员阅读。

- 没有任何 MongoDB 基础的初学者。
- 有一定的 MongoDB 开发基础，想精通编程的人员。
- 有一定的 MongoDB 开发基础，没有项目实践经验的人员。
- 正在进行软件专业相关毕业设计的学生。
- 大中专院校及培训学校的老师和学生。

创作团队

本书由聚慕课教育研发中心编著，高淼任主编，王峰、陈长生老师任副主编。参与本书编写的人员还有蒋楠、陈梦、李良、陈献凯和裴垚等。

在编写过程中，我们尽己所能将最好的讲解呈现给读者，但也难免有疏漏和不妥之处，敬请读者不吝指正。

编　者

CONTENTS 目录

第1篇

基础篇

本篇是 MongoDB 的基础知识篇。从基本的对 MongoDB 的认识到基本用法的使用，结合一些我们日常生活中常用的案例的编写和分析带领读者简单快速地进入 MongoDB 的探索世界。

读者在学完本篇后将会了解到 MongoDB 数据库的基本概念和常用用法，掌握 MongoDB 的安装，创建删除简单的数据库、集合等知识，为后面更深入地学习 MongoDB 编程打下坚实的基础。

- 第 1 章　初识 MongoDB 世界——认识 MongoDB
- 第 2 章　MongoDB 使用基础——MongoDB 的安装与配置
- 第 3 章　数据库程序的操作——MongoDB 数据库的使用

第1章
初识 MongoDB 世界——认识 MongoDB

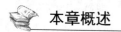 **本章概述**

本章主要介绍 NoSQL 数据库的发展以及它其中最热门的 MongoDB 数据库基础知识。通过本章内容的学习，读者可以学习到 MongoDB 数据库的体系结构、特征、核心服务以及 MongoDB 的数据模型等。

本章要点

- NoSQL 的种类及特征
- MongoDB 体系结构
- MongoDB 键特性
- MongoDB 的核心服务和工具
- MongoDB 数据模型

1.1　NoSQL

NoSQL，泛指非关系型数据库。随着互联网 Web 2.0 网站的兴起，传统的关系型数据库在应付 Web 2.0 网站，特别是超大规模和高并发的 SNS 类型的 Web 2.0 纯动态网站时已经显得力不从心，暴露了很多难以克服的问题，而非关系型数据库则由于其自身的特点得到了非常迅速的发展。NoSQL 数据库的产生就是为了应对大规模数据集合以及多重数据种类带来的挑战，尤其是大数据应用难题。

 ### 1.1.1　NoSQL 简史

NoSQL 一词最早出现于 1998 年，是 Carlo Strozzi 开发的一个轻量、开源、不提供 SQL 功能的关系型数据库。

2009 年，Last.fm 的 Johan Oskarsson 发起了一次关于分布式开源数据库的讨论，来自 Rackspace 的 Eric Evans 再次提出了 NoSQL 的概念，这时的 NoSQL 主要指非关系型、分布式、不提供 ACID 的数据库设计模式。

2009 年在亚特兰大举行的 no:sql(east)讨论会是一个里程碑，其口号是 select fun, profit from real_world where relational=false;。因此，对 NoSQL 最普遍的解释是"非关联型的"，强调 Key-Value Stores 和文档数据库的优点，而不是单纯地反对 RDBMS。

1.1.2 NoSQL 的种类及其特性

NoSQL 数据库有多种类型，每种类型都有各自的特点，如表 1-1 所示。

表 1-1 NoSQL 数据库分类

类 型	部 分 代 表	特 点
列存储	HBase Cassandra HyperTable	顾名思义，是按列存储数据的。最大的特点是方便存储结构化和半结构化数据，方便做数据压缩，对针对某一列或者某几列的查询有非常大的 IO 优势
文档存储	MongoDB CouchDB	文档存储一般用类似 JSON 的格式存储，存储的内容是文档型的。这样也就有机会对某些字段建立索引，实现关系型数据库的某些功能
键值存储	Tokyo Cabinet/Tyrant Berkeley DB MemcacheDB Redis	可以通过键快速查询到其值。一般来说，存储不管值的格式，照单全收
图存储	Neo4j FlockDB	图形关系的最佳存储。使用传统关系型数据库来解决的话性能低下，而且设计使用不方便
对象存储	db4o Versant	通过类似面向对象语言的语法操作数据库，通过对象的方式存取数据
XML 数据库	Berkeley DB XML BaseX	高效的存储 XML 数据，并支持 XML 的内部查询语法，比如 XQuery、Xpath

下面介绍两种不同类型的数据库。

1）面向列的数据库。Cassandra、HBase、HyperTable 属于这种类型。

普通的关系型数据库都是以行为单位来存储数据的，擅长以行为单位读入数据，比如特定条件数据的获取。因此，关系型数据库也被称为面向行的数据库。相反，面向列的数据库是以列为单位来存储数据的，擅长以列为单位读入数据。

面向列的数据库具有高扩展性，即使数据增加也不会降低相应的处理速度（特别是写入速度），所以它主要应用于需要处理大量数据的情况。另外，把它作为批处理程序的存储器来对大量数据进行更新也是非常有用的。但由于面向列的数据库跟现行数据库存储的思维方式有很大不同，故应用起来十分困难。

2）面向文档的数据库。MongoDB、CouchDB 属于这种类型，它们属于 NoSQL 数据库，但与键值存储相异。

（1）不定义表结构。

即使是不定义表结构，也可以像定义表结构一样使用，还省去了变更表结构的麻烦。

（2）可以使用复杂的查询条件。

与键值存储不同的是，面向文档的数据库可以通过复杂的查询条件来获取数据，虽然不具备事务处理和 Join 这些关系型数据库所具有的处理能力，但除此以外的其他处理基本上都能实现。

3）键值存储的数据库。

它的数据是以键值的形式存储的，虽然它的速度非常快，但基本上只能通过键的完全一致查询获取数据，根据数据的保存方式可以分为临时性、永久性和两者兼具三种。

（1）临时性。

所谓临时性就是数据有可能丢失，memcached 把所有数据都保存在内存中，这样保存和读取的速度非常快，但是当 memcached 停止时，数据就不存在了。由于数据保存在内存中，所以无法操作超出内存容量的数据，旧数据会丢失。总体来说，在内存中保存数据、可以进行非常快速的保存和读取处理、数据有可能丢失。

（2）永久性。

所谓永久性就是数据不会丢失，这里的键值存储是把数据保存在硬盘上，与临时性比起来，由于必然要发生对硬盘的 IO 操作，所以性能上还是有差距的，但数据不会丢失是它最大的优势。总体来说，在硬盘上保存数据、可以进行非常快速的保存和读取处理（但无法与 memcached 相比）、数据不会丢失。

（3）两者兼具。

Redis 属于这种类型。Redis 有些特殊，临时性和永久性兼具。Redis 首先把数据保存在内存中，在满足特定条件（默认是 15 分钟一次以上，5 分钟内 10 个以上，1 分钟内 10000 个以上的键发生变更）的时候将数据写入到硬盘中，这样既确保了内存中数据的处理速度，又可以通过写入硬盘来保证数据的永久性，这种类型的数据库特别适合处理数组类型的数据。总体来说，同时在内存和硬盘上保存数据、可以进行非常快速的保存和读取处理、保存在硬盘上的数据不会消失（可以恢复）、适合于处理数组类型的数据。

1.1.3　NoSQL 特点

关系型数据库经过几十年的发展，各种优化工作已经做得很深了，而 NoSQL 系统也从中吸收了关系型数据库的技术，我们从系统设计的角度来了解一下 NoSQL 数据库的四大特点。

1. 索引支持

关系型数据库创立之初没有想到今天的互联网应用对可扩展性提出如此高的要求，因此，设计时主要考虑的是简化用户的工作，SQL 语言的产生促成数据库接口的标准化，从而形成了 Oracle 这样的数据库公司并带动了上下游产业链的发展。关系型数据库的单机存储引擎支持索引，比如 MySQL 的 InnoDB 存储引擎需要支持索引，而 NoSQL 系统的单机存储引擎是纯粹的，只需要支持基于主键的随机读取和范围查询。NoSQL 系统在系统层面提供对索引的支持，比如有一个用户表，主键为 user_id，每个用户有很多属性，包括用户名，照片 ID（photo_id），照片 URL，在 NoSQL 系统中如果需要对 photo_id 建立索引，可以维护一张分布式表，表的主键为形成的二元组。关系型数据库由于需要在单机存储引擎层面支持索引，大大降低了系统的可扩展性，使得单机存储引擎的设计变得很复杂。

2. 并发事务处理

关系型数据库有一整套的关于事务并发处理的理论，比如锁的粒度是表级、页级还是行级，多版本并发控制机制 MVCC，事务的隔离级别，死锁检测，回滚，等等。然而，互联网应用大多数的特点都是多读少写，比如读和写的比例是 10∶1，并且很少有复杂事务需求，因此，一般可以采用更为简单的 copy-on-write 技术：单线程写，多线程读，写的时候执行 copy-on-write，写不影响读服务。NoSQL 系统这样的假设简化了系统的设计，减少了很多操作的 overhead，提高了性能。

3. 数据结构

关系型数据库的存储引擎的数据结构是一棵磁盘 B+树，为了提高性能，可能需要有 Insert Buffer 聚合写，Query Cache 缓存读，经常需要实现类似 Linux page cache 的缓存管理机制。数据库中的读和写是互相影响的，写操作也因为时不时需要将数据输出到磁盘而性能不高。简而言之，关系型数据库存储引擎的数据结构是通用的动态更新的 B+树。然而，在 NoSQL 系统中，比如 Bigtable 中采用 SSTable+MemTable 的数据结构，数据先写入到内存的 MemTable，达到一定大小或者超过一定时间才会备份到磁盘生成 SSTable 文件，SSTable 是只读的。如果说关系型数据库存储引擎的数据结构是一棵动态的 B+树，那么 SSTable 就是一个排好序的有序数组。很明显，实现一个有序数组比实现一棵动态 B+树且包含复杂的并发控制机制要简单高效得多。

4. Join 操作

关系型数据库需要在存储引擎层面支持 Join，而 NoSQL 系统一般根据应用来决定 Join 实现的方式。举个例子，有两张表：用户表和商品表，每个用户下可能有若干个商品，用户表的主键为 user_id，用户和商品的关联属性存放在用户表中，商品表的主键为 item_id，商品属性包括商品名和商品 URL，等等。假设应用需要查询一个用户的所有商品并显示商品的详细信息，普通的做法是先从用户表查找指定用户的所有 item_id，然后对每个 item_id 去商品表查询详细信息，即执行一次数据库 Join 操作，这必然带来了很多的磁盘随机读，并且由于 Join 带来的随机读的局部性不好，缓存的效果往往也是有限的。在 NoSQL 系统中，我们往往可以将用户表和商品表集成到一张宽表中，这样虽然存储了额外的信息，但却换来了查询的高效。

1.1.4 NoSQL 的优缺点

业界为了解决更多用户的需求，推出了多款新类型的数据库，并且由于它们在设计上和传统的 NoSQL 数据库相比有很大的不同，所以被统称为 NoSQL 系列数据库。总的来说，在设计上，它们非常关注对数据高并发读写和对海量数据的存储等，与关系型数据库相比，它们在架构和数据模型方面做了"减法"，而在扩展和并发等方面做了"加法"。现在主流的 NoSQL 数据库有 BigTable、HBase、Cassandra、SimpleDB、CouchDB、MongoDB 和 Redis 等。接下来，我们了解一下 NoSQL 数据库到底存在哪些优缺点。

在优势方面，主要体现在下面这三点：

（1）简单的扩展。典型例子是 Cassandra，由于其架构是类似于经典的 P2P，所以能通过轻松地添加新的节点来扩展这个集群。

（2）快速的读写。主要例子有 Redis，由于其逻辑简单，而且纯内存操作，使得其性能非常出色，单节点每秒可以处理超过 10 万次读写操作。

（3）低廉的成本。这是大多数分布式数据库共有的特点，因为主要都是开源软件，没有昂贵的许可证成本。

虽然有以上优势，但 NoSQL 数据库还存在着很多的不足，常见的主要有下面这几个：

（1）不提供对 SQL 的支持。如果不支持 SQL 这样的工业标准，将会对用户产生一定的学习和应用迁移成本。

（2）支持的特性不够丰富。现有产品所提供的功能都比较有限，大多数 NoSQL 数据库都不支持事务，也不像 SQL Server 和 Oracle 那样能提供各种附加功能，比如 BI 和报表等。

（3）现有产品的不够成熟。大多数产品都还处于初创期，和关系型数据库几十年的完善不可相提并论。

上面 NoSQL 产品的优缺点都是共通的，在实际情况下，每个产品都会根据自己所遵从的数据模型和 CAP 理念而有所不同。

1.1.5　NoSQL 与 SQL 数据库的比较

在日常的编码中，我们常用的是 SQL（结构化的查询语言）数据库，SQL 是过去几十年间存储数据的主要方式。现在主流的 SQL 主要有 MySQL、SQL Server、Oracle 等数据库。NoSQL 数据库自从 20 世纪 60 年代就已经存在了，现在主流的 NoSQL 有 MongoDB、CouchDB、Redis 和 Memcache 等数据库。

SQL 和 NoSQL 有着相同的目标：存储数据。但是它们存储数据的方式不同，这可能会影响到你开发的项目，一种会简化你的开发，一种会阻碍你的开发。尽管目前 NoSQL 数据库非常火爆，但是 NoSQL 尚不能取代 SQL——它仅仅是 SQL 的一种替代品。

SQL 和 NoSQL 没有明显的区别。一些 SQL 数据库也采用了 NoSQL 数据库的特性，反之亦然。在选择数据库方面的界限变得越来越模糊了，并且一些新的混合型数据库将会在不久的将来提供更多的选择。

SQL 和 NoSQL 的区别：

（1）SQL 数据库提供关系型的表来存储数据，NoSQL 数据库采用类 JSON 的键值对来存储文档。

SQL 中的表结构具有严格的数据模式约束，因此存储数据很难出错。NoSQL 存储数据更加灵活自由，但是也会导致数据不一致性问题的发生。

（2）在 SQL 数据库中，除非你事先定义了表和字段的模式否则你无法向其中添加数据。在 NoSQL 数据库中，数据在任何时候都可以进行添加，不需要事先去定义文档和集合。

SQL 在进行数据的逻辑操作之前我们必须要定义数据模式，数据模式可以在后期进行更改，但是对于模式的大改将会是非常复杂的。因此 NoSQL 数据库更适合于那些不能够确定数据需求的工程项目（MongoDB 会在集合中为每一个文档添加一个独一无二的 id。如果你仍然想要定义索引，你也可以自己在之后定义）。

模式中包含了许多的信息：主键——独一无二的标志就像 ISBN 唯一确定一个书号。索引——通常设置索引字段加快搜索的速度。关系——字段之间的逻辑连接。

（3）SQL 具有数据库的规范化。NoSQL 虽然可以同样使用规范化，但是更倾向于非规范化。

在 SQL 中我们需要增加一张新表 tableB，一张旧表 tableA 关联新表只需使用外键 B_id，用于引用 tableB 中的信息，这样的设计能够最小化数据的冗余，我们不需要为 tableA 重复添加 tableB 的所有信息——只需要去引用就可以了。这项技术叫作数据库的规范化，具有实际的意义。我们可以更改 tableB 的信息而不用修改 tableA 中的数据。而 NoSQL 更多的是在 tableA 中为每项数据添加 tableB 的信息，这样会使查询更快，但是在更新信息的记录变多时效率将会显著下降。

（4）SQL 具有 Join 操作，NoSQL 则没有。SQL 语言为查询提供了强大的 Join 操作。我们可以使用单个 SQL 语句在多个表中获取相关数据。而在 NoSQL 中没有与 Join 相同的操作，对于具有 SQL 语言经验的人来说是非常令人震惊的，这也是非规范化存在的原因之一。

（5）SQL 具有数据完整性，NoSQL 则不具备数据完整性。大多数的数据库允许通过定义外键来进行数据库的完整性约束。在 NoSQL 数据库中则没有数据完整性的约束选项，你可以存储任何你想要存储的数据。

理想情况下，单个文档将是项目所有信息的唯一来源。

（6）SQL 需要自定义事务。NoSQL 操作单个文档时具备事务性，而操作多个文档时则不具备事务性。在 SQL 数据库中，两条或者多条更新操作可以结合成一个事务（或者全部执行成功否则失败）执行。将两条更新操作绑定为一个事务确保了它们要么全部成功要么全部失败。在 NoSQL 数据库中，对于一个文档的更新操作是原子性的。换句话说，如果你要更新一个文档中的三个值，要么三个值都更新成功要么它们保持不变。然而，对于操作多个文档时没有与事务相对应的操作。在 MongoDB 中有一个操作是 transaction-like options，但是，需要我们手动地加入到代码中。

（7）SQL 使用 SQL 语言，NoSQL 使用类 JSON。SQL 是一种声明性语言。SQL 语言的功能强大，并且已经成为了一种国际的通用标准，尽管大多数系统在语法上有一些细微的差别。NoSQL 数据库使用类似 JSON 为参数的 JavaScript 来进行查询，基本操作是相同的，但是嵌套的 JSON 将会产生复杂的查询。

（8）NoSQL 比 SQL 更快。通常情况下，NoSQL 比 SQL 语言更快。这并没有什么好震惊的，NoSQL 中更加简单的非规范化存储允许我们在一次查询中得到特定项的所有信息，不需要使用 SQL 中复杂的 Join 操作。也就是说，你的项目的设计和数据的需求会有很大的影响。一个好的 SQL 数据库一定会比一个不好的 NoSQL 数据库性能好很多，反之亦然。

1.2　初识 MongoDB

MongoDB 是一个跨平台的、面向文档的数据库，是当前 NoSQL 数据库产品中最热门的一种。下面我们来认识一下 MongoDB。

1.2.1　MongoDB 是什么

MongoDB 是一个基于分布式文件存储的数据库。由 C++语言编写。旨在为 Web 应用提供可扩展的高性能数据存储解决方案。

MongoDB 是一个介于关系型数据库和非关系型数据库之间的产品，是非关系型数据库当中功能最丰富、最像关系型数据库的。它支持的数据结构非常松散，是类似 JSON 的 BSON 格式，因此可以存储比较复杂的数据类型。MongoDB 最大的特点是它支持的查询语言非常强大，其语法有点类似于面向对象的查询语言，几乎可以实现类似关系数据库单表查询的绝大部分功能，而且还支持对数据建立索引。

1.2.2　MongoDB 的体系结构

MongoDB 的逻辑结构是一种层次结构，主要由文档（document）、集合（collection）、数据库（database）这三部分组成。逻辑结构是面向用户的，用户使用 MongoDB 开发应用程序使用的就是逻辑结构。

（1）MongoDB 的文档，相当于关系数据库中的一行记录。

（2）多个文档组成一个集合，相当于关系数据库的表。

（3）多个集合逻辑上组织在一起，就是数据库。

（4）一个 MongoDB 实例支持多个数据库。

文档、集合、数据库的层次结构如图 1-1 所示：

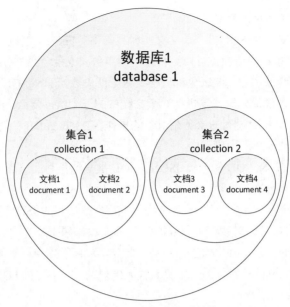

图 1-1　MongoDB 体系结构

1.2.3　MongoDB 的特点

　　MongoDB 最大的特点是它支持的查询语言非常强大，其语法有点类似于面向对象的查询语言，几乎可以实现类似关系数据库单表查询的绝大部分功能，而且还支持对数据建立索引。它是一个面向集合的，模式自由的文档型数据库。

　　具体特点总结如下：

　　（1）面向集合存储，易于存储对象类型的数据。

　　（2）模式自由。

　　（3）支持动态查询。

　　（4）支持完全索引，包含内部对象。

　　（5）支持复制和故障恢复。

　　（6）使用高效的二进制数据存储，包括大型对象（如视频等）。

　　（7）自动处理碎片，以支持云计算层次的扩展性。

　　（8）支持 Python、PHP、Ruby、Java、C、C#、JavaScript、Perl 及 C++语言的驱动程序，社区中也提供了对 Erlang 及.NET 等平台的驱动程序。

　　（9）文件存储格式为 BSON（一种 JSON 的扩展）。

1.2.4　MongoDB 键特性

　　MongoDB 的设计目标是高性能、可扩展、易部署、易使用，存储数据非常方便，其主要功能特性如下。

1. 文档数据类型

　　SQL 类型的数据库是正规化的，可以通过主键或者外键的约束保证数据的完整性与唯一性，所以 SQL

类型的数据库常用于对数据完整性要求较高的系统。MongoDB 在这一方面是不如 SQL 类型的数据库的，且 MongoDB 没有固定的 Schema，正因为 MongoDB 少了一些这样的约束条件，可以让数据的存储数据结构更灵活，存储速度更快。

2. 即时查询能力

MongoDB 保留了关系型数据库即时查询的能力，保留了索引（底层是基于 B 树）的能力。这一点汲取了关系型数据库的优点，同类型的 NoSQL Redis 则没有上述的能力。

3. 复制能力

MongoDB 自身提供了副本集能将数据分布在多台机器上实现冗余，目的是可以提供自动故障转移、扩展读能力。

4. 速度与持久性

MongoDB 的驱动实现一个写入语义 fire and forget，即通过驱动调用写入时，可以立即得到返回成功的结果（即使是报错），这样让写入的速度更快，当然会有一定的不安全性，完全依赖网络。

5. 数据扩展

MongoDB 使用分片技术对数据进行扩展，MongoDB 能自动分片、自动转移分片里面的数据块，让每一个服务器里面存储的数据都是一样大小。

1.2.5　MongoDB 的核心服务和工具

MongoDB 是用 C++编写的，由 10gen 积极维护。该项目能在所有主流操作系统上编译，包括 Mac OS X、Windows 和大多数 Linux。MongoDB.org 上提供了这些平台的预编译二进制包。MongoDB 是开源的，遵循 GNU-AGPL 许可，GitHub 上可以免费获取到源代码，而且经常会接受来自社区的贡献，但这一项目主要还是由 10gen 的核心服务器团队来领导的，绝大多数提交亦来自该团队。

1. 核心服务器

通过可执行文件 mongod（Windows 上是 MongoDB.exe）可以运行核心服务器。mongod 服务器进程使用一个自定义的二进制协议从网络套接字上接收命令。mongod 进程的所有数据文件默认都存储在 /data/db 里。

mongod 有多种运行模式，最常见的是作为副本集中的一员。因为推荐使用复制，通常副本集由两个副本组成，再加一个部署在第三台服务器上的仲裁进程。对于 MongoDB 的自动分片架构而言，其组件包含配置为预先分片的副本集的 mongod 进程，以及特殊的元数据服务器，称为配置服务器。另外还有单独的名为 mongos 的路由服务器向适当的分片发送请求。

相比其他的数据库系统，例如 MySQL，配置一个 mongod 进程相对比较简单。虽然可以指定标准端口和数据目录，但没有什么调优数据库的选项。在大多数 RDBMS 中，数据库调优意味着通过一大堆参数来控制内存分配等内容，这已经变成了一门黑魔法。MongoDB 的设计哲学指出，内存管理最好是由操作系统而非 DBA 或应用程序开发者来处理。如此一来，数据文件通过 mmap()系统调用被映射成了系统的虚拟内存。这一举措行之有效地将内存管理的重任交给了操作系统内核。本书中我还会更多地阐述与 mmap()相关的内容，不过目前你只需要知道缺少配置参数是系统设计亮点，而非缺陷。

2. JavaScript Shell

MongoDB 命令行 Shell 是一个基于 JavaScript 的工具，用于管理数据库和操作数据。可执行文件 mongod 会加载 Shell 并连接到指定的 mongod 进程。MongoDB Shell 的功能和 MySQL Shell 差不多，主要的区别在于不使用 SQL，大多数命令使用的是 JavaScript 表达式。举例来说，可以像下面这样选择一个数据库，向 users 集合中插入一个简单的文档，代码如下：

```
> use mongodb-in-action
> db.users.insert({name: "Kyle"})
```

第一条命令指明了想使用哪个数据库，MySQL 的用户一定不会对此感到陌生。第二条命令是一个 JavaScript 表达式，插入一个简单的文档。要查看插入的结果，可以使用以下查询，代码如下：

```
> db.users.find()
{ _id: ObjectId("4ba667b0a90578631c9caea0"), name: "Kyle" }
```

find()方法返回了之前插入的文档，其中添加了一个对象 ID。所有文档都要有一个主键，存储在_id 字段里。只要能保证唯一性，也可以输入一个自定义_id。如果省略了_id，则会自动插入一个 MongoDB 对象 ID。

除了可以插入和查询数据，Shell 还可以用于运行管理命令。例如，查看当前数据库操作、检查到从节点的复制状态，以及配置一个用于分片的集合。

3. 数据库驱动

MongoDB 的驱动很容易使用，MongoDB 团队竭尽全力提供符合特定语言风格的 API，并同时保持跨语言、相对统一的接口。例如，所有驱动都实现了向集合保存文档的方法，但不同语言里文档本身的表述通常会有所不同，驱动尽量会对特定语言表现得更自然一些。例如，在 Ruby 中就是使用一个 Ruby 散列，在 Python 中字典更合适一点，Java 中缺少类似的语言原语，需要使用 LinkedHashMap 类实现的特殊文档来表示文档。

由于驱动程序为数据库开发人员提供了一个标准的 API，因此可以构建更高级的工具和接口。数据库开发人员使用 Java API 编写的数据库应用程序，不但可以跨平台运行，而且还不受数据库供应商的限制。这与使用 RDBMS 的应用程序设计截然不同，在数据库的关系型数据模型和大多数现代编程语言的面向对象模型之间几乎都需要有一个库来做中介。虽然不需要对象关系映射器（object-relational mapper），但很多开发者都喜欢在驱动上做一层薄薄的封装，用它来处理关联、验证和类型检查。

4. 命令行工具

MongoDB 自带了很多命令行工具。

mongodump 和 mongorestore：备份和恢复数据库的标准工具。mongodump 用原生的 BSON 格式将数据库的数据保存下来，因此最好只是用来做备份，其优势是热备时非常有用，备份后能方便地用 mongorestore 恢复。

mongoexport 和 mongoimport：用来导入导出 JSON、CSV 和 TSV 数据，数据需要支持多种格式时很有用。mongoimport 还能用于大数据集的初始导入，但是在导入前顺便还要注意一下，为了能充分利用好 MongoDB 通常需要对数据模型做些调整。在这种情况下，通过使用驱动的自定义脚本来导入数据会更方便一些。

mongosniff：这是一个网络嗅探工具，用来观察发送到数据库的操作。基本就是把网络上传输的 BSON

转换为易于人们阅读的 Shell 语句。

mongostat：它与 iostat 类似，持续轮询 MongoDB 和系统以便提供有帮助的统计信息，包括每秒操作数（插入、查询、更新、删除等）、分配的虚拟内存数量以及服务器的连接数。

1.2.6 MongoDB 应用场景

MongoDB 的主要目标是在键值存储方式（提供了高性能和高度伸缩性）和传统的 RDBMS 系统（具有丰富的功能）之间架起一座桥梁，它集两者的优势于一身。根据官方网站的描述，MongoDB 适用于以下场景。

（1）网站数据：MongoDB 非常适合实时的插入、更新与查询，并具备网站实时数据存储所需的复制及高度伸缩性。

（2）缓存：由于性能很高，MongoDB 也适合作为信息基础设施的缓存层。在系统重启之后，由 MongoDB 搭建的持久化缓存层可以避免下层的数据源过载。

（3）大尺寸、低价值的数据：使用传统的关系型数据库存储一些数据时可能会比较昂贵，在此之前，很多时候程序员往往会选择传统的文件进行存储。

（4）高伸缩性的场景：MongoDB 非常适合由数十或数百台服务器组成的数据库，MongoDB 的路线图中已经包含对 MapReduce 引擎的内置支持。

（5）用于对象及 JSON 数据的存储：MongoDB 的 BSON 数据格式非常适合文档化格式的存储及查询。

MongoDB 的使用也会有一些限制，例如，它不适合于以下几个地方。

- 高度事务性的系统：例如，银行或会计系统。传统的关系型数据库目前还是更适用于需要大量原子性复杂事务的应用程序。
- 传统的商业智能应用：针对特定问题的 BI 数据库会产生高度优化的查询方式。对于此类应用，数据仓库可能是更合适的选择。

1.3 MongoDB 数据模型

对于 MongoDB 而言，本身数据格式非常灵活，即在同一个 Collection 中，不同的 Document 的格式也无需一致。

但是，在实际使用中，我们首先也会对数据结构进行一些基本的设计。

同时，MongoDB 本身也提供了一些与数据模型相关的功能，可以用于验证数据格式等信息，下面将会讲解 MongoDB 的数据模型。

1.3.1 数据模型

MongoDB 的数据模式是一种灵活模式。关系型数据库要求你在插入数据之前必须先定义好一个表的模式结构，而 MongoDB 的集合则并不限制 document 结构。这种灵活性让对象和数据库文档之间的映射变得很容易。即使数据记录之间有很大的变化，每个文档也可以很好地映射到各条不同的记录。当然在实际使用中，同一个集合中的文档往往都有一个比较类似的结构。

1. 文档结构

MongoDB 是面向集合存储的文档型数据库，其涉及到的基本概念与关系型数据库有所不同，如表 1-2 所示。

表 1-2　MongoDB 数据库与关系型数据库的对比

MongoDB	关系型数据库
DataBase	DataBase
Collection	Table
Document/BSON Document	Record/Row
field	Column
Index	Index
Embedded documents/reference	Table joins

文档是 MongoDB 最核心的概念，本质上是一种类 JSON 的 BSON 格式的数据。

BSON 是一种类 JSON 的二进制格式的数据，它可以理解为在 JSON 基础上添加了一些新的数据类型，包括日期、int32、int64 等。

BSON 是由一组组键值对组成，它具有轻量性、可遍历性和高效性三个特征。

2. 嵌套与引用

文档的数据模型代表了数据的组织结构，一个好的数据模型能更好地支持应用程序。在 MongoDB 中，文档有两种数据模型，内嵌（embed）和引用（references）。

1）内嵌

内嵌方式指的是把相关联的数据保存在同一个文档结构之内。MongoDB 的文档结构允许一个字段或者一个数组内的值为一个嵌套的文档。这种冗余的数据模型可以让应用程序在一个数据库操作内完成对相关数据的读取或修改。

嵌套型的使用方式如图 1-2 所示。

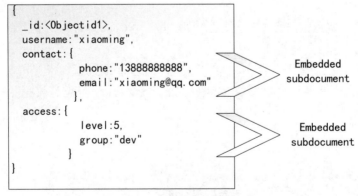

图 1-2　嵌套型的使用方式

内嵌类型支持一组相关的数据存储在一个文档中，这样的好处就是，应用程序可以通过比较少的查询和更新操作来完成一些常规的数据的查询和更新工作。

通常，对于一对一关系或者简单的一对多的关系，我们会使用嵌套型数据。

2）引用

引用方式通过存储链接或者引用信息来实现两个不同文档之间的关联。应用程序可以通过解析这些数据库引用来访问相关数据。简单来讲，这就是规范化的数据模型。

引用型的使用方式如图 1-3 所示。在这个模型中，把 contact 和 access 从 user 中移出，并通过 user_id 作为索引来表示它们之间的联系。

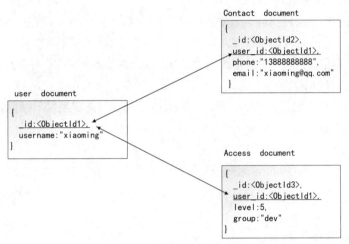

图 1-3　引用型的使用方式

对于引用型关系而言，不同 Collection 之间通过 _id 进行关联，从而最终组合获得整体的数据。

通常，对于多对多关系或者复杂的一对多的关系，我们会使用引用型数据，因为随着单条数据量的增加，性能将会有所下降。

3. 原子写操作

在 MongoDB 中，写操作在文档级别上是原执行的，没有一个单一的写操作可以对原子的影响多于一个文档或者是集合。一个包含嵌入式数据非标准化的数据模型和相关的数据代表了一个单一的文档。这些有利于原子写操作，因为对一个实体一个单一的写操作可以插入或者更新数据，标准化数据将把数据分散在多个集合中，这样就会要求多个写操作，也就是说不是集体原子执行。

但是，有利于原子写的模式或许会限制应用程序可以使用的数据或者限制修改应用的方法，原子性地考虑文档描述了设计模式平衡灵活性和原子性的挑战。

4. 文档增长

一些更新，例如一些增加域或者在数组中增加元素，都会加大文档的大小。

对于 MMAPv1 存储引擎，如果文档的大小超过为文档分配的空间的大小，MongoDB 将会在文档上迁移文档，当我们使用 MMAPv1 存储引擎时，文档的大小可以影响标准化与非标准化数据的决策。

1.3.2　多态模式

MongoDB 又被称为"无模式"的数据库，它不强制要求集合的文档拥有特定的结构。不考虑应用的结构，将应用中每个对象存储在相同的集合是合法的，尽管效率上存在问题。然而优秀的应用中常见的情景是集合会包含完全相关或密切关联的文档结构。当集合中所有文档结构都是类似的，但不是完全相同的称之为多态模式。

1. 多态模式支持面向对象编程

面向对象编程中，习惯通过继承使得不同对象共享数据和行为。面向对象语言允许函数像操作父类一样操作子类，调用在父类中定义的方法。

2. 多态模式使得模式进化成为可能

开发数据库驱动应用时，程序员有一个需要考虑的事情就是模式进化。典型的是使用迁移脚本将数据库从一个模式升级为另一个。在应用配置在线数据前，迁移操作可能包含删除数据库并使用新的模式重新创建数据库。然而，一旦应用是在线时，模式更改需通过复杂的迁移脚本来实现在保存内容的同时更改格式。

关系型数据库通过 ALTER TABLE 语句来支持迁移，可使用它添加或删除列。ALTER TABLE 语句最大的缺陷在于处理大量行数据的表时会十分耗时，而且在迁移的时候应用需下线，因为 ALTER TABLE 需锁定数据表文档来执行迁移。

关系型数据库实现迁移代码如下：

```
ALTER TABLE users ADD COLUMN remark VARCHAR(255)
```

在 MongoDB 中可采用类似操作更新集合中所有文档或新增字段，$set 与 ALTER TABLE 一样运行很慢且会影响到应用的性能。

MongoDB 实现迁移代码如下：

```
db.users.update({}, {$set:{remark:''}}, false, true)
```

MongoDB 也可使用更新引用来解释缺少的新字段。

3. BSON 的存储效率

MongoDB 有一个主要的特点是缺乏强制模式（存储效率），RDBMS 中列名和类型格式在表级定义，因此无须在行级重复该信息。对比 MongoDB 来说，不知道在集合级别每个文档有哪些字段，也不知道这些字段的类型，因此每个文档都需要存储字段名和类型。

特别是在文档中存储一个较小的值（整型、日期、短字符、…），并使用很长的属性名时，MongoDB 将造成使用比 RDBMS 更多的存储空间存储相同的数据。一种减轻影响的方法是在 MongoDB 中的文档上使用短字段名，但该方法会导致很难在 Shell 中直接查看数据库。

1.4 就业面试技巧与解析

学完本章内容，我们可以了解到 MongoDB 的优点、特征、结构以及如何使用和应该在哪里使用它们。另外，我们还了解了 MongoDB 中使用的一些关键术语，如何组合它们以及它们在 SQL 中对应的术语。下面我们对面试过程中出现的问题进行解析，更好帮助读者学习本章内容。

1.4.1 面试技巧与解析（一）

面试官：什么是 NoSQL 数据库？NoSQL 和 RDBMS 有什么区别？在哪些情况下使用和不使用 NoSQL

数据库？

应聘者：

NoSQL 是非关系型数据库，NoSQL = Not Only SQL。

关系型数据库采用的是结构化的数据，NoSQL 采用的是键值对的方式存储数据。

在处理非结构化/半结构化的数据时，在水平方向上进行扩展时，随时应对动态增加的数据项时可以优先考虑使用 NoSQL 数据库。

在考虑数据库的成熟度、支持、分析和商业智能、管理及专业性等问题时，应优先考虑关系型数据库。

1.4.2　面试技巧与解析（二）

面试官： MySQL 与 MongoDB 之间最基本的差别是什么？

应聘者：

MySQL 和 MongoDB 两者都是免费开源的数据库。MySQL 和 MongoDB 有许多基本差别包括数据的表示、查询、关系、事务、schema 的设计和定义、标准化、速度和性能。

通过比较 MySQL 和 MongoDB，实际上我们是在比较关系型和非关系型数据库，即数据存储结构不同。

第2章

MongoDB 使用基础——MongoDB 的安装与配置

本章概述

本章主要讲解 MongoDB 的安装配置和可视化工具的简单使用。通过本章内容的学习，读者可以学习怎么安装 MongoDB 以及 MongoDB 可视化工具怎么创建、插入、删除数据。

本章要点

- MongoDB 的环境配置
- MongoDB 的启动
- Windows MongoDB 服务的配置
- MongoDB Compass 的安装使用
- MongoDB Compass 使用中的错误

2.1　MongoDB 的安装配置

我们通过 MongoDB 来搭建一个数据库，从安装到配置到编写，一步到位。根据下面的步骤安装，相信你一定会成功的。

2.1.1　MongoDB 的安装

使用 MongoDB 前，首先需要下载安装 MongoDB 数据库，具体的操作步骤如下。

步骤 1：打开浏览器，访问 MongoDB 的官网。单击 Server 按钮进入下载页面，选择对应的系统版本下载需要的安装包，如图 2-1 所示。

图 2-1   选择需要下载的 MongoDB 版本

步骤 2：在 Windows 资源管理器中，找到下载的 MongoDB.msi 文件，通常位于默认的"下载"文件夹中。双击 MongoDB-win32-x86_64-2012plus-4.2.0-signed 文件，将出现一组对话信息，指导用户完成安装过程，单击 Next 按钮，如图 2-2 所示。

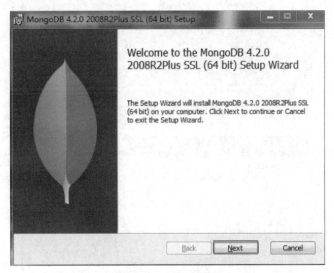

图 2-2   欢迎对话框

单击 Next 按钮，在弹出的界面中勾选复选框表示"同意安装协议"，如图 2-3 所示。

单击 Next 按钮，选择自定义（Custom）安装。第一个选项 Complete（完整版）表示默认安装所有功能到 C 盘，第二个选项 Custom（自定义）表示可以选择安装目录与服务。这里我们选择 Custom，如图 2-4 所示。

单击 Next 按钮，选择 Browse 更换安装目录到 E:\MongoDB（自己选择）下，如图 2-5 所示，单击 Next 按钮，然后勾选 Install MongoDB Compass 复选框开始安装，如图 2-6 所示。

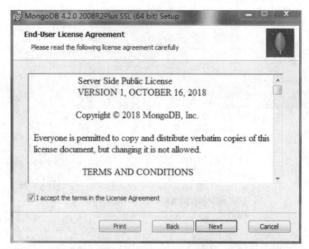

图 2-3　同意安装协议

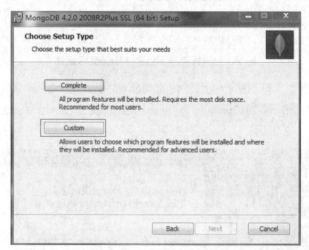

图 2-4　自定义安装选择

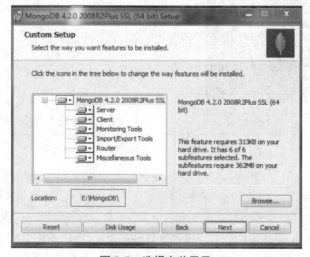

图 2-5　选择安装目录

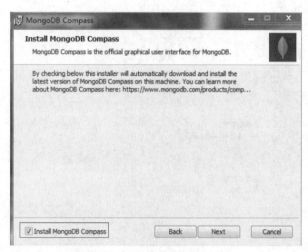

图 2-6　安装 MongoDB 工具

接下来我们本地开发只需要安装 MongoDB Server 就可以了，在选择时需要注意，如果安装路径选择没有出现先单击 Next 按钮再返回就出现了，在最后确认安装时，下面有个 MongoDB 的工具，记得不勾选复选框，那个工具不太好用。

最后，单击 Finish 按钮，安装完成，如图 2-7 所示。

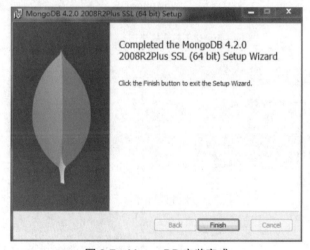

图 2-7　MongoDB 安装完成

2.1.2　配置 Path 环境变量

当 MongoDB 安装完后，需要配置环境变量。

下面以 Windows 7 操作系统为例，介绍配置 MongoDB 环境变量的方法和步骤。

步骤 1：在计算机桌面中单击"开始"图标，在弹出的菜单中选择"控制面板"命令，接着单击"系统和安全"，在弹出的"系统"对话框中单击左侧的"高级系统设置"超链接，打开"系统属性"对话框，如图 2-8 所示。

图 2-8　"系统属性"对话框

步骤 2：单击"系统属性"对话框中的"环境变量"按钮，找到系统变量里面的 Path 变量，单击编辑，在"变量值"文本框中输入 E:\MongoDB\bin 变量值（变量值为 MongoDB 的安装路径）。需要注意的是，读者需要将此处的"变量值"修改为自己本地 MongoDB 安装路径，否则将影响 MongoDB 程序运行，如图 2-9 所示。

图 2-9　环境变量

步骤 3：单击"环境变量"对话框中的"确定"按钮，窗口跳转到图 2-8 所示的"系统属性"对话框，再次单击"确定"按钮关闭窗口。完成上述步骤，便可成功配置 MongoDB 所需的运行开发环境。

2.1.3　创建数据库文件的存放文件

启动 MongoDB 服务之前需要创建数据库文件的存放文件夹，如果不创建存放数据库的文件夹会使命令不能自动创建，而且不能启动成功。

所以我们在安装目录（E:\MongoDB\data）下新建一个 db 文件夹作为数据库的存放路径，然后使用服务端文件指定为数据库目录。

2.1.4　启动 MongoDB

完成 MongoDB 安装和环境配置后，需要测试其配置是否能够正常运行。具体步骤如下：

在计算机桌面中单击"开始"图标，在弹出的菜单中选择"运行"命令，打开"运行"对话框，并在"打开"文本框中输入 cmd 命令，然后使用 cd 命令进入 E:\MongoDB:\bin 目录下，执行 E:\MongoDB\bin>mongod --dbpath E:\MongoDB\data\db 命令，将会输出服务端相关信息，包括版本、数据库所在路径、监听端口号、数据库大小等，看到这些说明你已经成功启动 MongoDB 了，如图 2-10 所示。

图 2-10　MongoDB 启动成功

接下来在浏览器输入 http://localhost:27017，如果在浏览器中出现如图 2-11 所示的英文，说明 MongoDB 启动成功了。

http://localhost:27017/

It looks like you are trying to access MongoDB over HTTP on the native driver port.

图 2-11　确认 MongoDB 启动成功

2.1.5 配置本地 Windows MongoDB 服务

当把运行 MongoDB 服务器的 DOS 命令界面关掉时，就不能连接 MongoDB，我们需要像 MySQL 那样，添加 Windows Service，然后在命令行上启动服务和关闭服务，这样方便操作和管理服务。

接下来需要把 MongoDB 安装到 Windows Service，用到的命令是--install 设定安装 MongoDB 为服务器到 Windows Service。这样可设置为开机自启动、可直接手动启动关闭、可通过命令行 net start MongoDB 启动。该配置会大大方便操作，也不需要再进入 bin 的目录下启动了。

步骤 1：在 data 文件下创建一个新文件夹 log（用来存放日志文件）。

步骤 2：在 MongoDB 新建配置文件 mongo.config，这个是和 bin 目录同级的。

步骤 3：用记事本打开 mongo.config，并输入下面两个命令，然后保存。

```
dbpath=E:\MongoDB\data\db
logpath=E:\MongoDB\data\log\mongo.log
```

步骤 4：用管理员身份打开 cmd，然后再一次进入 bin 的目录下 E:\MongoDB\bin，这个一定要使用管理员的身份去打开，否则在执行下面的命令时会一直报错，然后输入：mongod -dbpath "E:\MongoDB\data\db" -logpath "E:\MongoDB\data\log\mongo.log" -install -serviceName "MongoDB"。这样，MongoDB 服务 Windows 已经配置好了，我们可以不用进入 bin 的目录下启动 MongoDB 了。

提示：MongoDB 就是启动的名字。

如果输入命令出现错误，先删除服务 sc.exe delete MongoDB，再次输入上个命令即可。

接下来，可以运行 net start MongoDB 命令，服务已经能启动了，说明 MongoDB 已经配置好，如图 2-12 所示。

图 2-12 MongoDB 服务启动成功

我们已经成功地启动 MongoDB 服务，下面就可以来搭建一个数据库了。对应的，如果想删除或关闭服务可以输入如下命令：

关闭服务使用如下命令：

```
net stop MongoDB
```

删除服务使用如下命令：

```
sc.exe delete MongoDB
```

2.1.6 建立一个数据库

完成上面的配置后我们就可以自己搭建数据库了，创建数据库需要使用以下几个常用的命令。

（1）在 bin 的目录下，输入 mongo 命令启动，开始写入数据内容。

（2）MongoDB 使用 use DATABASE_NAME 命令来创建数据库。如果指定的数据库 DATABASE_NAME 不存在，则该命令将创建一个新的数据库，否则返回现有的数据库。

（3）如果想要创建一个名称为 newdb 的数据库，需要使用 use DATABASE 命令，如图 2-13 所示。

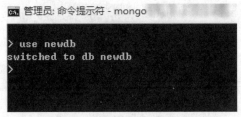

图 2-13　创建"newdb"数据库

（4）当创建好数据库后，想要检查它是否已经成功创建，需要使用 db 命令，如图 2-14 所示。

图 2-14　检查 newdb 数据库

（5）如果想要检查数据库列表，则使用 show dbs 命令，如图 2-15 所示。

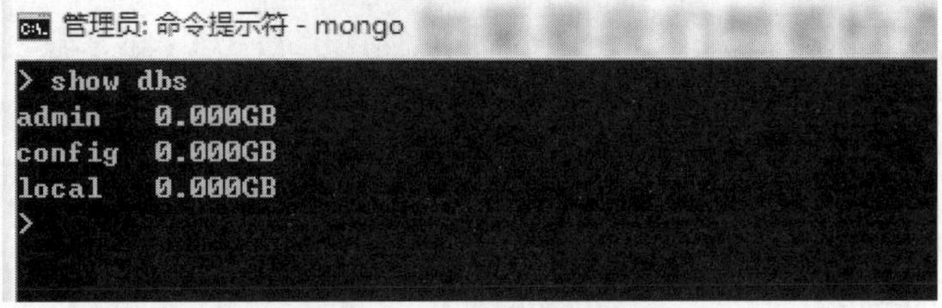

图 2-15　检查数据库列表

从图 2-15 中可以看出，我们创建的数据库不在列表中。因为要显示数据库，需要至少插入一个文档，空的数据库是显示不出来的。所以可以使用 db.<collection>.insert(doc)命令向数据库（newdb）插入文档，如图 2-16 所示。

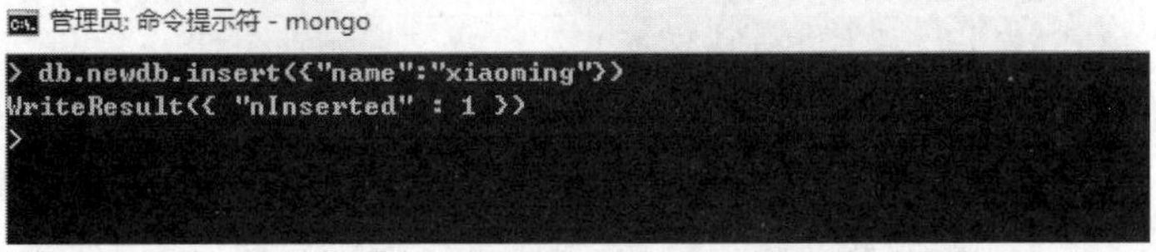

图 2-16　数据库插入文档

再次查询就可以看到数据库了，如图 2-17 所示。

图 2-17　查询数据库列表

2.2　MongoDB 可视化工具 MongoDB Compass

MongoDB Compass 是 MongoDB 官网提供的一个集创建数据库、管理集合和文档、运行临时查询、评估和优化查询、性能图表、构建地理查询等功能为一体的 MongoDB 可视化管理工具。

2.2.1　下载 Compass

打开浏览器，访问 Compass 的官网。单击 Tools 按钮进入下载页面，选择对应的系统版本下载需要的安装包，如图 2-18 所示。

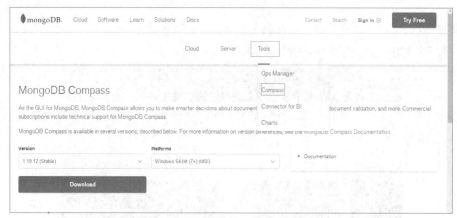

图 2-18　选择需要下载的 Compass 版本

2.2.2　安装 Compass

在 Windows 资源管理器中，找到下载的 MongoDB.msi 文件，通常位于默认的"下载"文件夹中。双击 mongodb-compass-1.19.12-win32-x64 文件。将出现一组对话信息，指导用户完成安装过程，单击 Next 按钮，如图 2-19 所示。

图 2-19　欢迎对话框

单击 Change 按钮更换安装目录到 D:\（自己选择）下，单击 Next 按钮，如图 2-20 所示。

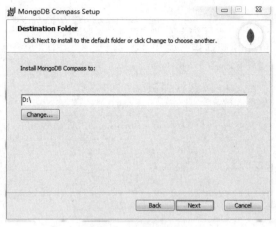

图 2-20　选择安装目录

然后单击 Install 按钮开始安装，如图 2-21 所示。

图 2-21　开始安装

最后，单击 Finish 按钮，安装完成，如图 2-22 所示。

图 2-22　安装完成

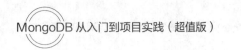

2.2.3 连接 MongoDB

MongoDB 服务默认没有身份验证，所有客户端都可以连接访问。设置好 IP 的 Hostname 和端口 Port，就可以直接单击下方的 CONNECT 按钮连接，如图 2-23 所示。

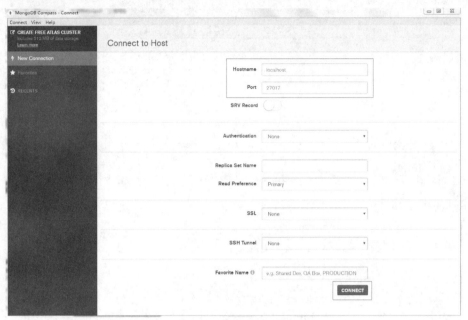

图 2-23 连接 MongoDB

成功连上 MongoDB 数据库之后，可以看到，有 admin、config 和 local 三个默认数据库，如图 2-24 所示。

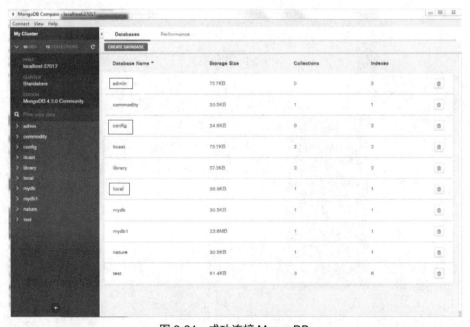

图 2-24 成功连接 MongoDB

2.2.4　创建数据库

成功连接数据库后就可以直接进行可视化操作了，下面先来看一下怎么创建数据库。

首先单击左侧下方加号按钮，如图 2-25 所示。

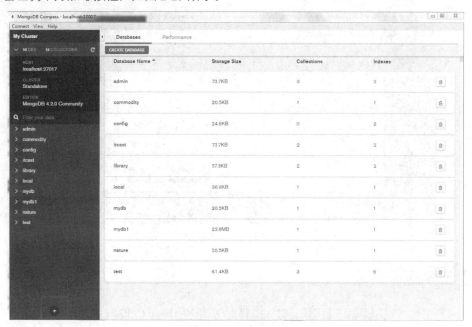

图 2-25　创建数据库

然后在弹出的表格中填入数据库名称和集合名称（这里"集合"的意义类似 MySQL 表），注意一定要填写集合名称，也就是在使用 Compass 新建数据库时，必须同时指定一个集合名。否则报错无法创建，如图 2-26 所示。

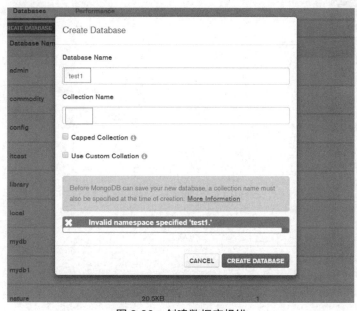

图 2-26　创建数据库报错

2.2.5　创建集合

　　集合的创建是在数据库中进行的，可以选择一个想要创建的数据库。然后单击它后面的加号按钮，在弹出的表格中输入要创建的集合名称，最后单击 CREATE COLLECTION 按钮完成创建，如图 2-27 所示。

图 2-27　集合的创建

2.2.6　插入数据

　　在创建集合后就可以在里面插入数据了，首先选择之前创建的集合 Collection，单击 INSERT DOCUMENT 按钮，如图 2-28 所示。

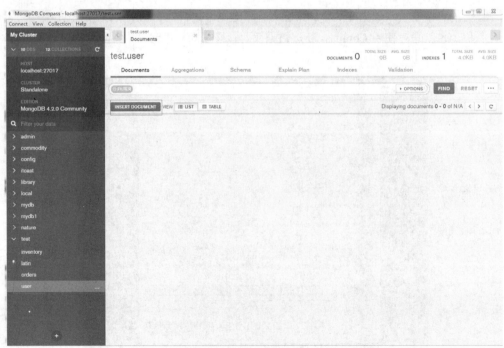

图 2-28　插入数据

接着它会自动生成一个 ObjectId 类型的 id 值，如图 2-29 所示。

图 2-29　生成 id 值

然后可以以键值对的方式填入数据，相当于 JSON 格式的数据，如图 2-30 所示。

图 2-30　插入数据

插入数据之后，可以在集合里看到所插入的数据。它的默认显示方式是 JSON 的列表，如图 2-31 所示。

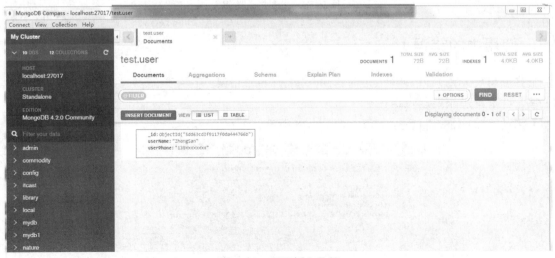

图 2-31　显示插入数据

在这里也可以切换 TABLE 按钮，以数据库表的方式展现出来，如图 2-32 所示。

图 2-32　显示数据库表

2.2.7　批量导入数据

我们知道了怎么创建、插入数据，下面来看一下怎么导入数据，首先依次打开菜单栏 collection → Import File，然后在弹出的对话框中选择 JSON 文件格式（文件名需要和 collection 名称一致），接着单击 BROWSE，选择我们文件所在的地址导入即可，如图 2-33 所示。

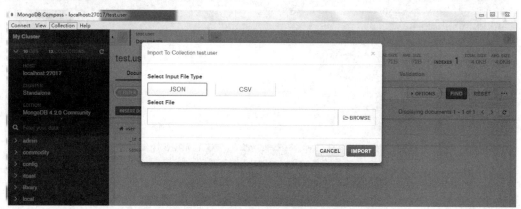

图 2-33　批量导入数据

2.2.8　使用中的错误

我们在使用数据库过程中可能会随时遇到一些提示性的错误，会让我们无法进行下一步操作。下面就来看一些会经常遇见的错误并解决它们。

（1）启动时报 JavaScript Error 错误，如图 2-34 所示。

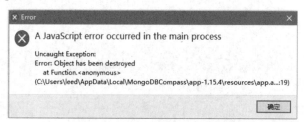

图 2-34　报 JavaScript Error 错误

当遇到这样的错误时可以结束进程，再启动即可，如图 2-35 所示。

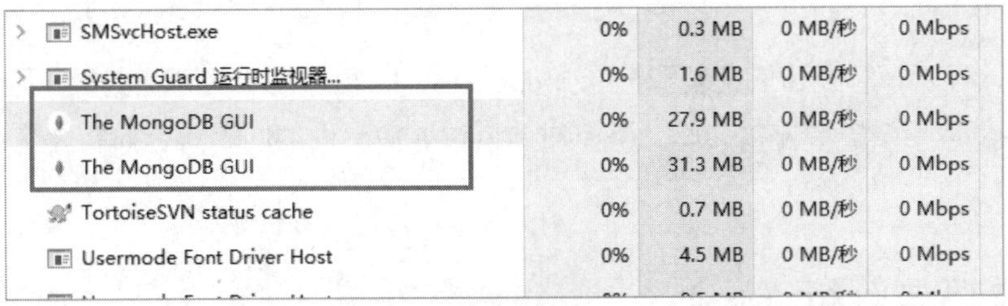

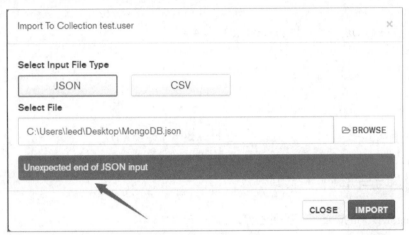

图 2-35　重新启动 Compass

（2）导入时提示 JSON 格式不对错误，如图 2-36 所示。

图 2-36　导入格式错误

我们可以按照下面的规则修改文件内容：

（1）一条数据占一行；

（2）非格式化的 JSON。

例如以下两条数据，可以正常导入：

```
{"user_name":"张三","user_gender":1}
{"user_name":"李四","user_gender":1}
```

如果数据格式是格式化的 JSON：

```
{
    "user_name":"张三",
    "user_gender":1
}
{
    "user_name":"王五",
    "user_gender":1
}
```

或者多条数据在一行：

```
{"user_name":"赵六","user_gender":1}{"user_name":"李四","user_gender":1}
```

它们都是无法导入的。

2.3　就业面试技巧与解析

学完本章内容，可以了解到如何安装和扩展 MongoDB，以及怎么配置环境变量。另外，还了解了如何使用 MongoDB 的基本用法去操作数据库。下面对面试过程中出现的问题进行解析，更好帮助读者学习本章内容。

2.3.1　面试技巧与解析（一）

面试官：MongoDB 成为最好 NoSQL 数据库的原因是什么？

应聘者：

以下特点使得 MongoDB 成为最好的 NoSQL 数据库：

（1）面向文件的。

（2）高性能。

（3）高可用性。

（4）易扩展性。

（5）丰富的查询语言。

2.3.2　面试技巧与解析（二）

面试官：MongoDB 中的命名空间是什么意思？

应聘者：

MongoDB 存储 BSON 对象在集合中。数据库名字和集合名字以句点连接起来叫作命名空间（name space）。

一个集合命名空间又有多个数据域，集合命名空间里存储着集合的元数据，比如集合名称，集合的第一个数据域和最后一个数据域的位置等。而一个数据域由若干文档组成，每个数据域都有一个头部，记录着第一个文档和最后一个文档的位置，以及该数据域的一些元数据。extent 之间、document 之间通过双向链表连接。

索引的存储数据结构是 B 树，索引命名空间存储着对 B 树的根节点的指针。

第 3 章

数据库程序的操作——MongoDB 数据库的使用

 本章概述

本章主要讲解 MongoDB shell 的基础知识以及如何使用它来管理数据库。在深入探究创建与数据库交互的应用程序之前，理解 MongoDB shell 如何工作是很重要的。通过本章的学习，读者可以学习到怎么使用 shell 命令去操作使用数据库。

本章要点

- MongoDB shell 命令
- 数据库操作
- 集合操作
- 文档操作
- 数据类型

3.1 MongoDB shell

MongoDB shell 是 MongoDB 自带的 JavaScript shell，随 MongoDB 一同发布，它是 MongoDB 客户端工具，可以在 shell 中使用命令与 MongoDB 进行交互，对数据库的管理操作（CURD、集群配置、状态查看等）都可以通过 MongoDB shell 来完成。

3.1.1 MongoDB shell 连接

MongoDB shell 是 MongoDB 自带的一个交互式的 JavaScript shell，可以使用 MongoDB shell 访问、配置、管理 MongoDB 数据库。可以说使用 MongoDB shell，就可以管理 MongoDB 的一切。

一旦开启了数据库服务，就可以启动 MongoDB shell 并且开始使用 MongoDB。想要使用 MongoDB shell，首先需要启动 MongoDB。然后进入到 MongoDB 安装目录的 bin 目录，输入 MongoDB shell 的连接命令，其命令格式如下所示：

```
mongo [ip][:port][/database] [--username "username" --password "password"]
```

ip 是要连接的数据库所在的 ip 地址，若不填，则默认 localhost 即 127.0.0.1。

port 是要连接的数据库的端口号，若不填，则默认 27017。

/database 是要连接的 MongoDB 的哪一个数据库，如果不填，则默认连接 test 数据库。

[--username "username" --password "password"]，则是如果数据库在启动时使用--auth 开启了身份验证，则需要输入用户名和密码，这个后面会讲到。

注意： 不要把这个命令和启动 MongoDB 的命令混淆了，一个是 mongod 命令，一个是 mongo 命令。

接下来连接 MongoDB shell，如图 3-1 所示。

图 3-1　连接 MongoDB shell

3.1.2　MongoDB shell 命令

1. MongoDB shell 经常使用的命令

（1）help 命令：如果想知道某个对象下都有哪些函数可以使用 help 命令，直接使用 help 会列举出 MongoDB 支持操作，使用 db.help()会列举所有 db 对象所支持的操作，使用 db.mycoll.help()可以列举所有集合对象对应的操作。

```
> help
db.help()                      help on db methods
db.mycoll.help()               help on collection methods
sh.help()                      sharding helpers
rs.help()                      replica set helpers
help admin                     administrative help
help connect                   connecting to a db help
help keys                      key shortcuts
help misc                      misc things to know
help mr                        mapreduce
```

```
show dbs                        show database names
show collections                show collections in current database
show users                      show users in current database
show profile                    show most recent system.profile entries with time >= 1ms
show logs                       show the accessible logger names
show log [name]                 prints out the last segment of log in memory, 'global' is default
use <db_name>                   set current database
db.foo.find()                   list objects in collection foo
db.foo.find( { a : 1 } )        list objects in foo where a == 1
it                              result of the last line evaluated; use to further iterate
DBQuery.shellBatchSize = x      set default number of items to display on shell
exit                            quit the mongo shell
```

我们还可以直接使用 help 查询一些级别的操作，例如：

查看所有数据级别的操作：

```
> db.help()
```

查看集合级别的操作：

```
> db.mycoll.help()
```

列举数据库命令：

```
> db.listCommands()
```

（2）可以通过输入函数名查看函数方法的实现或者查看方法的定义（比如忘记函数的参数了），不带小括号，代码如下：

```
> db.foo.update
function (query, obj, upsert, multi) {
    var parsed = this._parseUpdate(query, obj, upsert, multi);
    ...
}
```

下面通过一个小例子来看一下：

首先打印一个 hello, mongodb 语句，代码如下：

```
> print("hello, mongodb")
hello, mongodb
>
```

接着执行 js 脚本，代码如下：

```
D:\Java\MongoDB\Server\bin>mongo script1.js script2.js
loading file: script1.js
I am script1.js
loading file: script2.js
I am script2.js
```

然后使用 load() 函数加载脚本来执行，代码如下：

```
> load("script1.js")
I am script1.js
true
```

最后再比较 script3.js 脚本，代码如下：

```
print(db.getMongo().getDBs());      //show dbs
db.getSisterDB("foo");              //use foo
db.users.insert({"username": "mengday", "age": 26})
print(db.getCollectionNames());     //show collections

> load("script3.js")
[object BSON]
users
true
>
```

也可以使用脚本定义一些辅助的工具函数，例如：

```
tools.js
var connectTo = function (port, dbname) {
    if(!port) port = 27017;
    f(!dbname) dbname = "test";

    db = connect("localhost:" + port + "/" + dbname);
    return db;
}
> load("tools.js")
true
> typeof connectTo
function
> connectTo("27017", "admin")
connecting to: mongodb://localhost:27017/admin
MongoDB server version: 3.4.6
admin
>
```

（3）客户端启动时自动执行 js 脚本，会在用户的主目录（如 C:\Users\mengday）下创建一个.mongorc.js 文件，该脚本可以做一些操作，如重写 shell 命令，禁止一部分功能，如删除数据库、表等危险操作，代码如下：

```
//.mongorc.js
print("--------------MongoDB is started--------------");
var no = function(){
    print("not permission");
}

db.dropDatabase = DB.prototype.dropDatabase = no;
DBCollection.prototype = no;
DBCollection.prototype.dropIndex = no;

//启动 shell 时会自动执行
D:\Java\MongoDB\Server\bin>mongo
MongoDB shell version v3.4.6
connecting to: mongodb://127.0.0.1:27017
MongoDB server version: 3.4.6
----------------MongoDB is started------------------
> db
```

```
test
> db.dropDatabase()
not permission
>
```

（4）MongoDB 启动后给 EDITOR 变量赋值一个文本编辑器的位置，然后就可以使用 edit 命令编辑某个变量了，编辑后保存，然后直接关掉编辑器即可，这对于一条命令或者变量比较长的文本编辑是比较方便的，注意文本编辑器的位置不能包含空格，路径要使用 "/"，不能使用 "\"，代码如下：

```
EDITOR="D:/SublimeText/sublime_text.exe"
var user = {"username": "mengday", "nickname": "xxx"};
edit user
```

当然我们如果不想这么重复地配置，可以将该配置放在 .mongorc.js 中，以后就不用每次设置了，代码如下：

```
EDITOR="D:/SublimeText/sublime_text.exe";
```

2. MongoDB shell 原生方法

MongoDB shell 提供了很多用于执行管理的原生方法，我们可以在 MongoDB shell 中直接调用，也可以在 js 文件中直接调用，然后使用 shell 执行 js 文件即可。下面我们看一些常用的原生方法：

（1）Date() 方法。

若直接使用 Date() 方法，则直接返回当前日期字符串。

若使用 new Date([option])，则 shell 会使用 ISODate helper 来包装成指定日期对象，对象类型如下：

① new Date("YYYY-mm-dd")：返回指定日期的 ISODate。

② new Date("YYYY-mm-ddTHH:MM:ss")：返回 shell 客户端当前时区的指定时间。

③ new Date("YYYY-mm-ddTHH:MM:ssZ")：返回指定时间的 UTC 时间的 ISODate。

④ new Date(integer)：返回从 1970 年 1 月 1 日到指定的毫秒数的 ISODate 格式的时间。

（2）UUID(hex_string) 方法。

将 32B 的十六进制字符串转换成 BSON 子类型的 UUID 格式。

（3）ObjectId.valueOf() 方法。

将一个 ObjectId 的属性 str 显示为十六进制字符串。

（4）Mongo.getDB(DataBase) 方法。

返回一个数据库对象，它标识指定的数据库。

（5）Mongo(host:port) 方法。

创建一个连接对象，它连接到指定的主机和端口。

（6）connect(string) 方法。

连接到指定 MongoDB 实例中的指定数据库，返回一个数据库对象，string 的格式为：host:port/database，如 db=connect("localhost:27017/test")，该语法等同于 Mongo(host:port).getDB(database)。

（7）cat(path) 方法。

与 Linux 差不多，返回指定路径的文件的内容。

（8）version() 方法。

返回当前 MongoDB shell 的版本。

（9）cd(path)方法。

将工作目录切换到指定路径。

（10）getMemInfo()方法。

返回当前 shell 占用的内存量。

（11）hostname()方法。

返回运行当前 MongoDB shell 的系统的主机名。

（12）load(path)方法。

在 shell 中加载并运行参数 path 指定的 js 文件。

（13）_rand()方法。

返回一个 0～1 的随机数。

3.1.3 MongoDB shell 脚本编程

从前文我们可以了解到，MongoDB shell 的命令、方法、数据结构都是基于交互式的 JavaScript 的，所以我们可以创建脚本来管理 MongoDB。其优点是，脚本可以运行多次，并且可以先写好脚本，然后再指定时间运行，而且我们可以在脚本中做一些逻辑处理，对数据的处理更加灵活。

在 JavaScript 脚本中，我们可以使用任意数量的 JavaScript 表达式（如条件语句和循环）与 MongoDB 命令。

shell 中使用脚本编程主要有三种方式：

（1）在命令行中使用参数–eval(expression)，expression 是要执行的 JavaScript 表达式。

例如：mongo test --eval "printjson(db.getCollectionNames())"。

（2）在 shell 启动后使用 load()直接加载预先写好的 JavaScript 脚本，也就是 js 文件。

例如：先在 get_collection.js 文件中添加代码 db = connection("localhost/words");printjson(db.getCollection Names)，然后启动 shell，使用 load("/data/db/get_collection.js")命令来运行 get_collection.js 文件。

（3）在命令行指定要执行的 JavaScript 文件。

例如：我们直接在命令行执行上面的文件 mongo get_collection.js。

注意：MongoDB shell 因为是基于交互式的 JavaScript，所以在 MongoDB shell 中可以使用所有的 JavaScript 语法。

3.2 MongoDB 的基本操作

MongoDB 是一个介于关系数据库和非关系数据库之间的产品，也是非关系型数据库当中功能最丰富，最像关系型数据库的。MongoDB 的操作和 MySQL 中的操作很相像，使用过 MySQL 的人群也能很快适应 MongoDB 中的操作。

3.2.1 MongoDB 数据库的连接

在第 2 章中已经配置好了 Windows MongoDB 服务。所以接下来只需要打开 cmd，输入命令 net start

MongoDB 启动 MongoDB 服务，然后再输入命令->mongo 连接数据库。当显示如图 3-2 所示时，则说明数据库连接成功。

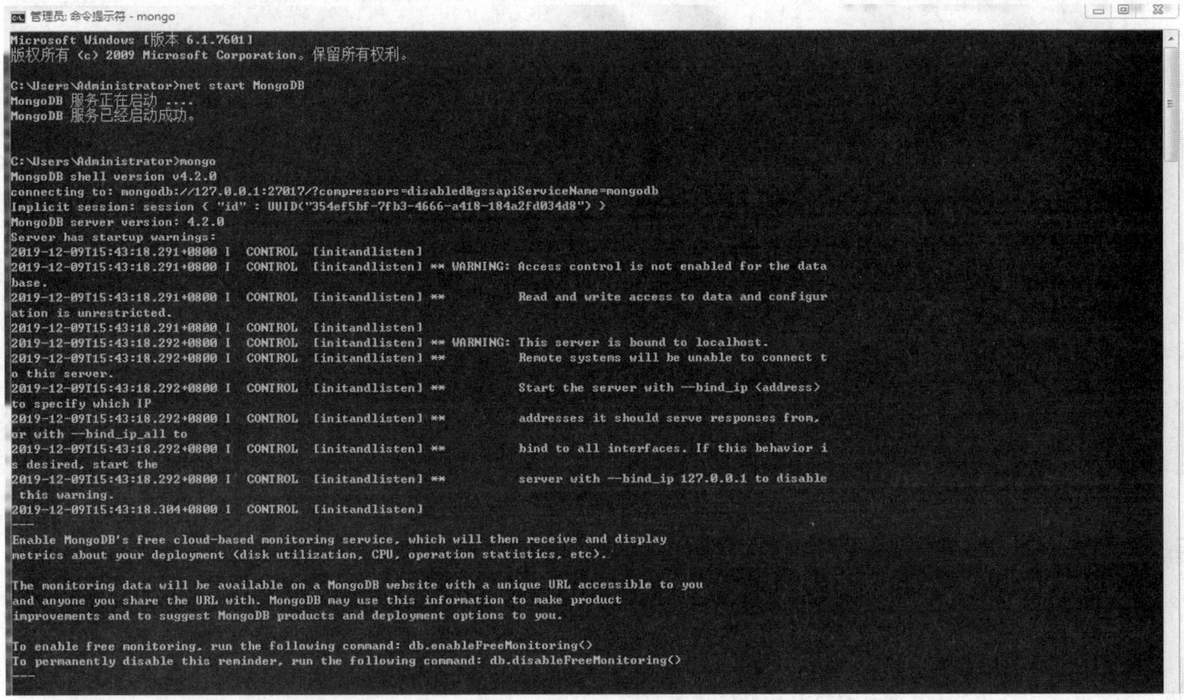

图 3-2　MongoDB 数据库成功连接

3.2.2　数据库

数据库是以一定方式储存在一起、能与多个用户共享、具有尽可能小的冗余度、与应用程序彼此独立的数据集合，可视为电子化的文件柜——存储电子文件的处所，用户可以对文件中的数据进行新增、查询、更新、删除等操作。

数据库是集合和索引的命名空间和物理分组。

MongoDB 没有显式地创建数据库的方式，而是会在第一次写入数据时创建数据库。

创建数据库时，MongoDB 会在磁盘上分配一系列数据库文件集合，包括所有的集合、索引以及其他元数据。

数据库文件存储在 mongod 启动时的 dbpath 参数指定的目录文件夹中，如果不指定 dbpath，则会默认在/data/db 文件夹下存储。

在 2.1.6 节已经学习了怎么创建数据库，接下来通过一个实例来学习怎么删除数据库。在 MongoDB 中删除数据库命令格式如下：

```
db.dropDatabase()
```

接下来删除数据库 newdb。

首先查看所有数据库：

```
>show dbs
admin   0.000GB
```

```
config   0.000GB
local    0.000GB
newdb    0.000GB
```

接下来切换到数据库 newdb：

```
>use newdb
switched to db newdb
>
```

然后执行删除命令如下：

```
>db.dropDatabase()
{"dropped":"newdb","ok":1}
```

最后，再通过 show dbs 命令查看数据库是否删除成功：

```
> show dbs
admin    0.000GB
config   0.000GB
local    0.000GB
```

3.2.3　集合

集合是结构或者概念上相似的文档的容器。

MongoDB 创建集合是隐式的，在插入文档的时候才会创建。但因为有多重集合类型的存在，所以也提供了创建集合的命令：db.createCollection("users")。

从 MongoDB 内部来讲，集合名字是通过其命名空间名字来区分的，包含所属的数据库的名字。

在 MongoDB 中使用 createCollection()方法来创建集合。语法格式如下：

```
db.createCollection(name, options)
```

name：要创建的集合名称。

options：可选参数，指定有关内存大小及索引的选项，其中 options 参数可以是表 3-1 所示的类型。

表 3-1　options 参数类型

字　　段	类　　型	描　　述
capped	布尔	（可选）如果值为 true，则创建固定集合，必须指定 size 参数。固定集合是指有着固定大小的集合，当达到最大值时，它会自动覆盖最早的文档
autoIndexId	布尔	（可选）如果值为 true，自动在_id 字段创建索引。默认为 false
size	数值	（可选）为固定集合指定一个最大值（以字节计） 如果 capped 值为 true，也需要指定该字段
max	数值	（可选）指定固定集合中包含文档的最大数量

下面通过在 test 数据库中创建 newdb 集合的实例来学习怎么创建集合。

首先打开数据库 test，执行创建集合命令：

```
>use test
switched to db test
>db.createCollection("newdb")
```

```
{"ok":1}
>
```

此时 newdb 集合已经创建好了，如果要查看已有集合，可以使用 show collections 或 show tables 命令：

```
>show collections
newdb
```

最后，介绍一种创建带有几个关键参数的 createCollection() 集合的用法。例如创建一个固定集合 newdb2，整个集合空间大小 5000000KB，文档最大个数为 1000 个。

```
> db.createCollection("newdb2",{capped : true, autoIndexId : true, size :5000000, max : 1000})
{ "ok" : 1 }
>
```

学习了怎么创建集合，接下来学习如何删除上面刚创建的集合 newdb2，在 MongoDB 中使用 drop() 方法来删除集合。语法格式如下：

```
db.collection.drop()
```

如果成功删除选定集合，则用 drop() 方法返回 true，否则返回 false。

在数据库 test 中，可以先通过 show collections 命令查看已存在的集合：

```
>use test
switched to db test
>show collections
newdb
newdb2
>
```

然后执行删除集合 newdb2 命令：

```
>db.newdb2.drop()
true
>
```

再通过 show collections 查看数据库 test 中的集合，从结果中可以看出 newdb2 集合已被删除。

```
>show collections
newdb
>
```

3.2.4　文档

文档是一组键值（key-value）对。MongoDB 的文档不需要设置相同的字段，并且相同的字段不需要相同的数据类型，这与关系型数据库有很大的区别，也是 MongoDB 非常突出的特点。

文档是 MongoDB 的核心概念，是数据的基本单元，非常类似于关系型数据库中的行。在 MongoDB 中，文档表示为键值对的一个有序集。MongoDB 使用 JavaScript shell，文档的表示一般使用 JavaScript 里面的对象的样式来标记，代码如下：

```
{"title":"hello!"}
{"title":"hello!","recommend":5}
{"title":"hello!","recommend":5,"author":{"firstname":"张三","lastname":"李四"}}
```

创建文档的时候需要注意：

（1）文档中的键值对是有序的。

（2）文档中的值不仅可以是在双引号里面的字符串，还可以是其他几种数据类型（甚至可以是整个嵌入的文档）。

（3）MongoDB 区分类型和大小写。例如下面两组文档是不同的：

```
{"recommend":"5"}
{"recommend":5}

{"Recommend":"5"}
{"recommend":"5"}
```

（4）MongoDB 的文档不能有重复的键。例如下面的文档是非法的：

```
{"title":"hello!","title":"Mongo"}
```

（5）文档的键是字符串。除了少数例外情况，键可以使用任意 UTF-8 字符。

1. 插入文档

MongoDB 使用 insert()或 save()方法向集合中插入文档，语法如下：

```
db.collection_name.insert(document)
```

下面通过一个实例把以下文档存储在 MongoDB 的 test 数据库的 newdb 集合中：

```
>db.newdb.insert({title: "MongoDB 入门学习",
    description: "MongoDB 是一个 NoSQL 数据库",
    by: "数据库",
    url: "http://www.newdb.com",
    tags: ["MongoDB", "Database", "NoSQL"],
    likes: 100
})
WriteResult({"nInserted":1})
```

实例中 newdb 是集合名，如果该集合不在该数据库中，MongoDB 会自动创建该集合并插入文档。接下来查看已插入的文档：

```
> db.newdb.find()
{ "_id" : ObjectId("5d69cf296693871a67f19983"), "title" : "MongoDB 入门学习", "description" :
"MongoDB 是一个 NoSQL
    数据库", "by" : "数据库", "url" : "http://www.newdb.com", "tags" : [ "MongoDB", "Database", "NoSQL" ],
"likes" : 100 }
>
```

为了方便管理，还可以将数据定义为一个变量，然后再执行插入。

首先定义变量，执行结果如下所示：

```
> document=({title: "MongoDB 入门学习",
description: "MongoDB 是一个 NoSQL 数据库",
by: "数据库",
url: "http://www.newdb.com",
tags: ["MongoDB", "Database", "NoSQL"],
likes: 100
});
```

```
{
    "title" : "MongoDB 入门学习",
    "description" : "MongoDB 是一个 NoSQL 数据库",
    "by" : "数据库",
    "url" : "http://www.newdb.com",
    "tags" : [
        "MongoDB",
        "Database",
        "NoSQL"
    ],
    "likes" : 100
}
```

然后执行插入命令如下：

```
> db.newdb.insert(document)
WriteResult({ "nInserted" : 1 })
>
```

提示：插入文档也可以使用 db.newdb.save(document)命令。如果不指定_id字段，save()方法类似于 insert()方法。如果指定_id字段，则会更新该_id 的数据。

2. 查询文档

MongoDB 查询文档使用 find()方法，find()方法以非结构化的方式来显示所有文档。

MongoDB 查询数据的语法格式如下所示：

```
db.collection.find(query,projection)
```

query：可选参数，使用查询操作符指定查询条件。

projection：可选参数，使用投影操作符指定返回的键。如果查询时要返回文档中的所有键值，只需省略该参数即可（默认省略）。

如果需要格式化读取的数据，可以使用 pretty()方法，pretty()方法以格式化的方式来显示所有文档。语法格式如下：

```
db.collection.find().pretty()
```

下面通过一个实例来演示怎么查询数据：

```
> db.newdb.find().pretty()
{
    "_id" : ObjectId("5d69cf296693871a67f19983"),
    "title" : "MongoDB 入门学习",
    "description" : "MongoDB 是一个 NoSQL 数据库",
    "by" : "数据库",
    "url" : "http://www.newdb.com",
    "tags" : [
        "MongoDB",
        "Database",
        "NoSQL"
    ],
    "likes" : 100
}
```

除了 find()方法之外，还有一个 findOne()方法，它只返回一个文档。

如果读者熟悉常规的 SQL 数据，通过表 3-2 可以更好地理解 MongoDB 的条件语句查询。

表 3-2　MongoDB 查询格式

操　　作	格　　式	范　　例	RDBMS 中的类似语句
等于	{<key>:<value>}	db.newdb.find({"by":"数据库"}).pretty()	where by = "数据库"
小于	{<key>:{$lt:<value>}}	db.newdb.find({"likes":{$lt:50}}).pretty()	where likes < 50
小于或等于	{<key>:{$lte:<value>}}	db.newdb.find({"likes":{$lte:50}}).pretty()	where likes <= 50
大于	{<key>:{$gt:<value>}}	db.newdb.find({"likes":{$gt:50}}).pretty()	where likes > 50
大于或等于	{<key>:{$gte:<value>}}	db.newdb.find({"likes":{$gte:50}}).pretty()	where likes >= 50
不等于	{<key>:{$ne:<value>}}	db.newdb.find({"likes":{$ne:50}}).pretty()	where likes != 50

MongoDB　AND 条件：MongoDB 的 find()方法可以传入多个键，每个键以逗号隔开，即常规 SQL 的 AND 条件。

语法格式如下：

```
>db.newdb.find({key1:value1, key2:value2}).pretty()
```

下面一个实例通过 by 和 title 键来查询数据库中 MongoDB 入门学习的数据，代码如下：

```
> db.newdb.find({"by":"数据库", "title":"MongoDB 入门学习"}).pretty()
{
    "_id" : ObjectId("5d69cf296693871a67f19983"),
    "title" : "MongoDB 入门学习",
    "description" : "MongoDB 是一个 NoSQL 数据库",
    "by" : "数据库",
    "url" : "http://www.newdb.com",
        "tags" : [
        "MongoDB",
        "Database",
        "NoSQL"
    ],
    "likes" : 100
}
```

MongoDB OR 条件：MongoDB OR 条件语句使用了关键字$or，语法格式如下：

```
>db.newdb.find(
{
    $or: [
        {key1: value1}, {key2:value2}
        ]
    }
).pretty()
```

下面通过一个实例使用 by 和 title 键来查询数据库中的"MongoDB 入门学习"的文档，代码如下：

```
>db.newdb.find({$or:[{"by":"数据库"},{"title": "MongoDB 入门学习"}]}).pretty()
{
    "_id" : ObjectId("5d69cf296693871a67f19983"),
```

```
        "title" : "MongoDB 入门学习",
        "description" : "MongoDB 是一个 NoSQL 数据库",
        "by" : "数据库",
        "url" : "http://www.newdb.com",
        "tags" : [
        "MongoDB",
        "Database",
        "NoSQL"
        ],
        "likes" : 100
        }
>
```

3. 更新文档

MongoDB 使用 update() 和 save() 方法来更新集合中的文档。接下来详细看一下两个函数的应用及其区别。

（1）update() 方法：update() 方法用于更新已存在的文档。语法格式如下：

```
db.collection.update(
    <query>,
    <update>,
    {
        upsert: <boolean>,
        multi: <boolean>,
        writeConcern: <document>
    }
)
```

其中各个参数的说明如下：

query：update 的查询条件，类似 sql update 查询内 where 后面的语句。

update：update 的对象和一些更新的操作符（如 $,$inc…）等，也可以理解为 sql update 查询内 set 后面的语句。

upsert：可选，这个参数的意思是，如果不存在 update 的记录，是否插入 objNew，true 为插入，默认是 false，不插入。

multi：可选，MongoDB 默认是 false，只更新找到的第一条记录，如果这个参数为 true，就把按条件查出来的多条记录全部更新。

writeConcern：可选，抛出异常的级别。

接下来通过一个实例来了解一下文档是怎么更新的。

首先在 newdb 集合中插入以下的数据：

```
>db.newdb.insert({title: "MongoDB 入门学习",
description: "MongoDB 是一个 NoSQL 数据库",
by: "数据库",
url: "http://www.newdb.com",
tags: ["MongoDB", "Database", "NoSQL"],
likes: 100
})
```

接着通过 update()方法来更新标题（title）：

```
>db.newdb.update({"title": "MongoDB 入门学习"},{$set:{"title":"MongoDB 实践"}})
WriteResult({ "nMatched" : 1, "nUpserted" : 0, "nModified" : 1 })
> db.newdb.find().pretty()
{
    "_id" : ObjectId("5d69cf296693871a67f19983"),
    "title" : "MongoDB 实践",
    "description" : "MongoDB 是一个 NoSQL 数据库",
    "by" : "数据库",
    "url" : "http://www.newdb.com",
    "tags" : [
        "MongoDB",
        "Database",
        "NoSQL"
    ],
    "likes" : 100
}
>
```

可以看到标题由原来的"MongoDB 入门学习"更新为了"MongoDB 实践"。

注意：以上语句只会修改第一条发现的文档，如果要修改多条相同的文档，则需要设置 multi 参数为 true。

（2）save()方法：save()方法通过传入的文档来替换已有文档。语法格式如下：

```
db.collection.save(
    <document>,
    {
        writeConcern: <document>
    }
)
```

下面通过一个实例替换刚刚插入的_id 为 5d69cf296693871a67f19983 的文档数据：

```
>db.newdb.save({
    "_id" : ObjectId("5d69cf296693871a67f19983"),
    "title" : "MongoDB 实践",
    "description" : "MongoDB 是一个 NoSQL 数据库",
    "by" : "文档",
    "url" : "http://www.newdb.com",
    "tags" : [
        "NoSQL"
    ],
    "likes" : 100
})
```

替换成功后，可以通过 find()方法查看替换后的数据。

```
>db.newdb.find().pretty()
{
    "_id" : ObjectId("5d69cf296693871a67f19983"),
    "title" : "MongoDB 实践",
    "description" : "MongoDB 是一个 NoSQL 数据库",
    "by" : "文档",
```

```
"url" : "http://www.newdb.com",
"tags" : [
    "NoSQL"
],
"likes" : 110
}
>
```

4. 删除文档

上面已经学习了在 MongoDB 中如何为集合添加数据和更新数据。接着继续学习 MongoDB 集合如何删除。

MongoDB 使用 remove()方法来移除集合中的数据。语法格式如下：

```
db.collection.remove(
<query>,
{
    justOne: <boolean>,
    writeConcern: <document>
}
)
```

query：删除的文档的条件。

justOne：如果设为 true 或 1，则只删除一个文档；如果不设置该参数，或使用默认值 false，则删除所有匹配条件的文档。

writeConcern：抛出异常的级别。

下面通过一个实例来学习怎么删除文档。首先连续两次插入以下文档：

```
>db.newdb.insert({title:"MongoDB 入门学习",
description:"MongoDB 是一个 NoSQL 数据库",
by:"数据库",
url:"http://www.newdb.com",
tags: ["MongoDB","Database","NoSQL"],
likes: 100
})
```

然后使用 find()方法查询数据：

```
>db.newdb.find()
{"_id" : ObjectId("5d69cf296693871a67f19983"), "title" : "MongoDB 入门学习", "description" :
"MongoDB 是一个 NoSQL 数据
库", "by" : "数据库", "url" : "http://www.newdb.com", "tags" : [ "MongoDB", "Database", "NoSQL" ],
"likes" : 100 }
{"_id" : ObjectId("5d69d7b36693871a67f19984"), "title" : "MongoDB 入门学习", "description" :
"MongoDB 是一个 NoSQL 数据库", "by" : "数据库", "url" : "http://www.newdb.com", "tags" : [ "MongoDB",
"Database", "NoSQL" ], "likes" : 100 }
```

接下来移除 title 为"MongoDB 入门学习"的文档：

```
>db.newdb.remove({"title":"MongoDB 入门学习"})
WriteResult({ "nRemoved" : 2 })
>db.newdb.find()
>
```

如果只想删除第一条找到的记录，可以设置 justOne 为 1，如下所示：

```
>db.COLLECTION_NAME.remove(DELETION_CRITERIA,1)
```

如果想删除所有数据，可以使用以下方式（类似常规 SQL 的 truncate 命令）：

```
>db.newdb.remove({})
>db.newdb.find()
>
```

3.2.5　数据类型

在 MongoDB 中有几种重要的数据类型，分别如下：

（1）ObjectId：ObjectId 文档自动生成的_id，类似于唯一主键，可以很快地生成和排序，它包含 24B。例如：

```
>db.newdb.find()
{"_id" : ObjectId("5d69cf296693871a67f19983")}
```

含义分别如下：

- 0~8B（5d69cf29）表示时间戳，即这条数据产生的时间。
- 9~14B（669387）表示机器标识符，即存储这条数据时的机器编码。
- 15~18B（1a67）表示进程 id。
- 19~24B（f19983）表示计数器。

MongoDB 中存储的文档必须有一个_id 键。这个键的值可以是任何类型的，默认是 ObjectId 对象。

（2）String：UTF-8 字符串都可表示为字符串类型的数据。例如：

```
>db.newdb.find()
{"_id" : ObjectId("5d69cf296693871a67f19983"),"name" : "MongoDB 入门实践"}
```

（3）Boolean：布尔值只有两个值 true 和 false（注意 true 和 false 首字母小写）。

（4）Integer：整数，一般有 32 位和 64 位。

- 32 位整数：shell 中这个类型不可用，JavaScript 仅支持 64 位浮点数，所以 32 位整数会被自动转换。
- 64 位整数：shell 中这个类型不可用，shell 会使用一个特殊的内嵌文档来显示 64 位整数。

（5）Double：浮点数，MongoDB 中没有 Float 类型，所有小数都是 Double 类型。

（6）Arrays：数组，值的集合或者列表可以表示成数组，数组中的元素可以是不同类型的数据，例如：

```
{"x" : ["a", "b", "c", 20]}
```

（7）Null：空数据类型，表示不存在的字段。例如：

```
{"x" : null}
```

（8）Date：日期类型存储的是从标准纪元开始的毫秒数，不存储时区，例如：

```
{"x" : new Date()}
```

JavaScript 中 Date 对象用作 MongoDB 的日期类型，创建日期对象要使用 new Date()而不是 Date()，返回的是对日期的字符串表示，而不是真正的 Date 对象。

3.2.6　索引

索引通常能够极大地提高查询的效率，如果没有索引，MongoDB 在读取数据时必须扫描集合中的每个文件并选取那些符合查询条件的记录。

这种扫描全集合的查询效率是非常低的，特别在处理大量的数据时，查询要花费几十秒甚至几分钟，这对网站的性能是非常致命的。

索引是特殊的数据结构，索引存储在一个易于遍历读取的数据集合中，索引是对数据库表中一列或多列的值进行排序的一种结构。

createIndex()方法：MongoDB 使用 createIndex()方法来创建索引。createIndex()方法基本语法格式如下所示：

```
>db.collection.createIndex(keys, options)
```

语法中 key 值为要创建的索引字段，1 为指定按升序创建索引，–1 为指定按降序创建索引。

3.3　就业面试技巧与解析

学完本章内容，我们了解了 MongoDB shell 的一些经常使用的命令及一些原生方法。另外，还了解了 MongoDB 官方提供的一个可视化图形工具 MongoDB Compass。通过它我们可以更简单、明了地使用数据库。下面对面试过程中出现的问题进行解析，更好帮助读者学习本章内容。

3.3.1　面试技巧与解析（一）

面试官：在 MongoDB shell 中，怎么使用 find()和 findOne()方法执行读取操作？

应聘者：find()方法返回一个光标对象，MongoDB shell 迭代该对象以在屏幕上打印文档。默认情况下，MongoDB 打印前 20 个。MongoDB shell 将提示用户"Type it"以继续迭代接下来的 20 个结果。

MongoDB shell 中有一些常见读取操作，例如：

（1）db.collection.find(< query>)：如果< query > 为空，查询所有；否则返回满足要求的。

（2）db.collection.find(< query>, < projection>)：查找符合< query>条件的文档，并仅返回< projection>中的特定字段。

（3）db.collection.find().sort(< sort order>)：按照指定顺序返回，–1 表示降序。

（4）db.collection.find(< query>).sort(< sort order>)：返回与指定的<排序顺序>中的<查询>条件匹配的文档。

（5）db.collection.find(…).limit()：将结果限制为<n>行。

（6）db.collection.find(…).skip()：跳过< n>结果。

（7）db.collection.find(< query>).count()：返回与查询匹配的文档总数。count()忽略 limit()和 skip()。例如，如果 100 条记录匹配，但限制为 10，count()将返回 100。这比迭代自己快，但仍需要时间。

（8）db.collection.findOne()：查找并返回单个文档。如果找不到，则返回 null。

内部实现：findOne() = find()+ limit(1)。

3.3.2　面试技巧与解析（二）

面试官：MongoDB shell 中怎么创建新的链接？

应聘者：

在 MongoDB shell 中可以创建新的链接，首先打开一个新的链接，代码如下：

```
db = connect("< host><:port>/< dbname>")
```

然后使用 new Mongo()打开新链接，getDB 选择数据库即可，代码如下：

```
conn = new Mongo()
db = conn.getDB("dbname")
```

第2篇

提高篇

我们在学习了 MongoDB 的基本概念和基础操作后，已经能进行 MongoDB 数据库的增、删、改、查操作。本篇将学习 MongoDB 数据库的管理应用技术，包括 MongoDB 存储、MongoDB 查询以及聚合在 MongoDB 数据库管理中的使用等技术。通过本篇的学习，读者将对 MongoDB 数据库的核心技术有更深入的学习和了解，对数据库的操作也会有进一步的提高。

- 第4章　MongoDB 内部的存储
- 第5章　MongoDB 的灵活查询
- 第6章　常用的操作符——聚合
- 第7章　数据库的管理应用——MongoDB 的管理

第4章

MongoDB 内部的存储

本章概述

  本章主要讲解对 MongoDB 的存储引擎的实现和使用以及对 MongoDB 存储规范的介绍。通过本章内容的学习，读者可以学习怎么去选择合适的存储引擎以及如何简单快捷存储大文件。

本章要点

- 存储引擎的介绍
- GridFS 的原理
- GridFS 的使用
- WiredTiger 的应用
- WiredTiger 事务的实现

4.1　存储引擎

  存储引擎是位于持久化数据（通常是放在磁盘或者内存中）和数据库之间的一个操作接口，它负责数据的存储和读取方式。

  存储引擎（Storage Engine）是 MongoDB 的核心组件，负责管理数据如何存储在硬盘（Disk）和内存（Memory）上。从 MongoDB 3.2 版本开始，MongoDB 支持多数据存储引擎，MongoDB 支持的存储引擎包括 WiredTiger、MMAPv1 和 In-Memory。

4.1.1　MMAPv1 引擎

  3.0 版本以前，MongoDB 只有一个存储引擎——MMAP。MongoDB 3.0 引进了一个新的存储引擎——WiredTiger，同时对原有的 MMAP 引擎进行改进，产生 MMAPv1 存储引擎，并将其设置为 MongoDB 3.0 的默认存储引擎。然而 MMAP 引擎的一些弊端在 MMAPv1 引擎依旧存在，3.2 版本开始，MongoDB 已将默认的存储引擎设置为 WiredTiger。

作为 MongoDB 原生的存储引擎，MMAPv1 也是有它自己的优势的。MMAPv1 基于内存映射文件，它擅长大容量插入、读取和就地更新的工作负载。下面先对 MMAPv1 存储引擎进行介绍。

1. MMAPv1 存储引擎的数据组织方式

使用 MMAPv1 存储引擎，每个数据库 Database 由一个.ns 文件和一个或多个数据文件组成，假设数据库名称为 mydb，则.ns 文件名称为 mydb.ns，数据文件名称为 mydb.0，mydb.1，mydb.2，…，文件编号从 0 开始，文件大小从 64MB 开始，依次倍增，最大为 2GB。

（1）namespace。

每个 DB 包含多个 namespace（对应 MongoDB 的集合名），mydb.ns 实际上是一个 hash 表（采用线性探测方式解决冲突），用于快速定位某个 namespace 的起始位置。

hash 表里的一个节点包含的元数据结构如下所示，每个节点大小为 628B，16MB 的 NS 文件最多可存储 26715 个 namespace。

```
struct Node {
    int hash;
    Namespace key;
    NamespaceDetails value;
};
```

其中，key 为 namespace 的名字，为固定长度 128B 的字符数组。hash 为 namespace 的 hash 值，用于快速查找。value 包含一个 namespace 所有的元数据。

namespace 元数据结构如下：

```
class NamespaceDetails {
    DiskLoc firstExtent;
    DiskLoc lastExtent;
    DiskLoc deletedListSmall[SmallBuckets];
    …
};
```

其中，DiskLoc 代表某个数据文件的具体偏移位置，数据文件使用 mmap 映射到内存空间进行管理，内存的管理（哪些数据何时换入/换出）完全交给 OS 管理。结构如下：

```
class DiskLoc {
int _a;  //数据文件编号,如 mydb.0 编号为 0
int ofs; //文件内部偏移
};
```

（2）数据文件。

每个数据文件被划分成多个 extent，每个 extent 只包含一个 namespace 的数据，同一个 namespace 的所有 extent 之间以双向链表的形式进行组织。

namesapce 的元数据里包含指向第一个及最后一个 extent 的位置指针，通过这些信息，就可以遍历一个 namespace 下的所有 extent 数据。

每个数据文件包含一个固定长度头部 DataFileHeader，结构如下：

```
class DataFileHeader {
    DataFileVersion version;
    int fileLength;
```

```
    DiskLoc unused;
    int unusedLength;
    DiskLoc freeListStart;
    DiskLoc freeListEnd;
    char reserve[];
};
```

Header 中包含数据文件版本、文件大小、未使用空间位置及长度、空闲 extent 链表起始及结束位置等信息。extent 被回收时，就会放到数据文件对应的空闲 extent 链表里。

unusedLength 为数据文件未被使用过的空间长度，unused 则指向未使用空间的起始位置。

（3）extent。

每个 extent 包含多个 record（对应 MongoDB 的文档），同一个 extent 下的所有 Record 以双向链表的形式组织。结构如下：

```
struct Extent {
    unsigned magic;             //用于检查 extent 数据有效性
    DiskLoc myLoc;              //extent 自身位置

    /* 前一个/后一个 extent 位置指针 */
    DiskLoc xnext;
    DiskLoc xprev;

    int length;                //extent 总长度

    DiskLoc firstRecord;       //extent 内第一个 Record 位置指针
    DiskLoc lastRecord;        //extent 内最后一个 Record 位置指针
    char _extentData[4];       //extent 数据
};
```

（4）Record。

每个 Record 对应 MongoDB 里的一个文档，每个 Record 包含固定长度 16B 的描述信息。结构如下：

```
class Record {
    int _lengthWithHeaders;    //Record 长度
    int _extentOfs;            //Record 所在的 extent 位置指针
    int _nextOfs;              //后一个 Record 位置信息
    int _prevOfs;              //前一个 Record 位置信息
    char _data[4];             //Record 数据
};
```

如果 Record 被删除后，会以 DeleteRecord 的形式存储，其前两个字段与 Record 是一致的。结构如下：

```
class DeletedRecord {
    int _lengthWithHeaders;    //Record 长度
    int _extentOfs;            //Record 所在的 extent 位置指针
    DiskLoc _nextDeleted;      //下一个已删除记录的位置
};
```

一个 namespace 下的所有的已删除记录（可以回收并复用的存储空间）以单向链表的形式组织，为了最大化存储空间利用率，不同大小（32B、64B、128B，…）的记录被挂在不同的链表上，NamespaceDetail 里的 deletedListSmall/deletedListLarge 包含指向这些不同大小链表头部的指针。

2. MMAPv1 相对于 MMAP 的改变

（1）文件空间分配方式不变。

改进后的 MMAPv1 还是和 MMAP 一样在数据库级别分配文件，每个数据库中所有的集合和索引都混合存储在数据文件中，磁盘空间无法及时自动回收的问题还是没有得到解决。

MMAPv1 数据文件预分配策略：为了保证连续的存储空间，避免产生磁盘碎片，MMAPv1 对数据文件的使用采用预分配策略：数据库创建之后，先创建一个编号为 0 的文件，大小为 64MB，当这个文件有一半以上被使用时，再创建一个编号为 1 的文件，大小是上一个文件的两倍，即 128MB，以此类推，直到创建文件大小达到 2GB，以后再创建的文件大小就都是 2GB 了。

（2）锁粒度由库级别锁提升为集合级别锁。

在 MMAP 中，锁粒度是库级别锁，MMAPv1 将其提升为集合级别锁，即同一时刻同一个集合中只能进行一个写操作，在一定程度上提升了数据库的并发处理能力。

（3）文档空间分配方式改变。

在 MMAP 存储引擎中，文档是按照写入顺序排列存储在硬盘中的。如果文档更新后长度变长且原有存储位置后面没有足够的空间放下增长部分的数据，那么文档就要移动到文件中的其他位置，导致集合中所有的索引都要同步修改文档新的存储位置，严重降低了写性能。

若想避免这种情况的发生，需要在文档后保留一定空间用于存放文档更新后可能增大的部分，为此，MMAP 采用两种策略进行文档空间分配：

①基于 paddingFactor（填充因子）的自适应分配方式。

这种方式会基于每个集合中的文档更新历史计算文档更新的平均增长长度，然后根据平均增长长度设置一个 paddingFactor（填充因子，大小大于 1），以后在新文档插入或旧文档移动时分配的空间=文档实际长度×paddingFactor。

②基于 usePowerOf2Sizes 的预分配方式。

这种方式不考虑更新历史，直接为文档分配比文档大而又最接近文档大小的 2 的 N 次方大小的存储空间（当大小超过 2MB 时则变为 2MB 的倍数增长），例如文档大小为 200B 则直接分配 256B 的空间。

对于第一种策略，由于每个文档大小不一样，经过填充后的空间大小也不一样，如果集合上的更新操作很多，那么因为记录移动而导致的空闲空间会因为大小不一而难以重用。而第二种策略就不一样了，它分配的空间大小都是 2 的 N 次方，因此更容易维护和利用。所以，改进后的 MMAPv1 便抛弃了第一种策略，只使用较优的第二种策略。另外，MongoDB 还提供了一个 No Padding Allocation 策略，按照数据的实际尺寸分配空间，如果某个集合上绝大多数情况下执行的都是 insert 或者 in-place update（更新后文档大小不会变大），还有极少数的被删除，那么可以在这个集合使用这个策略，提高磁盘空间利用率。

3. MMAPv1 日志记录

为了确保对 MongoDB 数据集的所有修改都持久化到硬盘上，MongoDB 默认会将所有的操作日志记录到硬盘上，MMAPv1 存储引擎的默认配置是每隔 60s 写一次数据文件（可以使用 storage.syncPeriodSecs 改变写数据文件的时间间隔），每隔 100ms 写一次日志文件，写日志的频率比写数据文件的频率更高。

4. MMAPv1 内存使用

使用 MMAPv1 存储引擎，MongoDB 会自动使用所有机器的空闲内存作为它的 cache，即 MongoDB 会使用尽可能多的空闲内存。但 MongoDB 使用的内存由系统资源监视器监视，由系统控制，可随时回收，如果其他的进程突然需要服务器大量的内存，MongoDB 将会让出内存给其他的进程。当然，使用 MMAPv1 存储引擎的时候，分配的内存越大，MongoDB 的性能就越好。

4.1.2　WiredTiger 引擎

WiredTiger 是在 MongoDB 3.0 版本引入的，并且在 MongoDB 3.2 版本开始成为 MongoDB 默认的存储引擎。相比于 MMAPv1，WiredTiger 功能更强大，而且具有更高的性能。

1. 文件空间分配方式改进

MMAPv1 存储引擎是在数据库级别分配文件的，将每个数据库中所有的集合和索引都混合存储在数据库文件中，即使删除了某个集合或索引，其占用的磁盘空间也很难及时自动回收。WiredTiger 则在集合和索引级别分配文件，将每个数据库中的集合和索引都存储在单独的文件中，集合或索引删除后，其对应文件即可删除，磁盘空间回收方便。

WiredTiger 的一些数据文件如下：

（1）mongod.lock：用于防止多个进程连接同一个 WiredTiger 数据库。

（2）.wt 文件：存储各个集合的数据，每个文件 100MB。

（3）WiredTiger.wt：用于存储所有集合的元数据信息。

（4）WiredTiger.turtle：用于存储 WiredTiger.wt 的元数据信息。

（5）journal 文件夹：用于存储日志文件。

2. 文档级别的并发控制

MongoDB 在执行写操作时，WiredTiger 在文档级别进行并发控制，就是说，在同一时间，多个写操作能够修改同一个集合中的不同文档。当多个写操作修改同一个文档时，必须以序列化方式执行。这意味着，如果该文档正在被修改，其他写操作必须等待，直到在该文档上的写操作完成之后，其他写操作相互竞争，获胜的写操作在该文档上执行修改操作。

对于大多数读写操作，WiredTiger 使用乐观并发控制，只在 Global、DataBase 和 Collection 级别上使用意向锁，如果 WiredTiger 检测到两个操作发生冲突时，导致 MongoDB 将其中一个操作重新执行，这个过程是系统自动完成的。

3. 检查点

在检查点操作开始时，WiredTiger 提供指定时间点的数据库快照，该快照呈现的是内存中数据的一致性视图。当向 Disk 写入数据时，WiredTiger 将快照中的所有数据以一致性方式写入到数据文件中。一旦检查点创建成功，WiredTiger 保证数据文件和内存数据是一致的，因此，检查点担当的是还原点，检查点操作能够缩短 MongoDB 从日志文件还原数据的时间。

当 WiredTiger 创建检查点时，MongoDB 将数据刷新到数据文件中，在默认情况下，WiredTiger 创建检查点的时间间隔是 60s 或产生 2GB 的日志文件。在 WiredTiger 创建新的检查点期间，上一个检查点仍然是有效的，这意味着，即使 MongoDB 在创建新的检查点期间遭遇到错误而异常终止运行，只要重启，MongoDB 就能从上一个有效的检查点开始还原数据。

当 MongoDB 以原子方式更新 WiredTiger 的元数据表，使其引用新的检查点时，表明新的检查点创建成功，MongoDB 将老的检查点占用的磁盘空间释放。使用 WiredTiger 存储引擎，如果没有记录数据更新的日志，MongoDB 只能还原到上一个检查点。如果要还原在上一个检查点之后执行的修改操作，必须使用 Journal 日志文件。

4. 预先记录日志

WiredTiger 使用预写日志的机制，在数据更新时，先将数据更新写入到日志文件，然后在创建检查点操作开始时，将日志文件中记录的操作，刷新到数据文件，就是说，通过预写日志和检查点，将数据更新持久化到数据文件中，实现数据的一致性。WiredTiger 日志文件会持久化记录从上一次检查点操作之后发生的所有数据更新，在 MongoDB 系统崩溃时，通过日志文件能够还原从上次检查点操作之后发生的数据更新。

5. 内存的使用

从 MongoDB 3.2 版本开始，WiredTiger 内部缓存的使用量，默认值是 1GB 或 60% of RAM～1GB，取两值中的较大值。文件系统缓存的使用量不固定，MongoDB 自动使用系统空闲的内存，这些内存不被 WiredTiger 缓存和其他进程使用，数据在文件系统缓存中是压缩存储的。

（1）数据压缩。

WiredTiger 压缩存储集合索引和索引，压缩减少磁盘空间消耗，但是消耗额外的 CPU 执行数据压缩和解压缩的操作。

默认情况下，WiredTiger 使用块压缩算法来压缩集合，使用前缀压缩算法来压缩索引，日志文件也是压缩存储的。对于大多数工作负载，默认的压缩设置能够均衡数据存储的效率和处理数据的需求，即压缩和解压的处理速度是非常高的。

（2）磁盘空间回收。

当从 MongoDB 中删除文档或集合后，MongoDB 不会将磁盘空间释放给操作系统，MongoDB 在数据文件中维护 Empty Records 的列表。当重新插入数据后，MongoDB 从 Empty Records 列表中分配存储空间给新的文档，因此，不需要重新开辟空间。为了更新有效地重用磁盘空间，必须重新整理数据碎片。

WiredTiger 使用 compact 命令，移除集合中数据和索引的碎片，并将未使用的空间释放，调用语法如下：

```
db.runCommand ( { compact: '<collection>' } )
```

在执行 compact 命令时，MongoDB 会对当前的数据库加锁，阻塞其他操作。在 compact 命令执行完成之后，mongod 会重建集合的所有索引。

4.1.3　In-Memory 引擎

4.1.1 节和 4.1.2 节介绍了 MMAPv1 和 WiredTiger，这两个存储引擎都是会将数据持久化存储到硬盘的，除此之外，MongoDB 也有只将数据存储在内存的存储引擎，那就是 In-Memory。

In-Memory 存储引擎将数据库数据都存储在内存中，只将少量的元数据和诊断日志、临时数据存储到硬盘文件中，避免了磁盘 I/O 操作，查询速度很快。In-Memory 存储引擎更多特点如下：

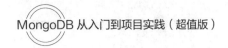

1. 文档级别的并发控制

In-Memory 存储引擎使用文档级别锁，同一时刻多个写操作可以修改同一个集合中不同的文档，但不能修改同一个文档，必须以序列化方式执行。

2. 内存使用

In-Memory 需要将数据库的数据、索引和操作日志等内容存储到内存中。可以通过参数 --inMemorySizeGB 设置它占用的内存大小，默认为 50% of RAM～1GB。指定 In-Memory 存储引擎使用的内存数据量，单位是 GB：

```
mongod --storageEngine inMemory --dbpath <path> --inMemorySizeGB <newSize>
```

3. 持久化

In-Memory 不需要单独的日志文件，不存在记录日志和等待数据持久化的问题。当 MongoDB 实例关机或系统异常终止时，所有存储在内存中的数据都将会丢失。

4. 记录 oplog

In-Memory 虽然不将数据写入硬盘，但还是会记录 oplog。利用这个特性，可以在集群中使用 In-Memory 的 MongoDB 作为主数据库，使用 WiredTiger 的 MongoDB 作为备份数据库，然后将主数据库的 oplog 推送给备份数据库进行持久化存储，这样即使主数据库关机或异常崩溃，重启后还可以从备份数据库中同步数据。

4.2　GridFS 简介

GridFS 是 MongoDB 中存储和查询超过 BSON 文件大小限制（16MB）的规范，不像 BSON 文件那样在一个单独的文档中存储文件，GridFS 将文件分成多个块，每个块作为一个单独的文档。默认情况下，每个 GridFS 块是 255KB，意味着除了最后一块（根据剩余的文件大小），文档被分成多个 255KB 大小的块存储。

GridFS 使用两个集合保存数据，一个集合存储文件块，另一个集合存储文件元数据。

当从 GridFS 中获取文件时，MongoDB 的驱动程序负责将多个块组装成完整文件，可以通过 GridFS 进行范围查询，可以访问文件的任意部分（例如跳到视频文件或者音频文件的任意位置）。

无论是超过 16MB 的文件还是其他文件，只要存在访问时不想加载整个文件的场景，GridFS 就有帮助。

4.2.1　GridFS 原理

GridFS 使用两个集合存储文件。一个集合是 chunks，用于存储文件内容的二进制数据。一个集合是 files，用于存储文件的元数据。

GridFS 会将两个集合放在一个普通的 buket 中，并且这两个集合使用 buket 的名字作为前缀。MongoDB 的 GridFS 默认使用 fs 命名的 buket 存放两个文件集合。因此存储文件的两个集合分别会命名为集合 fs.files，集合 fs.chunks。

当然也可以定义不同的 buket 名字，甚至在一个数据库中定义多个 bukets，但所有的集合的名字都不得超过 MongoDB 命名空间的限制。

MongoDB 集合的命名包括了数据库名字与集合名字，会将数据库名与集合名通过"."分隔（eg:<DataBase>.<collection>）。而且命名的最大长度不得超过 120B。

当把一个文件存储到 GridFS 时，如果文件大于 chunksize（每个 chunk 块大小为 256KB），会先将文件按照 chunk 的大小分割成多个 chunk 块，最终将 chunk 块的信息存储在 fs.chunks 集合的多个文档中。然后将文件信息存储在 fs.files 集合的唯一一份文档中。其中 fs.chunks 集合中多个文档中的 file_id 字段对应 fs.files 集中文档_id 字段。

读文件时，先根据查询条件在 files 集合中找到对应的文档，同时得到_id 字段，再根据_id 在 chunks 集合中查询所有 files_id 等于_id 的文档。最后根据 n 字段顺序读取 chunk 的 data 字段数据，还原文件。

存储过程如图 4-1 所示。

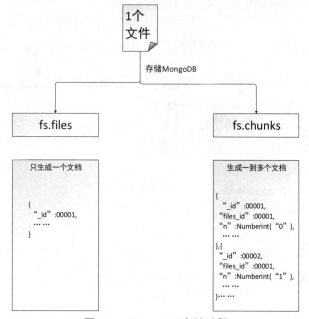

图 4-1　MongoDB 存储过程

fs.files 集合存储文件的元数据，以类 JSON 格式文档形式存储。每在 GridFS 存储一个文件，就会在 fs.files 集合中对应生成一个文档。

fs.files 集合中文档的存储内容如下：

```
{
    "_id":<Objectld>,                    //（必选）文档 id,唯一标识
    "chunkSize":<num>,                   //（必选）chunk 大小  256KB
    "uploadDate":<timetamp>,             //（必选）文件第一次上传时间
    "length":<num>,                      //（必选）文件长度
    "md5":<string>,                      //（必选）文件 md5 值
    "filename":<string>,                 //（必选）文件名
    "contentType":<string>,              //（必选）文件的 MIME 类型
    "metadata":<dataObejct>              //（必选）文件自定义信息
}
```

fs.chunks 集合存储文件内容的二进制数据，以类 JSON 格式文档形式存储。每在 GridFS 存储一个文件，

GridFS 就会将文件内容按照 chunksize（每个 chunk 块大小为 256KB）分成多个文件块，然后将文件块按照类 JSON 格式存在.chunks 集合中，每个文件块对应 fs.chunk 集合中一个文档。一个存储文件会对应一到多个 chunk 文档。

fs.chunks 集合中文档的存储内容如下：

```
{
    "_id":<ObjectId>,                    //（必选）文档唯一标识
    "files_id":<ObjectId>,               //（必选）对应 fs.files 文档的 id
    "n":<num>,                           //（必选）序号,标识文件的第几个 chunk
    "data":<binary>                      //（必选）文件二进制数据
}
```

为了提高检索速度 MongoDB 为 GridFS 的两个集合建立了索引。fs.files 集合使用 filename 与 uploadDate 字段作为唯一、复合索引。fs.chunks 集合使用 files_id 与 n 字段作为唯一、复合索引。

4.2.2　GridFS 应用场景

在 MongoDB 中，使用 GridFS 存储超过 16MB 的文件（BSON 文件不能超过 16MB）。在某些情况下，MongoDB 存储大文件会比操作系统的文件系统更高效：

（1）如果文件系统限制目录下文件的个数，可以使用 MongoDB 在目录下存储任意多的文件。

（2）访问大数据文件时，不想一次加载而是分段访问。

（3）在多个系统间实现文件和元数据同步。

对文件进行原子更新时，MongoDB 不适合，不能支持对文件多个块更新操作的原子性；如果确有需要，也可以通过在元数据中指定当前版本来变通实现。

如果文件都小于 16MB，应该考虑使用每个文件存一个独立文档的方式来取代 GridFS，可以使用 BinData 类型来存储二进制数据（也可以使用 GridFS，需要修改 chunk 大小，避免小文件被拆分，需要进行测试和比较性能）。

4.2.3　GridFS 的局限性

GridFS 也并非十全十美，它也有一些局限性：

1）工作集

伴随数据库内容的 GridFS 文件会显著地搅动 MongoDB 的内存工作集。如果不想让 GridFS 的文件影响到内存工作集，那么可以把 GridFS 的文件存储到不同的 MongoDB 服务器上。

2）性能

文件服务性能会慢于从 Web 服务器或文件系统中提供本地文件服务的性能。但是这个性能的损失换来的是管理上的优势。

3）原子更新

GridFS 没有提供对文件的原子更新方式。如果需要满足这种需求，那么需要维护文件的多个版本，并选择正确的版本。

4.3　GridFS 的使用

MongoDB GridFS 是 MongoDB 的文件存储方案，主要用于存储和恢复超过 16MB（BSON 文件限制）的文件（如图片、音频等），对大文件有着更好的性能。

4.3.1　开始使用命令行工具

MongoDB 有一个内建工具 mongofiles.exe，可以用它在 GridFS 中上传、下载、查看、搜索和删除文件。

可以通过本身自带的 hel 命令来查看帮助文档。在 MongoDB 中 bin 的目录下输入命令 mongofiles -- help 便可以查看，如图 4-2 所示。

```
E:\MongoDB\bin>mongofiles --help
Usage:
  mongofiles <options> <command> <filename or _id>

Manipulate gridfs files using the command line.

Possible commands include:
      list      - list all files; 'filename' is an optional prefix which listed filenames must begin with
      search    - search all files; 'filename' is a regex which listed filenames must match
      put       - add a file with filename 'filename'
      put_id    - add a file with filename 'filename' and a given '_id'
      get       - get a file with filename 'filename'
      get_id    - get a file with the given '_id'
      delete    - delete all files with filename 'filename'
      delete_id - delete a file with the given '_id'

See http://docs.mongodb.org/manual/reference/program/mongofiles/ for more information.

general options:
      /help                             print usage
      /version                          print the tool version and
                                        exit

verbosity options:
  /v, /verbose:<level>                  more detailed log output
                                        (include multiple times for
                                        more verbosity, e.g. -vvvvv,
                                        or specify a numeric value,
                                        e.g. --verbose=N)
      /quiet                            hide all log output

connection options:
  /h, /host:<hostname>                  mongodb host to connect to
                                        (setname/host1,host2 for
                                        replica sets)
      /port:<port>                      server port (can also use
                                        --host hostname:port)

ssl options:
      /ssl                              connect to a mongod or mongos
                                        that has ssl enabled
      /sslCAFile:<filename>             the .pem file containing the
                                        root certificate chain from
                                        the certificate authority
      /sslPEMKeyFile:<filename>         the .pem file containing the
                                        certificate and key
      /sslPEMKeyPassword:<password>     the password to decrypt the
                                        sslPEMKeyFile, if necessary
      /sslCRLFile:<filename>            the .pem file containing the
                                        certificate revocation list
      /sslAllowInvalidCertificates      bypass the validation for
                                        server certificates
      /sslAllowInvalidHostnames         bypass the validation for
```

图 4-2　帮助文档

通过 mongofiles --help 可以查看一些 GridFS 的使用方法和参数。代码如下：

```
mongofiles list          //列出所有文件
mongofiles put xxx.txt   //上传一个文件
mongofiles get xxx.txt   //下载一个文件
Mongofiles search xxx    //查找所有文件名中包含"xxx"的文件
Mongofiles list xxx      //查找所有文件名以"xxx"为前缀的文件
```

参数说明：

-d 指定数据库，默认是 fs，Mongofiles list -d testGridfs。

-u -p 指定用户名，密码。

-h 指定主机。

-port 指定主机端口。

-c 指定集合名，默认是 fs。

-t 指定文件的 MIME 类型，默认会忽略。

4.3.2　从 GridFS 中读取文件

现在使用 GridFS 的 put 命令来存储 mp3 文件。调用 MongoDB 安装目录下 bin 的 mongofiles.exe 工具。

打开命令提示符，进入到 MongoDB 的安装目录的 bin 目录中，首先在数据库中列出所有文件。数据库中不应有任何文件。代码如下：

```
E:\MongoDB\bin>mongofiles list
2019-10-18T13:51:34.648+0800   connected to: mongodb://localhost/
```

接下来开始使用它，通过 put 命令添加创建的 a.mp3 文件，代码如下：

```
>mongofiles.exe -d gridfs put a.mp3
2019-10-18T13:53:25.340+0800   connected to: mongodb://localhost/
added file:a.mp3
```

GridFS 是存储文件的数据名称。如果不存在该数据库，MongoDB 会自动创建。a.mp3 是音频文件名。

使用以下命令来查看数据库中文件的文档：

```
>db.fs.files.find()
```

以上命令执行后返回以下文档数据：

```
{
    _id: ObjectId('534a811bf8b4aa4d33fdf94d'),
    filename: "a.mp3",
    chunkSize: 261120,
    uploadDate: new Date(1397391643474), md5: "e4f53379c909f7bed2e9d631e15c1c41",
    length: 10401959
}
```

可以看到 fs.chunks 集合中所有的区块，以下得到了文件的_id 值，可以根据这个_id 获取区块（chunk）的数据：

```
>db.fs.chunks.find({files_id:ObjectId('534a811bf8b4aa4d33fdf94d')})
```

以上实例中，查询返回了 40 个文档的数据，意味着 mp3 文件被存储在 40 个区块中。

4.4　WiredTiger 的使用

存储引擎在任何的数据库里面都是非常重要的模块，它主要负责数据的写入、读取以及管理。MongoDB从 3.2 版本之后，采用 WiredTiger 作为默认的存储引擎，其主要的特性如下：

（1）B 树、页。

WiredTiger 采用了 B 树来组织管理数据，一个集合的 namespace，来关联到该集合的索引，通过索引可以有效地将感兴趣的部分数据加载到内存中，通常会放进 cache 里面，以备后续使用。将数据从磁盘读入内存或者从内存输出到磁盘的基本操作单位是一个内存页。

（2）transaction。

MongoDB 对于事务的支持是逐渐迭代的，在 3.2 版本它支持了单个集合的单文档的事务性，在 3.6 版支持了多文档的事务性，到 4.0 版本我们会得到跨集合的事务性。

事务的语义和使用方法和其他的数据库很类似：

```
begin_transaction;
insert/update/delete/query
tranaction_commit or transaction_rollback
```

事务的语义可以保证在事务开始到结束的过程中的一系列操作，要么成功，要么回滚到第一条操作之前，这对于数据的一致性是非常有用的。

（3）日志。

日志是存储引擎用来辅助存储的一种机制，它通常和检查点配合使用，在系统发生异常的时候，尽可能确保用户的数据不丢失。

在 dbpath 目录下面的日志目录用来存放日志文件，该文件用来记录 write-ahead redo 日志。该目录下还包含一个用来保存最近队列数的文件。一次正常的关机会删除日志目录下的所有文件，而非正常的关机（比如崩溃）则不会删除文件。当 MongoDB 进程重启时，这些文件用来自动恢复数据库，保证数据的一致性。

当 MongoDB 刷新日志文件的写操作到数据文件时，会记录哪些日志写操作已经被刷新过。一旦日志文件中只包含被刷新过的写操作时，这个文件就不会再起到恢复数据的作用，MongoDB 会删除它，或者将其回收用作新的日志文件。

（4）block manager。

block manager 是 cache 和磁盘相互交互的一个模块，主要负责打开、关闭文件（包含索引文件、数据文件以及元数据等）以及页的读写等。

（5）cache。

数据库的数据通常是很大的，而可用的内存容量是有限的，通常需要把重要的数据以及读取过的数据放进内存里面，以备后续使用。随着系统的使用，越来越多的内存页被放进了内存，内存容量吃紧的时候，需要将一部分数据移出内存。

WiredTiger 的 cache 采用 B 树的方式组织，每个 B 树节点为一个 page，root page 是 B 树的根节点，internal page 是 B 树的中间索引节点，leaf page 是真正存储数据的叶子节点。B 树的数据以页为单位按需从磁盘加载或写入磁盘。

（6）检查点。

检查点是每隔一定的时间，将集合的所有修改写入到磁盘，在内存中，将数据的修改写入到一个 extent 里面，多个 extent 组成一个页，一个或者多个页构成了一个检查点。这里要注意的是，对于数据的更新操作，并不是直接在原来的数据页进行修改，而是写入到新分配的页。

1. WiredTiger 的数据结构

WiredTiger（简称 WT）支持行存储、列存储以及 LSM 这 3 种存储形式，MongoDB 使用时，只是将其作为普通的 KV 存储引擎来使用，MongoDB 的每个集合对应一个 WT 的表，表里包含多个键值对，以 B 树形式存储。

WT 官方提供了 C、Java、Python API，MongoDB 使用 C API 来访问 WT 数据库，主要包括 3 个核心的数据结构。

（1）WT_CONNECTION 代表一个到 WT 数据库的连接，通常每个进程只用建立一个连接，WT_CONNECTION 的所有方法都是线程安全的。

（2）WT_SESSION 代表一个数据库操作的上下文，每个线程需创建独立的 session。

（3）WT_CURSOR 用于操作某个数据集（如某个表、文件），可使用 cursor 来进行数据库插入、查询操作。

2. 在 MongoDB 中使用 WiredTiger 的方法

MongoDB 使用 WiredTiger 作为存储引擎时，直接使用其 CAPI 来存储、查询数据。可以分为以下几个步骤：

步骤 1：wiredtiger_open

MongoDB 在 WiredTigerKVEngine 构造的时候 wiredtiger_open 建立连接，在其析构时关闭连接，其指定的配置参数如表 4-1 所示。

表 4-1　WiredTigerKVEngine 配置参数

配　置　项	含　义　说　明
create	如果数据库不存在则先创建
cache_size=xx	cache 大小，使用 MongoDB cacheSizeGB 配置项的值
session_max=20000	最大 session 数量
eviction=(threads_max=4)	淘汰线程最大数量，用于将 page 从 cache 逐出
statistics=(fast)	统计数据采用 fast 模式
statistics_log=(wait=xx)	统计数据采集周期，使用 MongoDB statisticsLogDelaySecs 配置项的值
file_manager=(close_idle_time=100000)	空闲文件描述符回收时间
checkpoint=(wait=xx,log_size:2G)	开启周期性检查点，采用 MongoDB syncPeriodSecs 配置项的值
log=(enabled=true,archive=true…	启用 write ahead log，达到 2GB 时触发检查点

下面我们来重点介绍下检查点和 log2 的配置项，其决定了数据持久化的安全级别。WiredTiger 支持两种数据持久化级别，分别是 Checkpoint durability 和 Commit-level durability。

（1）Checkpoint durability。

WiredTiger 支持对当前的数据集进行检查点，检查点代表当前数据集的一个快照（或镜像），WiredTiger 可配置周期性的检查点（或当 log size 达到一定阈值时做检查点）。

比如 WT 配置了周期性检查点（没开启 log），每 5 分钟做一次检查点，在 T1 时刻做了一次检查点得到数据集 C1，则在接下来的 5 分钟内，如果服务崩溃，则 WT 只能将数据恢复到 T1 时刻。

（2）Commit-level durability。

WiredTiger 通过 write ahead log 来支持 Commit-level durability。

开启 write ahead log 后，对 WT 数据库的更新都会先写 log，log 的刷盘策略（通过 trasaction_sync 配置项或者 begion_transaction 参数指定）决定了持久化的级别。

步骤 2：open_session

MongoDB 使用 session pool 来管理 WT 的 session，isolation=snapshot 指定隔离级别为快照。

步骤 3：create table

创建数据集合的参数如表 4-2 所示。

表 4-2　数据集合参数

配　置　项	含　义　说　明
create	如果集合不存在则先创建
memory_page_max=10m	page 内存最大值
split_pct=90	page split 百分比
checksum=on	开启校验
key_format=q,value_format=u	key 为 int64_t 类型（RecordId），value 为 WT_ITEM

数据集合的 key 为 int64_t 类型的 RecordId，RerordId 在集合内部唯一，value 为二进制的 BSON 格式。

创建索引集合的参数如表 4-3 所示。

表 4-3　索引集合参数

配　置　项	含　义　说　明
create	如果集合不存在则先创建
type=file,internal_page_max=16k,leaf_page_max=16k	配置树节点大小
checksum=on	开启校验
key_format=u,value_format=u	键值均为 WT_ITEM 格式

索引集合的键、值均为二进制数据。表创建好之后，就可以往表写入数据了。比如，往某个集合插入一组元素：

```
db.coll.insert({_id: "apple", count: 100});
db.coll.insert({_id: "peach", count: 200});
db.coll.insert({_id: "grape", count: 300})
```

对应一个 coll 的数据集合，其对应的 WT 数据类型如表 4-4 所示。

表 4-4　WT 数据类型表

KEY	VALUE
1	{_id: "apple", count: 100}
2	{_id: "peach", count: 200}
3	{_id; "grape", count: 300}

以及基于 id 的索引集合，其对应的 WT 数据如表 4-5 所示。

表 4-5　WT 索引数据表

KEY	VALUE
"apple"	1
"peach"	2
"grape"	3

接下来如果在 count 上建索引，索引会存储在新的 WT 表里，数据如表 4-6 所示。

表 4-6　WT 表数据表

KEY	VALUE
300	3
200	2
100	1

MongoDB 使用 WiredTiger 存储引擎时，其将 WiredTiger 作为一个 KV 数据库来使用，MongoDB 的集合和索引都对应一个 WiredTiger 的表。并依赖于 WiredTiger 提供的检查点+write ahead log 机制提供高数据可靠性。

4.5　WiredTiger 的事务实现

WiredTiger 从被 MongoDB 收购到成为 MongoDB 的默认存储引擎的一年半得到了迅猛的发展，也逐步被外界熟知。WiredTiger（以下简称 WT）是一个优秀的单机数据库存储引擎，它拥有诸多的特性，既支持 B 树索引，也支持 LSM 树索引，支持行存储和列存储，实现 ACID 级别事务、支持大到 4GB 的记录等。WT 的产生不是因为这些特性，而是和计算机发展的现状息息相关。

现代计算机近 20 年来 CPU 的计算能力和内存容量飞速发展，但磁盘的访问速度并没有得到相应的提高，WT 就是在这样一个情况下研发出来的，它设计了充分利用 CPU 并行计算的内存模型的无锁并行框架，使得 WT 引擎在多核 CPU 上的表现优于其他存储引擎。针对磁盘存储特性，WT 实现了一套基于 BLOCK/Extent 的友好的磁盘访问算法，使得 WT 在数据压缩和磁盘 I/O 访问上优势明显。实现了基于快照技术的 ACID 事务，快照技术大大简化了 WT 的事务模型，摒弃了传统的事务锁隔离又同时能保证事务的 ACID。WT 根据现代内存容量特性实现了一种基于 Hazard Pointer 的 LRU cache 模型，充分利用了内存容量的同时又能拥有很高的事务读写并发。

4.5.1　WiredTiger 事务的实现原理

我们已经学习了基本的事务概念和 ACID，现在来看看 WT 引擎是怎么来实现事务和 ACID 的。要了解实现先要知道它的事务的构造和使用相关的技术，WT 在实现事务的时候主要使用了三个技术：事务快照、MVCC（多版本并发控制）和 redo log（重做日志），为了实现这三个技术，它还定义了一个基于这三个技术的事务对象和全局事务管理器。事务对象描述如下：

```
wt_transaction{
    transaction_id:     本次事务的全局唯一的 ID,用于标示事务修改数据的版本号
    snapshot_object:    当前事务开始或者操作时刻其他正在执行且并未提交的事务集合,用于事务隔离
    operation_array:    本次事务中已执行的操作列表,用于事务回滚
    redo_log_buf:       操作日志缓冲区,用于事务提交后的持久化
    State:              事务当前状态
}
```

WT 中的 MVCC 是基于 key/value 中 value 值的链表，这个链表单元中存储有当先版本操作的事务 ID 和操作修改后的值。描述如下：

```
wt_mvcc{
    transaction_id:     本次修改事务的 ID
    value:              本次修改后的值
}
```

WT 中的数据修改都是在这个链表中进行 append 操作，每次对值做修改都是 append 到链表头上，每次读取值的时候是从链表头根据值对应的修改事务 transaction_id 和本次读事务的快照来判断是否可读，如果不可读，向链表尾方向移动，直到找到读事务的数据版本。

上面多次提及事务的快照，那到底什么是事务的快照呢？其实就是事务开始或者进行操作之前对整个 WT 引擎内部正在执行或者将要执行的事务进行一次截屏，保存当时整个引擎所有事务的状态，确定哪些事务是自己可见的，哪些事务是自己不可见的。其实也就是一些列事务 ID 区间。

从 WT 引擎创建事务快照的过程中现在可以确定，快照的对象是有写操作的事务，纯读事务是不会被快照的，因为快照的目的是隔离 MVCC 列表中的记录，通过 MVCC 中 value 的事务 ID 与读事务的快照进行版本读取，与读事务本身的 ID 没有关系。在 WT 引擎中，开启事务时，引擎会将一个 WT_TNX_NONE(= 0)的事务 ID 设置给开启的事务，当它第一次对事务进行写时，会在数据修改前通过全局事务管理器中的 current_id 来分配一个全局唯一的事务 ID。这个过程也是通过 CPU 的 CAS_ADD 原子操作完成的无锁过程。

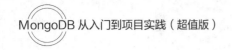

4.5.2 WiredTiger 事务过程

一般事务分为两个阶段：事务执行和事务提交。在事务执行前，需要先创建事务对象并开启它，然后才开始执行，如果执行遇到冲突或者执行失败，需要回滚事务（rollback）。如果执行都正常完成，最后只需要提交（commit）即可。那么我们来分析 WT 是怎么实现这几个过程的。

1. 事务开启

WT 事务开启过程中，首先会为事务创建一个事务对象并把这个对象加入到全局事务管理器当中，然后通过事务配置信息确定事务的隔离级别和重做日志的刷盘方式并将事务状态设为执行状态，最后判断如果隔离级别是 ISOLATION_SNAPSHOT（快照级的隔离），在本次事务执行前创建一个系统并发事务的快照截屏。至于为什么要在事务执行前创建一个快照，在后面 WT 事务隔离章节详细介绍。

2. 事务执行

事务在执行阶段，如果是读操作，不做任何记录，因为读操作不需要回滚和提交。如果是写操作，WT 会对每个写操作做详细的记录。在上面介绍的事务对象（wt_transaction）中有两个成员，一个是操作 operation_array，一个是 redo_log_buf。这两个成员是来记录修改操作的详细信息，在 operation_array 的数组单元中，包含了一个指向 MVCC 列表对应修改版本值的指针。详细的更新操作流程如下：

（1）创建一个 MVCC 列表中的值单元对象（update）。

（2）根据事务对象的 transactionid 和事务状态判断是否为本次事务创建了写的事务 id，如果没有，为本次事务分配一个事务 id，并将事务状态设成 HAS_TXN_ID 状态。

（3）将本次事务的 id 设置到 update 单元中作为 MVCC 版本号。

（4）创建一个操作对象，将这个对象的值指针指向 update，并将这个操作加入到本次事务对象的 operation_array。

（5）将 update 单元加入到 MVCC list 的链表头上。

（6）写入一条重做日志到本次事务对象的 redo_log_buf 当中。

3. 事务提交

WT 引擎对事务的提交过程比较简单，先将要提交的事务对象中的 redo_log_buf 中的数据写入到重做日志文件中，并将重做日志文件持久化到磁盘上。清除提交事务对象的快照对象，再将提交的事务对象中的 transaction_id 设置为 WT_TNX_NONE，保证其他事务在创建系统事务快照时本次事务的状态是已提交的状态。

4. 事务回滚

WT 引擎对事务的回滚过程也比较简单，先遍历整个 operation_array，对每个数组单元对应 update 的事务 ID 设置为一个 WT_TXN_ABORTED（= uint64_max），标示 MVCC 对应的修改单元值被回滚，在其他读事务进行 MVCC 读操作的时候，跳过这个放弃的值即可。整个过程是一个无锁操作，高效、简洁。

4.5.3 WiredTiger 的事务隔离

传统的数据库事务隔离分为：Read-Uncommited（未提交读）、Read-Commited（提交读）、Repeatable-Read（可重复读）和 Serializable（串行化），WT 引擎并没有按照传统的事务隔离实现这四个等级，而是基于快照的特点实现了自己的未提交读、提交读和快照隔离的事务隔离方式。在 WT 中不管选用的是哪种事务隔离方式，它都是基于系统中执行事务的快照截屏来实现的。先来看看 WT 是怎么实现这三种方式的，如图 4-3 所示。

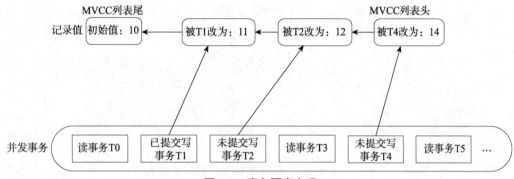

图 4-3　事务隔离实现

1. 未提交读

未提交读隔离方式的事务在读取数据时总是读取到系统中最新的修改，哪怕是这个修改事务还没有提交一样读取，这其实就是一种脏读。WT 引擎在实现这个隔离方式时，就是将事务对象中的 snap_object.snap_array 置为空即可，那么在读取 MVCC 列表中的版本值时，总是读取到 MVCC 列表链表头上的第一个版本数据。举例说明，在图 4-3 中，如果 T0、T3、T5 的事务隔离级别设置成未提交读的话，那么 T1、T3、T5 在 T5 时刻之后读取系统的值时，读取到的都是 14。一般数据库不会设置成这种隔离方式，它违反了事务的 ACID 特性。可能在一些注重性能且对脏读不敏感的场景会采用，例如网页 cache。

2. 提交读

提交读隔离方式的事务在读取数据时总是读取到系统中最新提交的数据修改，这个修改事务一定是提交状态。这种隔离级别在一个长事务多次读取一个值的时候，前后读到的值可能不一样，这就是经常提到的"幻读"。在 WT 引擎实现提交读隔离方式就是事务在执行每个操作前都对系统中的事务做一次截屏，然后在这个截屏上做读写。从图 4-3 可以看出，T5 事务在 T4 事务提交之前做事务：

```
snapshot={
    snap_min=T2,
    snap_max=T4,
    snap_array={T2,T4},
};
```

在读取 MVCC 列表时，12 和 14 对应的事务 T2、T4 都出现在 snap_array 中，只能再向前读取 11，11 是 T1 的修改，而且 T1 没有出现在 snap_array 中，说明 T1 已经提交，那么就返回 11 这个值给 T5。之后事务 T2 提交，T5 在它提交之后再次读取这个值，如下所示：

```
snapshot={
    snap_min=T4,
    snap_max=T4,
    snap_array={T4},
};
```

这时在读取 MVCC 列表中的版本时，就会读取到最新的提交修改 12。

3. 快照隔离

快照隔离隔离方式是读事务开始时看到的最后提交的值，这个值在整个读事务执行过程中只会看到这个版本，不管这个值在这个读事务执行过程中被其他事务修改了几次，这种隔离方式不会出现"幻读"。WT 实现这个隔离方式很简单，在事务开始时对系统中正在执行的事务做一个快照，这个快照一直沿用到事务提交或者回滚。我们接着来看图 4-3，T5 事务在开始时，对系统中执行的写事务做如下操作：

```
snapshot={
    snap_min=T2,
    snap_max=T4,
    snap_array={T2,T4}
};
```

那么我们在读取值时读取到的是 11。即使是 T2 完成了提交，但 T5 的快照执行过程不会更新，T5 读取到的依然是 11。这种隔离方式的写比较特殊，如果有对事务看不见的数据修改，那么本事务尝试修改这个数据时会失败回滚，这样做的目的是防止忽略不可见的数据修改。

通过对上面三种事务隔离方式的分析，WT 并没有使用传统的事务独占锁和共享访问锁来保证事务隔离，而是通过对系统中写事务的快照截屏来实现。这样做的目的是在保证事务隔离的情况下又能提高系统事务并发的能力。

4.5.4　WiredTiger 的事务日志

通过上面的分析可以知道 WT 对事务的修改都是在内存中完成的，事务提交时也不会将修改的 MVCC 列表当中的数据存入磁盘，那么 WT 是怎么保证事务提交的结果永久保存呢？WT 引擎在保证事务的持久可靠问题上是通过重做操作日志的方式来实现的。WT 的操作日志是一种基于 K/V 操作的逻辑日志，它的日志不是基于 B 树 page 的物理日志。其实就是将修改数据的动作记录下来，例如：插入一个 Key= 10，Value= 20 的动作记录：

```
{
    Operation = insert,(动作)
    Key = 10,
    Value = 20
};
```

将动作记录的数据以追加（append）的方式写入到 wt_transaction 对象 redo_log_buf 中，等到事务提交时将这个 redo_log_buf 中的数据以同步写入的方式写入到 WT 的重做日志的磁盘文件中。如果数据库程序发生异常或者崩溃，可以通过上一个检查点位置重演磁盘上这个磁盘文件来恢复已经提交的事务来保证事务的持久性。那么我们就要考虑几个问题了：操作日志格式怎么设计?在事务并发提交时，各个事务的日志是怎么写入磁盘的？日志是怎么重演的？它和检查点的关系是怎样的？在考虑这几个问题前我们先来看 WT 是怎么管理重做日志文件的，在 WT 引擎中定义一个叫作 LSN 序号结构，操作日志对象是通过 LSN 来确定存储的位置的，LSN 就是 Log Sequence Number（日志序列号），它在 WT 的定义是文件序号加文件偏移：

```
wt_lsn{
    file:文件序号,指定是在哪个日志文件中
```

```
    offset:文件内偏移位置,指定日志对象文件内的存储文开始位置
}
```

WT 通过这个 LSN 来管理重做日志文件的。

WT 引擎的操作日志对象(以下简称为 logrec)对应的是提交的事务,事务的每个操作被记录成一个 logop 对象, 一个 logrec 包含多个 logop, logrec 是一个通过精密序列化事务操作动作和参数得到的一个二进制缓冲区,这个缓冲区的数据是通过事务和操作类型来确定其格式的。

WT 中的日志分为 4 类:分别是建立检查点的操作日志(LOGREC_CHECKPOINT)、普通事务操作日志(LOGREC_COMMIT)、B 树 page 同步刷盘的操作日志(LOGREC_FILE_SYNC)和提供给引擎外部使用的日志(LOGREC_MESSAGE)。这里介绍和执行事务密切相关的 LOGREC_COMMIT,这类日志里面又根据 K/V 的操作方式分为:LOG_PUT(增加或者修改 K/V 操作)、LOG_REMOVE(单 KEY 删除操作)和范围删除日志,这几种操作都会记录操作时的 key,根据操作方式填写不同的其他参数,例如:update 更新操作,就需要将 value 填上。除此之外,日志对象还会携带 B 树的索引文件 ID、提交事务的 ID 等。

WT 引擎采用预写日志方式写入日志,WAL 通俗点说就是在事务所有修改提交前需要将其对应的操作日志写入磁盘文件。这里我们来分析事务日志是怎么写入到磁盘上的,整个写入过程大致分为下面几个阶段:

(1)事务在执行第一个写操作时,先会在事务对象(wt_transaction)中的 redo_log_buf 的缓冲区上创建一个 logrec 对象,并将 logrec 中的事务类型设置成 LOGREC_COMMIT。

(2)在事务执行的每个写操作前生成一个 logop 对象,并加入到事务对应的 logrec 中。

(3)在事务提交时,把 logrec 对应的内容整体写入到一个全局 log 对象的 slot buffer 中并等待写完成信号。

(4)slot buffer 会根据并发情况合并同时发生的提交事务的 logrec,然后将合并的日志内容同步存入磁盘(sync file),最后告诉这个 slot buffer 对应所有的事务提交磁盘完成。

(5)提交事务的日志完成,事务的执行结果也完成了持久化。

4.6　就业面试技巧与解析

学完本章内容,可以了解到 MongoDB 存储引擎的发展与改进以及怎么去利用 GridFS 存储文件。下面对面试过程中出现的问题进行解析,更好帮助读者学习本章内容。

4.6.1　面试技巧与解析(一)

面试官:如何理解 MongoDB 中的 GridFS 机制,MongoDB 为何使用 GridFS 来存储文件?

应聘者: GridFS 是一种将大型文件存储在 MongoDB 中的文件规范。使用 GridFS 可以将大文件分隔成多个小文件存放,这样能够有效地保存大文件,而且解决了 BSON 对象有限制的问题。

4.6.2　面试技巧与解析(二)

面试官: MongoDB 有哪些存储引擎?

应聘者：MongoDB 有三种存储引擎：WiredTiger Storage Engine（默认）、In-Memory Storage Engine 和 MMAPv1 Storage Engine (Deprecated as of MongoDB 4.0)。

生产环境下，基本使用的都是 WiredTiger Storage Engine，因为各方面性能都优于 MMAPv1 Storage Engine。如果真的需要使用 In-Memory Storage Engine，Redis 或许是一个更好的选择。

第 5 章

MongoDB 的灵活查询

 本章概述

本章主要讲解 MongoDB 的查询语句。通过本章内容的学习，读者可以学习在 MongoDB 数据库中的多种查询方式。

本章要点

- find 查询
- 条件查询
- 特定类型查询
- 文本搜索

5.1　find 查询

MongoDB 中使用 find 来进行查询。查询就是返回一个集合中文档的子集，子集合的范围从 0 个文档到整个集合。find 的第一个参数决定了要返回哪些文档，这个参数是一个文档，用于指定查询条件。

如果查询的文档为空时（例如{}）会匹配集合的全部内容。如果不指定查询文档内容，默认是{}。例如下面集合将会返回集合 a 中的所有文档：

```
> db.a.find()
```

当向查询文档中添加键值对时，就意味着添加了限定的查询条件。对于绝大多数类型来说，这种方式简单明了。数值匹配数值，布尔类型匹配布尔类型，字符串匹配字符串。查询简单的类型，只要指定想要查找的值就好了，十分简单。例如，当要查找 age 值为 30 的所有文档，直接将这样的键值对写进查询文档：

```
> db.users.find({"age" : 30})
```

如果想要匹配一个字符串，例如值为 xiaoming 的 username 键，那么直接将键值对写在查询文档中即可：

```
> db.users.find({"username" : "xiaoming"})
```

如果想要查询多个条件时，可以向查询文档加入多个键值对，将多个查询条件组合在一起，这样的查询条件会被解释成"条件 1AND 条件 2AND…AND 条件 N"。例如，要想查询所有用户名为 xiaoming 且年龄为 30 岁的用户，代码如下：

```
> db.users.find({"username" : "xiaoming", "age" : 30})
```

5.1.1 指定需要返回的键

在查询文档时，并不需要将文档中所有的键值对都返回。当遇到这种情况时，可以通过 find（或者 findOne）的第二个参数来指定想要的键。这样做既可以节省传输的数据量，又可以节省客户端解码文档的时间和内存消耗。

例如只对用户集合的 username 和 email 键感兴趣，就可以使用如下查询返回这些键：

```
> db.users.find({}, {"username" : 1, "email" : 1})
{
    "_id" : ObjectId("4ba0f0dfd22aa494fd523620"),
    "username" : "xiaoming",
    "email" : "xiaoming@example.com"
}
```

从上面例子可以看出，默认情况下 _id 这个键总是被返回，即便是没有指定要返回这个键。

除此之外，还可以用第二个参数来剔除查询结果中的某些键值对。例如，文档中有很多键，但是不希望结果中含有 fatal_weakness 键：

```
> db.users.find({}, {"fatal_weakness" : 0})
```

使用这种方式，就可以把 _id 键剔除掉，代码如下：

```
> db.users.find({}, {"username" : 1, "_id" : 0})
{
    "username" : "xiaoming",
}
```

5.1.2 限制

在使用查询的时候也会有些限制。传递给数据库的查询文档的值必须是常量。也就是不能引用文档中其他键的值。例如，当想要保持库存时，有 in_stock（剩余库存）和 num_sold（已出售）两个键，通过下列查询来比较两者的值是行不通的：

```
> db.stock.find({"in_stock" : "this.num_sold"})
```

在这个例子中，可以在文档中使用 initial_stock（初始库存）和 in_stock 两个键来查询。这样，每当有人购买物品，就将 in_stock 减去 1。这样，只需要用一个简单的查询就能知道哪种商品已脱销：

```
> db.stock.find({"in_stock" : 0})
```

5.1.3 游标

游标不是查询结果，可以理解为数据在遍历过程中的内部指针，其返回的是一个资源，或者说是数据读取接口。

客户端通过对游标进行一些设置就能对查询结果进行有效控制，如可以限制查询得到的结果数量、跳过部分结果或对结果集按任意键进行排序等。

直接对一个集合调用 find() 方法时，我们会发现，如果查询结果超过二十条，只会返回二十条的结果，这是因为 MongoDB 会自动递归 find() 返回的游标。

从 MongoDB shell 中定义一个游标非常简单，就是将查询结果分配给一个变量（用 var 声明的变量就是局部变量），便创建了一个游标，代码如下：

```
var cursor = db.collection.find();
```

如果没有把结果放在全局变量或者变量中，MongoDB shell 会自动迭代，自动显示若干文档。

要迭代结果，可以使用游标的 next 方法，也可以使用 hasNext() 方法来查看游标中是否还有其他结果。

```
while(cursor.hasNext()){
    obj = cursor.next();
}
```

游标还实现了 js 的迭代器接口，也可以使用 forEach 在循环中使用。

```
cursor.forEach(function(x){
    print(x.x);
})
```

调用 find() 方法时，MongoDB shell 并不立即查询数据库，而是等待真正开始要求获得结果时才发送查询，这样在执行查询前可以给查询附加额外的选项。几乎游标对象的每个方法都返回游标本身，这样就可以按任意顺序组成方法链。

在这之前都是构造查询。执行 cursor.hasNext()，查询被发到服务器。MongoDB shell 立刻获取前面 100 个结果或者 4MB 数据，这样下次调用 net() 或者 hasNet() 就不用再连接服务器取结果，客户端用完第一组结果，MongoDB shell 才会再次联系数据库，使用 getMore() 请求提取更多结果，如果有则返回下一批结果，这个过程会一直持续直到游标耗尽或者取完全部结果。

5.2　条件查询

查询不仅能像前面说的那样精确匹配，还能匹配更加复杂的条件，比如范围、OR 子句和取反。

5.2.1　查询条件

$lt、$lte、$gt 和 $gte 就是全部的比较操作符，分别对应 <、<=、> 和 >=。可以将其组合起来以便查找一个范围的值。例如，查询 16～35 岁（含）的用户，就可以像下面这样：

```
> db.users.find({"age" : {$gte : 16, $lte : 35}})
```

这样就可以查找到 age 字段大于等于 18、小于等于 30 的所有文档。

这样的范围查询对日期尤为有用。例如，要查找在 2019 年 1 月 1 日前注册的人，可以像下面这样：

```
> start = new Date("01/01/2019")
> db.users.find({"registered" : {$lt : start}})
```

我们就可以对日期进行精确匹配，但是用处不大，因为文档中的日期是精确到毫秒的。而我们通常是想得到一天、一周或者是一个月的数据，这样的话，使用范围查询就很有必要了。

如果出现文档的键值不等于某个特定值的情况，我们就要使用另外一种条件操作符$ne了，它表示不相等。若是想要查询所有名字不为 xiaoming 的用户，可以像下面这样查询：

```
> db.users.find({"username" : {$ne : xiaoming}})
```

提示：$ne 可以用于所有类型的数据。

5.2.2　OR 查询

MongoDB 中有两种方式进行 OR 查询：$in 可以用来查询一个键的多个值；$or 更为通用一些，可以在多个键中查询任意的给定值。

如果一个键需要与多个值进行匹配，就要使用$in 操作符，再加一个条件数组。例如，一个抽奖活动的中奖号码是 550、660 和 563。如果想要找出全部的中奖文档的话，则可以构建如下查询：

```
> db.raffle.find({"ticket_no" : {$in : [550, 660, 563]}})
```

$in 非常灵活，可以指定不同类型的条件和值。例如，在逐步将用户的 ID 号迁移成用户名的过程中，查询时需要同时匹配 ID 和用户名：

```
> db.users.find({"user_id" : {$in : [123456, xiaoming]})
```

这样就会匹配 user_id 等于 123456 的文档，也会匹配 user_id 等于 xiaoming 的文档。

如果$in 对应的数组只有一个值，那么和直接匹配这个值效果一样。例如，{ticket_no : {$in:[666]}}和{ticket_no : 666}的效果一样。

而与$in 相对的是$nin，$nin 将返回与数组中所有条件都不匹配的文档。要是想返回所有没有中奖的人，就可以用如下方法进行查询：

```
> db.raffle.find({"ticket_no" : {$nin : [550, 660, 563]}})
```

这样就会返回所有没有中奖的人。

$in 也能对单个键做 OR 查询，但是想要找到 ticket_no 为 666 或者 winner 为 true 的文档该怎么办呢？对于这种情况，可以使用$or。$or 接受一个包含所有可能条件的数组作为参数。上面中奖的例子如果用$or 改写将是下面这个样子：

```
> db.raffle.find({$or : [{ticket_no : 666}, {winner : true}]})
```

$or 可以包含其他条件。例如，如果希望匹配到中奖的 ticket_no，或者 winner 键的值为 true 的文档，就可以这样操作：

```
> db.raffle.find({$or : [{ticket_no : {$in : [550, 660, 563]}},{winner : true}]})
```

$or 在任何情况下都会正常工作。如果查询优化器可以更高效地处理$in，那就选择使用它。

注意：使用普通的 AND 型查询时，尽可能用最少的条件来限定结果的范围。OR 型查询正相反，第一个条件应该尽可能匹配更多的文档，这样才最高效。

5.2.3　$not

$not 是元条件语句，它可以用在任何其他条件之上。就拿取模运算符$mod 来说。$mod 会将查询的值除以第一个给定值，若余数等于第二个给定值则匹配成功：

```
> db.users.find({id_num : {$mod : [5, 1]}})
```

上面的查询会返回 id_num 值为 1、6、11、16 等的用户。但是要想返回 id_num 为 2、3、4、5、7、8、9、10、12 等的用户，就要使用$not 了：

```
> db.users.find({id_num : {$not : {$mod : [5, 1]}}})
```

$not 与正则表达式联合使用时极为有用，用来查找那些与特定模式不匹配的文档。

5.2.4　条件语义

通过前面的学习，可以发现以$开头的键位于不同的位置。在查询中，$lt 在内层文档，而更新中$inc 则是外层文档的键。基本可以肯定：条件语句是内层文档的键，而修改器则是外层文档的键。可以对一个键应用多个条件。例如，想要查找年龄为 16～35 的所有用户，可以在 age 键上使用$gt 和$lt：

```
> db.users.find({"age" : {"$lt" : 35, "$gt" : 16}})
```

一个键可以有任意多个条件，但是一个键不能对应多个更新修改器。例如，修改器文档不能同时含有 {$inc : {age : 1}, $set : {age : 40}}，因为修改了 age 两次。但是对于查询条件句就没有这种限定。

还有一些 "元操作符"（meta-operator）也位于外层文档中，比如$and、$or 和$nor。它们的使用形式类似：

```
> db.users.find({$and : [{x : {$lt : 1}}, {x : 4}]})
```

这个查询会匹配那些 x 字段的值小于等于 1 并且等于 4 的文档。虽然这两个条件看起来是矛盾的，但这是完全有可能的，例如，当 x 字段的值是这样一个数组{x : [0, 4]}，那么这个文档就与查询条件相匹配。

注意，查询优化器不会对$and 进行优化，这与其他操作符不同。

如果把上面的查询改成下面这样，效率会更高：

```
> db.users.find({x : {$lt : 1, $in : [4]}})
```

5.3　特定类型查询

MongoDB 的文档可以使用多种类型的数据。其中有一些在查询时会有特别的表现。对于一些特定的查询我们有专一对应的类型。

5.3.1　null

null 是自成一派的，与任何其他类型比较的结果都是 false，因为 MongoDB 是严格类型的，不会为用户做类型转换。所以，把一个数字同 null 作比较将永远是 false，但把同样的数字和字符串相比较是 true。

null 类型的行为有点奇怪。它确实能匹配自身，所以要有一个包含如下文档的集合：

```
> db.a.find()
{ "_id" : ObjectId("4ba0f0dfd22aa494fd523621"), y : null }
{ "_id" : ObjectId("4ba0f0dfd22aa494fd523622"), y : 1 }
```

```
{ "_id" : ObjectId("4ba0f148d22aa494fd523623"), y : 2 }
```

这样就可以按照预期的方式查询 y 键为 null 的文档：

```
> db.c.find({y : null})
{ "_id" : ObjectId("4ba0f0dfd22aa494fd523621"), y : null }
```

但是，null 不仅会匹配某个键的值为 null 的文档，而且还会匹配不包含这个键的文档。所以，这种匹配还会返回缺少这个键的所有文档：

```
> db.c.find({z : null})
{ "_id" : ObjectId("4ba0f0dfd22aa494fd523621"), y : null }
{ "_id" : ObjectId("4ba0f0dfd22aa494fd523622"), y : 1 }
{ "_id" : ObjectId("4ba0f148d22aa494fd523623"), y : 2 }
```

如果仅想匹配键值为 null 的文档，既要检查该键的值是否为 null，还要通过$exists 条件判定键值已存在：

```
> db.c.find({"z" : {$in : [null], $exists : true}})
```

我们发现，因为 MongoDB 中没有提供类似于$eq 这种相等的条件操作符，所以=null 的判断只能通过 {$in：[null]}来实现。

5.3.2 正则查询（模糊查询）

正则表达式在任何语言中都是操作字符串的一大利器。在 MongoDB 的查询中，其威力依然不减。正则表达式可以灵活地匹配字符串类型的值。例如，我们想要查找所有姓名为 xiaoming 开头并且忽略大小写的用户文档，就可以使用正则表达式执行不区分大小写的匹配：

```
> db.users.find({"name" : /xiaoming/i})
```

系统可以接受正则表达式标志（i），但不一定要有。现在已经匹配了各种大小写组合形式的 xiaoming，如果还希望匹配如 xiaomings 这样的键，可以略微修改一下刚刚的正则表达式：

```
> db.users.find({"name" : /xiaomings?/i})
```

MongoDB 使用 Perl 兼容的正则表达式（PCRE）库来匹配正则表达式，任何 PCRE 支持的正则表达式语法都能被 MongoDB 接受。建议在查询中使用正则表达式前，先在 JavaScript shell 中检查一下语法，确保匹配与设想的一致。

MongoDB 可以为前缀型正则表达式（比如/^xiaomings/）查询创建索引，所以这种类型的查询会非常高效。

正则表达式也可以匹配自身。虽然几乎没有人直接将正则表达式插入到数据库中，但要是万一你这么做了，也可以匹配到自身。

5.3.3 嵌套文档

MongoDB 中有两种方法可以查询内嵌文档：查询整个文档或者只针对其键值对进行查询。

查询整个内嵌文档与普通查询完全相同。例如，有如下文档：

```
{
    "name" : {
        "first" : "zhangsan",
        "last" : "lisi"
```

```
    },
    "age" : 30
}
```

如果想要查询姓名为 zhangsan lisi 的人我们可以这样查，代码如下：

```
> db.people.find({"name" : {"first" : "zhangsan", "last" : "lisi"}})
```

但是，如果要查询一个完整的子文档，那么子文档必须精确匹配。如果 zhangsan 决定添加一个代表中间名的键，这个查询就不再可行了，因为查询条件不再与整个内嵌文档相匹配。而且这种查询还与顺序相关，{"last" : "zhangsan", "first" : "lisi"}什么都匹配不到。

如果允许，通常只针对内嵌文档的特定键值进行查询，这是比较好的做法。这样，即便数据模式改变，也不会导致所有查询因为要精确匹配而一下子都挂掉。我们可以使用点表示法查询内嵌文档的键：

```
> db.people.find({"name.first" : "zhangsan", "name.last" : "lisi"})
```

现在，如果 zhangsan 增加了更多的键，这个查询依然会匹配他的姓和名。

这种点表示法是查询文档区别于其他文档的主要特点。查询文档可以包含点来表达"进入内嵌文档内部"的意思。点表示法也是待插入的文档不能包含"."的原因。将 URL 作为键保存时经常会遇到此类问题。一种解决方法就是在插入前或者提取后执行一个全局替换，将"."替换成一个 URL 中的非法字符。

当文档结构变得更加复杂以后，内嵌文档的匹配需要些许技巧。例如，假设有 zhangsan 的博客文章若干，你要找到由他发表的 5 分以上的评论。博客文章的结构如下例所示：

```
> db.blog.find()
{
    "content" : "…",
    "comments" : [
        {
            "author" : "joe",
            "score" : 3,
            "comment" : "nice post"
        },
        {
            "author" : "mary",
            "score" : 6,
            "comment" : "terrible post"
        }
    ]
}
```

不能直接用 db.blog.find({"comments" : {"author" : "joe"，"score" : {"$gte" : 5}}})来查询。内嵌文档的匹配，必须要整个文档完全匹配，而这个查询不会匹配 comment 键。使用 db.blog.find({"comments.author" : "joe"，"comments.score" : {"$gte" : 5}}也不行，因为符合 author 条件的评论和符合 score 条件的评论可能不是同一条评论。也就是说，会返回刚才显示的那个文档。因为"author" : "joe"在第一条评论中匹配了，"score" : 6 在第二条评论中匹配了。

要正确地指定一组条件，而不必指定每个键，就需要使用$elemMatch。这种模糊的命名条件句能用来在查询条件中部分指定匹配数组中的单个内嵌文档。所以正确的写法应该是下面这样的：

```
> db.blog.find({"comments" : {"$elemMatch" : {"author" : "joe","score" : {"$gte" : 5}}}})
```

$elemMatch 将限定条件进行分组，仅当需要对一个内嵌文档的多个键操作时才会用到。

5.3.4　数组

数组查询在 MongoDB 中很受重视，因为稍微大型一点的项目，设计的数据集合都复杂一些，都会涉及数组的操作。

1. 基本数组查询

比如现在我们知道了一个人的爱好是"画画""聚会""看电影"，但我们不知道他是谁，这时候就可以使用最简单的数组查询（实际工作中，这种情况基本不常用，所以这种查询只作知识点储备就可以了）。

```
db.workmate.find({interest:['画画','聚会','看电影']},
    {name:1,interest:1,age:1,_id:0}
)
```

在终端中运行后，我们得到了数据。这时候我们说，想查出兴趣中有看电影这一项的人员信息。按照正常逻辑，应该使用下面的代码。

```
db.workmate.find({interest:['看电影']},
    {name:1,interest:1,age:1,_id:0}
)
```

运行后，并没有如我们所愿得到相应的人员数据，数据为空。那问题出现在哪里？问题就在于我们写了一个中括号（[]），因为加上中括号就相当于完全匹配了，所以没有得到一条符合查询条件的数据。我们去掉中括号再看看结果。

```
db.workmate.find({interest:'看电影'},
    {name:1,interest:1,age:1,_id:0}
)
```

这就是在数组中查询一项的方法，这也是数组查询的最简单用法。

2. $all-数组多项查询

现在如果想要查询出喜欢看电影和看书的人员信息，也就是对数组中的对象进行查询，这时候要用到一个新的查询修饰符$all。看下面的例子：

```
db.workmate.find(
    {interest:{$all:["看电影","看书"]}},
    {name:1,interest:1,age:1,_id:0}
)
```

这样就可以找到兴趣中既有看电影又有看书的人员。

3. $in-数组的或者查询

用$all 修饰符，是需要满足所有条件的，$in 只要满足数组中的一项就可以被查出来（有时候会跟$or弄混）。比如现在要查询爱好中有看电影的或者看书的员工信息。

```
db.workmate.find(
    {interest:{$in:["看电影","看书"]}},
    {name:1,interest:1,age:1,_id:0}
)
```

4. $size-数组个数查询

$size 对于查询数组来说也是非常有用的，顾名思义，可以用它查询特定长度的数组。例如现在要查找5 个人的兴趣，这时候就可以使用$size。

```
db.workmate.find(
    {interest:{$size:5}},
    {name:1,interest:1,age:1,_id:0}
)
```

5. $slice-显示选项

本章前面已经提及，find 的第二个参数是可选的，可以指定需要返回的键。这个特别的$slice 操作符可以返回某个键匹配的数组元素的一个子集。

有的时候并不需要显示出数组中的所有值，而是只显示前两项，比如现在想显示每个人兴趣的前两项，而不是把每个人所有的兴趣都显示出来，可以这样做：

```
db.workmate.find(
    {},
    {name:1,interest:{$slice:2},age:1,_id:0}
)
```

这时候就显示出了每个人兴趣的前两项，如果想显示兴趣的最后一项，可以直接使用 slice:-1 来进行查询：

```
db.workmate.find(
    {},
    {name:1,interest:{$slice:-1},age:1,_id:0}
)
```

6. 数组和范围查询的相互作用

文档中的标量（非数组元素）必须与查询条件中的每一条语句相匹配。例如，如果使用{"x" : {$gt : 10, $lt : 20}}进行查询，只会匹配 x 键的值大于 10 并且小于 20 的文档。但是，假如某个文档的 x 字段是一个数组，如果 x 键的某一个元素与查询条件的任意一条语句相匹配（查询条件中的每条语句可以匹配不同的数组元素），那么这个文档也会被返回。

下面用一个例子来详细说明这种情况。假如有如下所示的文档：

```
{"x" : 5}
{"x" : 15}
{"x" : 25}
{"x" : [5, 25]}
```

如果希望找到 x 键的值位于 10 和 20 之间的所有文档，直接想到的查询方式是使用 db.test.find({"x" : {$gt : 10, $lt : 20}})，希望这个查询的返回文档是{"x" : 15}。但是，实际返回了两个文档：

```
> db.test.find({"x" : {$gt : 10, $lt : 20}})
{"x" : 15}
{"x" : [5, 25]}
```

5 和 25 都不位于 10 和 20 之间，但是这个文档也返回了，因为 25 与查询条件中的第一个语句（大于 10）相匹配，5 与查询条件中的第二个语句（小于 20）相匹配。

这使对数组使用范围查询没有用：范围会匹配任意多元素数组。有几种方式可以得到预期的行为。

首先，可以使用$elemMatch 要求 MongoDB 同时使用查询条件中的两个语句与一个数组元素进行比较。但是，这里有一个问题，$elemMatch 不会匹配非数组元素：

```
> db.test.find({"x" : {$elemMatch : {$gt : 10, $lt : 20}}})
> //查不到任何结果
```

{"x" : 15}这个文档与查询条件不再匹配了，因为它的 x 字段不是数组。

如果当前查询的字段上创建过索引（第 5 章会讲述索引相关内容），可以使用 min() 和 max() 将查询条件遍历的索引范围限制为 $gt 和 $lt 的值：

```
> db.test.find({"x" : {$gt : 10, $lt : 20}}).min({x : 10}).max({x : 20})
{"x" : 15}
```

现在，这个查询只会遍历值位于 10 和 20 之间的索引，不再与 5 和 25 进行比较。只有当前查询的字段上建立过索引时，才可以使用 min() 和 max()，而且，必须为这个索引的所有字段指定 min() 和 max()。

在可能包含数组的文档上应用范围查询时，使用 min() 和 max() 是非常好的。如果在整个索引范围内对数组使用 $gt/$lt 查询，效率是非常低的。查询条件会与所有值进行比较，会查询每一个索引，而不仅仅是指定索引范围内的值。

5.4　文本搜索

众所周知在传统的关系型数据库中，我们通常将数据结构化，通过一系列表关联、聚合来查询我们所需的结果。而在非结构化的数据中，缺少这种预定义的结构，因而如何快速查询定位到我们所需要的结果，不是一件容易的事。

MongoDB 作为一种 NoSQL 数据库，非常适合存储和管理非结构化数据，例如互联网上的各种文本数据。假如我们用 MongoDB 存储了很多博客文章，那么如何快速找到所有关于 nodejs 这个主题的文章呢？MongoDB 内建的文本搜索可以帮助我们完成这个功能。

5.4.1　定义文本搜索索引

我们想要使 MongoDB 能够进行全文搜索，首先要对搜索的字段建立文本索引。建立文本索引的关键字是 text，我们既可以建立单个字段的文本索引，也可以建立包含多个字段的复合文本索引。需要注意的是，每个 collection 只能建立一个文本索引，且只能对 String 或 String 数组的字段建立文本索引。

我们可以通过以下命令，建立一个文本索引：

```
db.collection.createIndex({ subject: "text", content: "text" })
```

在 mongoose 中我们可以通过以下代码，创建文本索引：

```
schema.index({ subject: "text", content: "text" })
```

注意：每个 collection 只支持一个文本索引，所以当需要在 schema 中添加或删除文本索引字段时，往往不起作用。这时候需要到数据库中手动删除已经建立的文本索引。

文本搜索的语法为：

```
{
    $text:
    {
        $search: <string>,
        $language: <string>,
        $caseSensitive: <boolean>,
        $diacriticSensitive: <boolean>
    }
}
```

在 mongoose 中，可以通过以下语句进行文本搜索：

```
var query = model.find({ $text: { $search: "hello world" } })
```

$search 后面的关键词可以有多个，关键词之间的分隔符可以是多种字符，例如空格、下画线、逗号、加号等，但不能是-和\，因为这两个符号会有其他用途。搜索的多个关键字是 or 的关系，除非关键字包含-。例如 hello world 会包含所有匹配 hello 或 world 的文本，而 hello -world 只会匹配包含 hello 且不包含 world 的文本。

$language 指示搜索的语言类型，$caseSensitive 设置是否区分大小写。$diacriticSensitive 设置是否区别发音符号，CAFÉ 与 Café 是同一语义，只是重音不一样。

我们还可以对搜索的结果按匹配度进行排序：

```
db.posts.find(
{ $text: { $search: "hello world" } },
{ score: { $meta: "textScore" } }
).sort( { score: { $meta: "textScore" } } )
```

注意：MongoDB 建立文本索引时，会对提取所有文本的关键字建立索引，因而会造成一定的性能问题。所以对于结构化的字段，建议用普通的关系查询，如果需要对大段的文本进行搜索，才考虑用全文搜索。

5.4.2　$text 操作

在建立文本索引的基础上，我们可以实施文本操作，如下例在 name 和 description 中寻找包括 java 或 coffee 或 shop 的文档，这里的$text 表示或操作。

```
db.stores.find( { $text: { $search: "java coffee shop" } } )
```

当然，也有更精确的搜索操作，如下例中精确寻找包含 java 或 coffee shop 的文档。

```
db.stores.find( { $text: { $search: "java \\\\"coffee shop\\\\"" } } )
```

MongoDB 还提供了排除操作，如下例中的寻找包含 java 或 shop，但不包括 coffee 的文档。

```
db.stores.find( { $text: { $search: "java shop -coffee" } } )
```

在很多情况下，我们需要对搜索的结果进行排序，MongoDB 也为我们提供了这种排序机制，如下例中所示：

```
db.stores.find( { $text: { $search: "java coffee shop" } }, { score: { $meta:
"textScore" } } ).sort( { score: { $meta: "textScore" } } )
```

其实，MongoDB 对于一般的 App 中的搜索而言已经足够，在并发度不高的情况下，直接使用即可。如果并发度偏高，可以借助缓存的形式，对常用的搜索关键字，在内存中建立倒排表，提升访问效率。

5.4.3　使用文本搜索

MongoDB 支持对文本内容执行文本搜索操作，其提供了索引 text index 和查询操作$text 来完成文本搜索功能。下面我们通过一个简单的例子来体验一下 MongoDB 提供的全文检索功能。

（1）新建一个 newdbs 文档，并插入以下数据：

```
db.newdbs.insert({_id:1,title:"MongoDB text search",content:"this is MongoDB "})
db.newdbs.insert({_id:2,title:"MongoDB text index",content:"this is GridFS"})
```

```
db.newdbs.insert({_id:3,title:"MongoDB text operators",content:"this is Shell"})
```

（2）创建 text index。

文档只有拥有 text index 才可以支持全文检索，每个 collection 只能拥有一个 text index。

text index 可以包含任何的 string 类型、string 数组类型的字段，ext index 也可以包含多个字段。

然后执行如下新建 text index 的语句：

```
db.newdbs.ensureIndex({title:"text",content:"text"})
```

文档建好了，如图 5-1 所示。

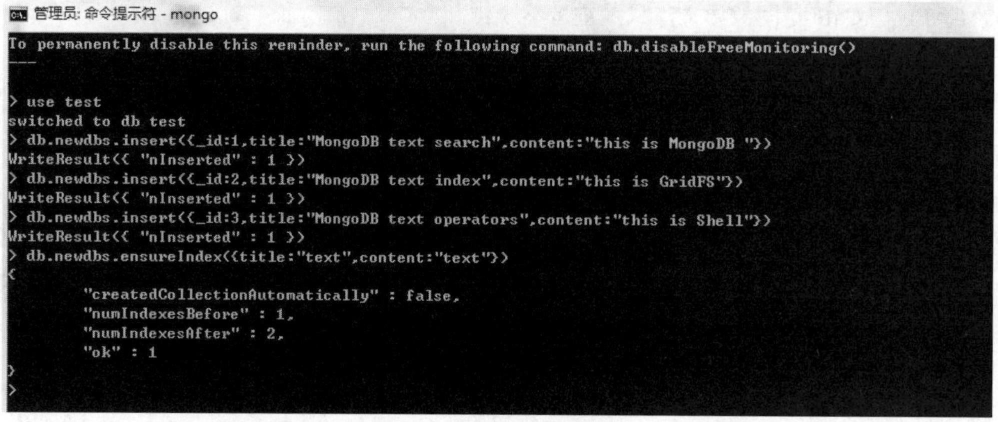

图 5-1　创建文档数据

（3）执行简单的全文检索：

```
db.newdbs.find({$text:{$search:"index"}})
```

输出结果：

```
{"_id" : 2, "title" : "MongoDB text index", "content" : "this is GridFS"}
```

查询包含 index 或者 operators 的记录：

```
db.newdbs.find({$text:{$search:"index operators"}})
```

输出结果如下：

```
{"_id" : 2, "title" : "MongoDB text index", "content" : "this is GridFS"}
{"_id" : 3, "title" : "MongoDB text operators", "content" : "this is Shell"}
```

查询包含 MongoDB 但是不包含 search 的记录：

```
db.newdbs.find({$text:{$search:"mongodb -search"}})
```

结果如下所示：

```
{"_id" : 3, "title" : "MongoDB text operators", "content" : "this is Shell"}
{"_id" : 2, "title" : "MongoDB text index", "content" : "this is GridFS"}
```

查询包含 text search 词组的记录：

```
db.newdbs.find({$text:{$search:"\"text search\""}})
```

结果如下所示：

```
{"_id" : 1, "title" : "MongoDB text search", "content" : "this is MongoDB"}
```

注意：使用权重排序搜索结果默认情况下全文检索返回的结果是无序的。

每次全文检索时，MongoDB 会针对文档的匹配程度为每个文档计算一个相对的分数。

MongoDB 提供了 $meta textScore 来支持全文检索的分数：

```
db.newdbs.find( {$text:{$search:"MongoDB index"}}, {score:{$meta:"textScore"}} ).sort({score:
{$meta:"textScore"}})
  { "_id" : 1, "title" : "MongoDB text search", "content" : "this is MongoDB ", "score" :
1.6666666666666665 }
  { "_id" : 2, "title" : "MongoDB text index", "content" : "this is GridFS", "score" :
1.3333333333333333 }
  { "_id" : 3, "title" : "MongoDB text operators", "content" : "this is Shell", "score" :
0.6666666666666666 }
```

5.4.4　文本搜索语言

分词和停用词过滤都是与语言有关的。如果希望用英语以外的语言来创建索引和搜索，那么必须告诉 MongoDB。MongoDB 用的是开源的 Snowball 分词器，它支持这些语言。

如果希望使用其他语言，需要在创建索引时这样写：

```
db.de.ensureIndex( {txt: "text"}, {default_language: "german"} )
```

MongoDB 就会认为 txt 中的文本是德语，而且搜索的文本也是德语。看看是不是这样的：

```
> db.de.insert( {txt: "Ich bin Dein Vater, Luke." } )
> db.de.validate().keysPerIndex["text.de.$txt_text"]
2
```

这里只有两个索引关键字，因此停用词过滤就会起效（这里用的是德语的停用词，Vater 在德语中是父亲的意思），再试试其他一些搜索：

```
db.de.insert( {language:"english", txt: "Ich bin ein Berliner" } )
```

请注意，不一定需要在搜索的时候提供语言，因为这是从索引继承而来。已经命中了同义词 Vater 和 Luke，但没有命中停用词 Ich（意思是 I）。

还可以在同一个索引中混合多种不同的语言，每个文档都有它独立的语言：

```
db.de.insert( {language:"english", txt: "Ich bin ein Berliner" } )
```

5.5　就业面试技巧与解析

学完本章内容，可以了解到 MongoDB 的一些基本查询操作，可以更加简单合理地利用不同的查询方法快速查找文档。下面对面试过程中出现的问题进行解析，更好帮助读者学习本章内容。

5.5.1　面试技巧与解析（一）

面试官：什么是 MongoDB 正则表达式？

应聘者：

正则表达式是使用单个字符串来描述、匹配一系列符合某个句法规则的字符串。

许多程序设计语言都支持利用正则表达式进行字符串操作。

MongoDB 使用$regex 操作符来设置匹配字符串的正则表达式。

MongoDB 使用 PCRE（Perl Compatible Regular Expression）作为正则表达式语言。

不同于全文检索，我们使用正则表达式不需要做任何配置。

5.5.2　面试技巧与解析（二）

面试官：怎么优化正则表达式查询？

应聘者：

如果文档中字段设置了索引，那么使用索引相比于正则表达式匹配查找所有的数据查询速度更快。

如果正则表达式是前缀表达式，所有匹配的数据将以指定的前缀字符串为开始。例如：如果正则表达式为^tut，查询语句将查找以 tut 为开头的字符串。

这里使用正则表达式需要注意：正则表达式中使用变量。一定要使用 eval 将组合的字符串进行转换，不能直接将字符串拼接后传入给表达式。否则没有报错信息，只是结果为空。示例如下：

```
var name=eval("/" + 变量值 key +"/i");
```

下面是模糊查询包含 title 的关键词，且不区分大小写：

```
title:eval("/"+title+"/i")    //等同于 title:{$regex:title,$Option:"$i"}
```

第6章

常用的操作符——聚合

本章概述

本章主要讲解 MongoDB 的一种高级查询方式——聚合。通过本章内容的学习，读者可以学习到聚合查询的常用操作符以及对 MapReduce 的使用。

本章要点

- 聚合框架
- 聚合操作符
- 聚合运算
- MapReduce
- 聚合管道 aggregate

6.1 聚合框架

MongoDB 的聚合框架，主要用来对集合中的文档进行变换和组合，从而对数据进行分析并加以利用。

聚合框架通过多个构件来创建一个管道（pipeline），用于对一连串的文档进行处理。这些构件如表 6-1 所示。

表 6-1　聚合框架构件表

构 件 类 别	操 作 符
筛选（filtering）	$match
投射（projecting）	$project
分组（grouping）	$group
排序（sorting）	$sort
限制（limiting）	$limit
跳过（skipping）	$skip

下面来学习如何巧妙灵活地运用构件，通过聚合框架来获得理想的数据。先看一个聚合函数，代码如下：

```
db.driverLocation.aggregate(
{"$match":{"areaCode":"350203"}},
{"$project":{"driverUuid":1,"uploadTime":1,"positionType":1}},
{"$group":{"_id":{"driverUuid":"$driverUuid","positionType":"$positionType"},"uploadTime":
{"$first":{"$year":"$uploadTime"}},
"count":{"$sum":1}}},
{"$sort":{"count":-1}},
{"$limit":100},
{"$skip":50}
)
```

从以上代码可以看出，管道操作符是按照书写的顺序依次执行的，每个操作符都会接受一连串的文档，对这些文档做一些类型转换，最后将转换后的文档作为结果传递给下一个操作符（对于最后一个管道操作符，是将结果返回给客户端），称为流式工作方式。

大部分操作符的工作方式都是流式的，只要有新文档进入，就可以对新文档进行处理，但是$group 和$sort 必须要等收到所有的文档之后，才能对文档进行分组排序，然后才能将各个分组发送给管道中的下一个操作符。这意味着，在分片的情况下，$group 或$sort 会先在每个分片上执行，然后各个分片上的分组结果会被发送到 mongos 再进行最后的统一分组，剩余的管道工作也都是在 mongos（而不是在分片）上运行的。

不同的管道操作符可以按任意顺序组合在一起使用，而且可以被重复任意多次。例如，可以先做$match，然后做$group，最后做$match（与之前的$match 匹配不同的查询条件）。

$fieldname 语法是为了在聚合框架中引用 fieldname 字段。下面具体介绍一下构件的用法：

1. 筛选（filtering）→$match

用于对文档集合进行筛选，之后就可以在筛选得到的文档子集上做聚合。例如，如果想对 Oregon（俄勒冈州，简写为 OR）的用户做统计，就可以使用{$match：{"state"："OR"}}。$match 可以使用所有常规的查询操作符（$gt、$lt、$in 等）。有一个例外需要注意：不能在$match 中使用地理空间操作符。

通常，在实际使用中应该尽可能将$match 放在管道的前面位置。这样做有两个好处：一是可以快速将不需要的文档过滤掉，以减少管道的工作量。二是如果在投射和分组之前执行$match，查询可以使用索引。

2. 投射（projecting）→$project

这个语法与查询中的字段选择器比较像：可以通过指定{"fieldname"：1}选择需要投射的字段，或者通过指定{"fieldname":0}排除不需要的字段。执行完$project 操作之后，结果集中的每个文档都会以{"_id"：id,"fieldname"："xxx"}这样的形式表示。这些结果只会在内存中存在，不会被写入磁盘。

还可以对字段进行重命名：db.users.aggregate({"$project"："{"userId"："$_id", "_id"：0}})，在对字段进行重命名时，MongoDB 并不会记录字段的历史名称。

3. 分组（grouping）→$group

如果选定了需要进行分组的字段，就可以将选定的字段传递给$group 函数的_id 字段。对于上面的例子：选择了 driverUuid 和 positionType 当作分组的条件（当然只选择一个字段也是可以的）。分组后，文档的 driverUuid 和 positionType 组成的对象就变成了文档的唯一标识（_id）。

4. 排序（sorting）→$sort

排序方向可以是 1（升序）和-1（降序）。也可以根据任何字段（或者多个字段）进行排序，与在普通查询中的语法相同。如果要对大量的文档进行排序，强烈建议在管道的第一阶段进行排序，这时的排序操作可以使用索引。否则，排序过程就会比较慢，而且会占用大量内存。

5. 限制（limiting）→$limit

$limit 会接受一个数字 n，返回结果集中的前 n 个文档。

6. 跳过（skipping）→$skip

$skip 也是接受一个数字 n，丢弃结果集中的前 n 个文档，将剩余文档作为结果返回。在普通查询中，如果需要跳过大量的数据，那么这个操作符的效率会很低。在聚合中也是如此，因为它必须要先匹配到所有需要跳过的文档，然后再将这些文档丢弃。

7. 拆分（unwind）→$unwind

可以将数组中的每一个值拆分为单独的文档。

可以通过一个文档：{ "_id" : 1, "item" : "abc", sizes: ["A", "B", "C"] }，通过聚合运算：db.inventory.aggregate([{ $unwind : "$sizes" }])。

输出结果如下：

```
{ "_id" : 1, "item" : "abc", "sizes" : "A" }
{ "_id" : 1, "item" : "abc", "sizes" : "B" }
{ "_id" : 1, "item" : "abc", "sizes" : "C" }
```

6.2　聚合管道操作符

MongoDB 中提供了很多的操作符用来文档聚合后字段间的运算或者分组内的统计，比如$count、$group、$match、$project 等。MongoDB 也提供了包括分组操作符、数学操作符、日期操作符、字符串表达式等一系列的操作符。下面介绍一些常用的操作符。

6.2.1　$count

$count 操作符表示返回包含输入到 stage 的文档的计数，理解为返回与表或视图的 find()查询匹配的文档的计数。db.collection.count()方法不执行 find()操作，而是计数并返回与查询匹配的结果数。它的语法如下所示：

```
{ $count: <string> }
```

其中，$count 阶段相当于下面$group+$project 的序列：

```
db.collection.aggregate( [
    { $group: { _id: null, myCount: { $sum: 1 } } },  #这里myCount自定义,相当于MySQL的select
                                                       #count(*) as myCount
    { $project: { _id: 0 } }  #返回不显示_id字段
] )
```

我们举一个例子，插入实例数据如下：

```
{ "_id" : 1, "subject" : "History", "score" : 88 }
{ "_id" : 2, "subject" : "History", "score" : 92 }
{ "_id" : 3, "subject" : "History", "score" : 97 }
{ "_id" : 4, "subject" : "History", "score" : 71 }
{ "_id" : 5, "subject" : "History", "score" : 79 }
{ "_id" : 6, "subject" : "History", "score" : 83 }
```

然后执行以下操作，$match 阶段排除 score 小于或等于 80 的文档，将大于 80 的文档传到下个阶段。$count 阶段返回聚合管道中剩余文档的计数，并将该值分配给名为 passing_scores 的字段。代码如下所示：

```
db.getCollection('test').aggregate(
    [
        {
            $match:{
                score:{
                    $gt:80
                }
            }
        },
        {
            $count:"passing_scores"
        }
    ]
)
```

最后输出执行结果如下：

```
{
"passing_scores" : 4
}
```

6.2.2 $group

$group 操作符是按指定的表达式对文档进行分组，并将每个不同分组的文档输出到下一个阶段。输出文档包含一个_id 字段，该字段按键包含不同的组。输出文档还可以包含计算字段，该字段保存由$group 的_id 字段分组的一些 accumulator 表达式的值。

$group 不会输出具体的文档而只统计信息。

语法格式如下所示：

```
{ $group: { _id: <expression>, <field1>: { <accumulator1> : <expression1> }, … } }
```

其中，_id 字段是必填的。但是，可以指定_id 值为 null 来为整个输入文档计算累计值。剩余的计算字段是可选的，并使用<accumulator>运算符进行计算。_id 和<accumulator>表达式可以接受任何有效的表达式。

accumulator 包含以下几种操作符，如表 6-2 所示。

表 6-2 accumulator 操作符

名　　称	描　　述	类比 SQL
$avg	计算均值	avg
$first	返回每组第一个文档，如果有排序，按照排序，如果没有按照默认的存储顺序	limit 0,1
$last	返回每组最后一个文档，如果有排序，按照排序，如果没有按照默认的存储顺序	-

名　称	描　述	类比 SQL
$max	根据分组，获取集合中所有文档对应值的最大值	max
$min	根据分组，获取集合中所有文档对应值的最小值	min
$push	将指定的表达式的值添加到一个数组中	-
$addToSet	将表达式的值添加到一个集合中（无重复值，无序）	-
$sum	计算总和	sum
$stdDevPop	返回输入值的总体标准偏差（population standard deviation）	-
$stdDevSamp	返回输入值的样本标准偏差（the sample standard deviation）	-

下面举一个例子，插入实例数据如下：

```
{ "_id" : 1, "item" : "abc", "price" : 10, "quantity" : 2, "date" : ISODate("2019-01-14")}
{ "_id" : 2, "item" : "jkl", "price" : 20, "quantity" : 1, "date" : ISODate("2019-02-14")}
{ "_id" : 3, "item" : "xyz", "price" : 5, "quantity" : 10, "date" : ISODate("2019-02-14") }
{ "_id" : 4, "item" : "xyz", "price" : 5, "quantity" : 20, "date" : ISODate("2019-03-14") }
{ "_id" : 5, "item" : "abc", "price" : 10, "quantity" : 10, "date" : ISODate("2019-04-14") }
```

接着执行以下操作：

（1）汇总操作使用$group 阶段按月份、日期和年份对文档进行分组，计算 total price 和 average quantity，并计算每个组的文档数量，语法如下所示：

```
db.getCollection('test').aggregate(
    [
        {
            $group:{
                _id:{month:{$month:"$date"},day:{$dayOfMonth:"$date"},year:{$year:"$date"}},
                total:{$sum:{$multiply:["$price","$quantity"]}},
                avg:{$avg:"$quantity"},
                count:{$sum:1}
            }
        }
    ]
)
```

输出执行结果如下：

```
{ "_id" : { "month" : 2, "day" : 14, "year" : 2019 }, "total" : 70, "avg" : 5.5, "count" : 2 }
{ "_id" : { "month" : 4, "day" : 14, "year" : 2019 }, "total" : 100, "avg" : 10, "count" : 1 }
{ "_id" : { "month" : 1, "day" : 14, "year" : 2019 }, "total" : 20, "avg" : 2, "count" : 1 }
{ "_id" : { "month" : 3, "day" : 14, "year" : 2019 }, "total" : 100, "avg" : 20, "count" : 1 }
```

（2）group null，以下聚合操作将指定组_id 为 null，计算集合中所有文档的总价格和平均数量以及计数，语法格式如下：

```
db.getCollection('test').aggregate(
[
{
    $group:{
        _id:null,
        total:{$sum:{$multiply:["$price","$quantity"]}},
        avg:{$avg:"$quantity"},
```

```
            count:{$sum:1}
        }
    }
    ]
)
```

输出执行结果如下：

```
{ "_id" : null, "total" : 290, "avg" : 8.6, "count" : 5 }
```

（3）查询 distinct values，以下汇总操作使用$group 阶段按 item 对文档进行分组以检索不同的项目值，语法格式如下：

```
db.getCollection('test').aggregate([{
$group:{_id:"$item"}
}])
```

输出执行结果如下：

```
/* 1 */
{
"_id" : "xyz"
}

/* 2 */
{
"_id" : "jkl"
}

/* 3 */
{
"_id" : "abc"
}
```

（4）数据转换。

① 将集合中的数据按 price 分组转换成 item 数组，返回的数据 id 值是 group 中指定的字段，items 可以自定义，是分组后的列表：

```
db.getCollection('test').aggregate([{
    $group:{_id:"$price",items:{$push:"$item"}}
}])
```

输出执行结果如下：

```
{ "_id" : 5, "items" : [ "xyz", "xyz" ] }
{ "_id" : 20, "items" : [ "jkl" ] }
{ "_id" : 10, "items" : [ "abc", "abc" ] }
```

②下面聚合操作使用系统变量$$ROOT 按 item 对文档进行分组，生成的文档不得超过 BSON 文档大小限制：

```
db.getCollection('test').aggregate([{
$group:{_id:"$item",books:{$push:"$$ROOT"}}
}])
```

输出执行结果如下：

```
 { "_id" : "jkl", "books" : [ { "_id" : 2, "item" : "jkl", "price" : 20, "quantity" : 1, "date" :
ISODate("2019-02-14T00:00:00Z") } ] }
```

```
{ "_id" : "xyz", "books" : [ { "_id" : 3, "item" : "xyz", "price" : 5, "quantity" : 10, "date" :
ISODate("2019-02-14T00:00:00Z") },
    { "_id" : 4, "item" : "xyz", "price" : 5, "quantity" : 20, "date" :
ISODate("2019-03-14T00:00:00Z") } ] }
    { "_id" : "abc", "books" : [ { "_id" : 1, "item" : "abc", "price" : 10, "quantity" : 2, "date" :
ISODate("2019-01-14T00:00:00Z") },
    { "_id" : 5, "item" : "abc", "price" : 10, "quantity" : 10, "date" : ISODate("2019-04-14
T00:00:00Z") } ] }
```

6.2.3 $match

$match 操作符用来过滤文档，仅将符合指定条件的文档传递到下一个管道阶段。$match 接受一个指定查询条件的文档。查询语法与读操作查询语法相同。它的语法如下所示：

```
{ $match: { <query> } }
```

$match 用于对文档进行筛选，之后可以在得到的文档子集上做聚合，$match 可以使用除了地理空间之外的所有常规查询操作符，在实际应用中尽可能将$match 放在管道的前面位置。这样有两个好处：一是可以快速将不需要的文档过滤掉，以减少管道的工作量。二是如果再投射和分组之前执行$match，查询可以使用索引。

注意：不能在$ match 查询中使用$作为聚合管道的一部分。

要在$match 阶段使用$text，$match 阶段必须是管道的第一阶段。

视图不支持文本搜索。

下面举一个例子，插入数据如下：

```
{ "_id" : ObjectId("512bc95fe835e68f199c8686"), "author" : "dave", "score" : 80, "views" : 100 }
{ "_id" : ObjectId("512bc962e835e68f199c8687"), "author" : "dave", "score" : 85, "views" : 521 }
{ "_id" : ObjectId("55f5a192d4bede9ac365b257"), "author" : "ahn", "score" : 60, "views" : 1000 }
{ "_id" : ObjectId("55f5a192d4bede9ac365b258"), "author" : "li", "score" : 55, "views" : 5000 }
{ "_id" : ObjectId("55f5a1d3d4bede9ac365b259"), "author" : "annT", "score" : 60, "views" : 50 }
{ "_id" : ObjectId("55f5a1d3d4bede9ac365b25a"), "author" : "li", "score" : 94, "views" : 999 }
{ "_id" : ObjectId("55f5a1d3d4bede9ac365b25b"), "author" : "ty", "score" : 95, "views" : 1000 }
```

使用$match 做简单的匹配查询：

```
db.getCollection('match').aggregate([{
$match:{author:"dave"}
}])
```

输出执行结果如下：

```
/* 1 */
{
    "_id" : ObjectId("512bc95fe835e68f199c8686"),
    "author" : "dave",
    "score" : 80,
    "views" : 100
}

/* 2 */
{
    "_id" : ObjectId("512bc962e835e68f199c8687"),
    "author" : "dave",
```

```
    "score" : 85,
    "views" : 521
}
```

使用$match 管道选择要处理的文档，然后将结果输出到$group 管道以计算文档的计数：

```
db.getCollection('match').aggregate([
    {$match:{$or:[{score:{$gt:70,$lt:90}},{views:{$gte:1000}}]}},
    {$group:{_id:null,count:{$sum:1}}}
])
```

输出执行结果如下：

```
/* 1 */
{
    "_id" : null,
    "count" : 5.0
}
```

6.2.4　$unwind

$unwind 操作符可以将数组拆分为单独的文档。它的语法格式如下：

```
{ $unwind: <field path> }
```

其中要指定字段路径，在字段名称前加上$符并用引号括起来。

下面举一个例子，插入实例数据如下：

```
{ "_id" : 1, "item" : "ABC1", sizes: [ "S", "M", "L"] }
```

然后执行以下操作，聚合使用$unwind 为 sizes 数组中的每个元素输出一个文档，语法格式如下：

```
db.getCollection('unwind').aggregate(
    [ { $unwind : "$sizes" } ]
)
```

输出执行结果如下：

```
{ "_id" : 1, "item" : "ABC1", "sizes" : "S" }
{ "_id" : 1, "item" : "ABC1", "sizes" : "M" }
{ "_id" : 1, "item" : "ABC1", "sizes" : "L" }
```

6.2.5　$project

$project 可以从文档中选择想要的字段和不想要的字段（指定的字段可以是来自输入文档或新计算字段的现有字段），也可以通过管道表达式进行一些复杂的操作，例如数学操作、日期操作、字符串操作、逻辑操作。它的语法格式如下：

```
{ $project: { <specification(s)> } }
```

$project 管道符的作用是选择字段（指定字段，添加字段，不显示字段，排除字段等），重命名字段，派生字段。

其中，specifications 有以下的形式：

<field>: <1 or true>　　是否包含该字段，field:1/0，表示选择/不选择 field。

_id: <0 or false>　　　　是否指定_id 字段。

<field>: <expression> 添加新字段或重置现有字段的值。

<field>:<0 or false>　　v3.4 新增功能，指定排除字段。

默认情况下，_id 字段包含在输出文档中。要在输出文档中包含输入文档中的任何其他字段，必须明确指定$project 中的包含。如果指定包含文档中不存在的字段，$project 将忽略该字段包含，并且不会将该字段添加到文档中。

默认情况下，_id 字段包含在输出文档中。要从输出文档中排除_id 字段，必须明确指定$project 中的_id 字段为 0。

下面举一个例子，插入实例数据如下：

```
{
    "_id" : 1,
    title: "789",
    isbn: "000000000",
    author: { last: "zzz", first: "xxx" },
    copies: 5,
    lastModified: "2019-07-28"
}
```

执行以下操作：

（1）以下$project 阶段的输出文档中只包含_id，title 和 author 字段，语法格式如下：

```
db.getCollection('project').aggregate( [ { $project : { title : 1 , author : 1 } } ] )
```

输出执行结果如下：

```
/* 1 */
{
    "_id" : 1,
    "title" : "789",
    "author" : {
        "last" : "zzz",
        "first" : "xxx"
    }
}
```

（2）_id 字段默认包含在内。要从$project 阶段的输出文档中排除_id 字段，请在 project 文档中将_id 字段设置为 0 来指定排除_id 字段，语法格式如下：

```
db.getCollection('project').aggregate( [ { $project : { _id: 0, title : 1 , author : 1 } } ] )
```

输出执行结果如下：

```
/* 1 */
{
    "title" : "789",
    "author" : {
        "last" : "zzz",
        "first" : "xxx"
    }
}
```

（3）从嵌套文档中排除字段，在$project 阶段从输出中排除了 author.first 和 lastModified 字段，语法格式如下：

```
db.project.aggregate( [ { $project : { "author.first" : 0, "lastModified" : 0 } } ] )
```

或者可以将排除规范嵌套在文档中，语法格式如下：

```
db.project.aggregate( [ { $project: { "author": { "first": 0}, "lastModified" : 0 } } ] )
```

输出执行结果如下：

```
/* 1 */
{
    "_id" : 1,
    "title" : "789",
    "isbn" : "000000000",
    "author" : {
        "last" : "zzz"
    },
    "copies" : 5
}
```

接下来再来看一些复杂的管道操作：

1. 数学操作符

数学操作符适用于单个文档的运算。下面是常用的几种运算格式：

{\$add : [expr1[, expr2,…, exprN]]}接受一个或多个表达式作为参数，将这些表达式相加。

{\$subtract : [expr1, expr2]}接受两个表达式作为参数，用第一个表达式减去第二个表达式的值作为结果。

{\$multiply : [expr1[, expr2,…, exprN]]}接受一个或多个表达式作为参数，并且将它们相乘。

{\$divide : [expr1, expr2]}接受两个表达式作为参数，用第一个表达式除以第二个表达式的商作为结果。

{\$mod : [expr1, expr2]}接受两个表达式作为参数，将第一个表达式除以第二个表达式得到的余数作为结果。

接下来通过一个例子来具体说明数学操作符的用法，首先插入一个商品文档，数据结构如下：

```
>db.goods.insert({orderAddressL : "BeiJing", prodMoney : 50.0,freight : 15.0,discounts : 5.0,
orderDate : ISODate("2019-09
-18T10:09:30.225Z"),prods : [ "咖啡", "奶茶"]})
>db.goods.find().pretty()
{
    "_id" : ObjectId("5d81968c24534e0804c8aa5f"),
    "orderAddressL" : "BeiJing",
    "prodMoney" : 50,
    "freight" : 15,
    "discounts" : 5,
    "orderDate" : ISODate("2019-09-18T10:09:30.225Z"),
    "prods" : [
    "咖啡",
    "奶茶"
]
}
```

然后通过查询几个案例来演示数学表达式的加减乘除的具体用法：

（1）查询订单的总费用为商品费用加上运费，用法如下：

```
>db.goods.aggregate({$project:{totalMoney:{$add:["$prodMoney","$freight"]}}})
{ "_id" : ObjectId("5d81968c24534e0804c8aa5f"), "totalMoney" : 65 }
```

（2）查询实际付款的费用是总费用减去折扣，用法如下：

```
>db.goods.aggregate({$project:{totalPay:{$subtract:[{$add:["$prodMoney","$freight"]},"$disco
unts"]}}})
{ "_id" : ObjectId("5d81968c24534e0804c8aa5f"), "totalPay" : 60 }
```

（3）查询商品费用和运费和折扣的乘积，用法如下：

```
>db.goods.aggregate({$project:{test1:{$multiply:["$prodMoney","$freight","$discounts"]}}})
{ "_id" : ObjectId("5d81968c24534e0804c8aa5f"), "test1" : 3750 }
```

（4）查询商品费用和运费的商，用法如下：

```
>db.goods.aggregate({$project:{test1:{$divide:["$prodMoney","$freight"]}}})
{ "_id" : ObjectId("5d81968c24534e0804c8aa5f"), "test1" : 3.3333333333333335}
```

（5）查询运费对商品费用取模，用法如下：

```
>db.goods.aggregate({$project:{test1:{$mod:["$prodMoney","$freight"]}}})
{ "_id" : ObjectId("5d81968c24534e0804c8aa5f"), "test1" : 5}
```

2. 字符串表达式

字符串表达式中有字符串的截取、拼接、转大写、转小写等操作，适用于单个文档的运算。先看一下它都有哪些用法。

{"$substr" : [expr, startOffset, numToReturn]}，其中第一个参数 expr 必须是个字符串，这个操作会截取这个字符串的子串（从第 startOffset 字节开始的 numToReturn 字节，注意，是字节，不是字符。在多字节编码中尤其要注意这一点）expr 必须是字符串。

{$concat : [expr1[, expr2,…, exprN]]} 将给定的表达式（或者字符串）连接在一起作为返回结果。

{$toLower : expr}参数 expr 必须是个字符串值，这个操作返回 expr 的小写形式。

{$toUpper : expr}参数 expr 必须是个字符串值，这个操作返回 expr 的大写形式。

然后再看看它在具体实例中是如何运用的，例如截取 orderAddressL 前两个字符后返回，用法如下：

```
>db.goods.aggregate({$project:{addr:{$substr:["$orderAddressL",0,2]}}})
{ "_id" : ObjectId("5d81968c24534e0804c8aa5f"), "addr" : "Be"}
```

还可以将 orderAddressL 和 orderDate 拼接后返回，用法如下：

```
>db.goods.aggregate({$project:{addr:{$concat:["$orderAddressL",{$dateToString:{format:"--%Y
年%m月%d",date:"$orderDa
te"}}]}}})
{ "_id" : ObjectId("5d81968c24534e0804c8aa5f"), "addr" : "BeiJing--2019年09月18"}
```

也可以将 orderAddressL 全部转为小写后返回，用法如下：

```
>db.goods.aggregate({$project:{addr:{$toLower:"$orderAddressL"}}})
{ "_id" : ObjectId("5d81968c24534e0804c8aa5f"), "addr" : "beijing"}
```

同样地，也可以全部转为大写后返回，用法如下：

```
>db.goods.aggregate({$project:{addr:{$toUpper:"$orderAddressL"}}})
{ "_id" : ObjectId("5d81968c24534e0804c8aa5f"), "addr" : "BEIJING"}
```

3. 逻辑表达式

逻辑表达式适用于单个文档的运算，通过这些操作符，可以在聚合中使用更复杂的逻辑，还可以对不同数据执行不同的代码，从而得到不同的结果。下面来比较不同操作符的不同用法：

（1）{$cmp : [expr1, expr2]}比较 expr1 和 expr2。如果 expr1 等于 expr2，返回 0；如果 expr1 < expr2，返回一个负数；如果 expr1 > expr2，返回一个正数。

（2）{$strcasecmp : [string1, string2]}比较 string1 和 string2，区分大小写。只对 ASCII 组成的字符串有效。

（3）{$eq/$ne/$gt/$gte/$lt/$lte : [expr1, expr2]}对 expr1 和 expr2 执行相应的比较操作，返回比较的结果（true 或 false）。

（4）{$and : [expr1[, expr2,…, exprN]]}如果所有表达式的值都是 true，则返回 true，否则返回 false。

（5）{$or : [expr1[, expr2,…, exprN]]}只要有任意表达式的值为 true，则返回 true，否则返回 false。

（6）{$not : expr}对 expr 取反。

（7）{$cond : [booleanExpr, trueExpr, falseExpr]}如果 booleanExpr 的值是 true，则返回 trueExpr，否则返回 falseExpr。

（8）{$ifNull : [expr, replacementExpr]}如果 expr 是 null，则返回 replacementExpr，否则返回 expr。

可以通过具体的实例来实现，例如当想要比较两个数字的大小，可以使用$cmp 操作符，用法如下：

```
>db.goods.aggregate({$project:{test:{$cmp:["$freight","$discounts"]}}})
{ "_id" : ObjectId("5d81968c24534e0804c8aa5f"), "test" : 1}
```

第一个参数大于第二个参数时返回正数，第一个参数小于第二个参数时则返回负数，也可以利用$strcasecmp 来比较字符串（中文无效）：

```
>db.goods.aggregate({$project:{test:{$strcasecmp:[{$dateToString:{format:"..%Y 年%m 月%d",date:
"$orderDate"}},"$orderAddres
   sL"]}}})
{ "_id" : ObjectId("5d81968c24534e0804c8aa5f"), "test" : -1}
```

之前介绍的$eq、$ne、$gt、$gte、$lt、$lte 等操作符在这里一样是适用的。另外还有$and、$or、$not 等表达式也可以使用，以$and 为例，用法如下：

```
>db.goods.aggregate({$project:{test:{$and:[{"$eq":["$freight","$prodMoney"]},{"$eq":["$freig
ht","$discounts"]}]}}}})
{ "_id" : ObjectId("5d81968c24534e0804c8aa5f"), "test" : false}
```

$and 中的每个参数都为 true 时返回 true，$or 则表示参数中有一个为 true 就返回 true，$not 则会对它的参数的值取反，用法如下：

```
>db.goods.aggregate({$project:{test:{$not:{"$eq":["$freight","$prodMoney"]}}}}})
{ "_id" : ObjectId("5d81968c24534e0804c8aa5f"), "test" : true}
```

逻辑表达式中还有两个控制流程的语句，具体实现如下：

```
>db.goods.aggregate({$project:{test:{$cond:[false,"trueExpr","falseExpr"]}}}})
{ "_id" : ObjectId("5d81968c24534e0804c8aa5f"), "test" : "falseExpr"}
```

$cond 第一个参数如果为 true，则返回 trueExpr，否则返回 falseExpr。

```
>db.goods.aggregate({$project:{test:{$ifNull:[null,"replacementExpr"]}}}})
{ "_id" : ObjectId("5d81968c24534e0804c8aa5f"), "test" : "replacementExpr"}
```

$ifNull 第一个参数如果为 null，则返回 replacementExpr，否则返回第一个参数。

4. 日期表达式

日期表达式可以从一个日期类型中提取出年、月、日、星期、时、分、秒等信息，通过一个例子具体实现方法如下：

```
>db.goods.aggregate({$project:{"年份":{$year:"$orderDate"},"月份":{$month:"$orderDate"},"一年
中第几周":{$week:"$orderDate"},"日期":{$dayOfMonth:"$orderDate"},"星期":{$dayOfWeek:"$orderDate"},
"一年中第几天":{$dayOfYear:"$orderDate"},"时":{$hour:"$orderDate"},"分":{$minute:"$orderDate"},
"秒":{$second:"$orderDate"},"毫秒":{$millisecond:"$orderDate"},"自定义格式化时间":{$dateToString:
{format:"%Y年%m月%d %H:%M:%S",date:"$orderDate"}}}})

{ "_id" : ObjectId("5d81968c24534e0804c8aa5f"), "年份" : 2019, "月份" : 9, "一年中第几周" : 37, "
日期" : 18, "星期" : 4, "一年中第几天" : 261, "时" : 10, "分" : 9, "秒" : 30,"毫秒" : 225,"自定义格式化
时间" : "2019年09月18 10:09:30" }
```

dayOfWeek 返回的是星期，1 表示星期天，7 表示星期六，week 表示本周是本年的第几周，从 0 开始计数。

6.2.6 $limit

$limit 操作符用来限制传递到管道中下一阶段的文档数，语法如下：

```
{ $limit: <positive integer> }
```

例如下面的$limit 操作：

```
db.article.aggregate(
{ $limit : 5 }
);
```

此操作仅返回管道传递给它的前 5 个文档。$limit 对其传递的文档内容没有影响。

注意：当$sort 在管道中的$limit 之前出现时，$sort 操作只会在过程中维持前 n 个结果，其中 n 是指定的限制，而 MongoDB 只需要将前 n 个项存储在内存中。当超出内存限制为 true 并且前 n 个项超过聚合内存限制时，此优化仍然适用。

6.2.7 $skip

$skip 操作符用来跳过进入阶段的指定数量的文档，并将其余文档传递到管道中的下一个阶段，它的语法格式如下：

```
{ $skip: <positive integer> }
```

下面举一个例子，语法如下：

```
db.article.aggregate(
{ $skip : 5 }
);
```

此操作将跳过管道传递给它的前 5 个文档。 $skip 对沿着管道传递的文档的内容没有影响。

6.2.8 $sort

$sort 操作符对所有输入文档进行排序，并按排序顺序将它们返回到管道。它的语法格式如下：

```
{ $sort: { <field1>: <sort order>, <field2>: <sort order>… } }
```

$sort 指定要排序的字段和相应的排序顺序的文档。<sort order>可以具有以下值之一：

1：指定升序。

-1：指定降序。

例如，要对字段进行排序，请将排序顺序设置为 1 或-1，以分别指定升序或降序排序，语法如下：

```
db.users.aggregate(
[
{ $sort : { age : -1, posts: 1 } }
]
)
```

然后比较不同 BSON 数据类型的值，MongoDB 使用从最低到最高的比较顺序，结果如下：

```
1  MinKey (internal type)
2  Null
3  Numbers (ints, longs, doubles, decimals)
4  Symbol, String
5  Object
6  Array
7  BinData
8  ObjectId
9  Boolean
10 Date
11 Timestamp
12 Regular Expression
13 MaxKey (internal type)
```

6.3　聚合运算

根据 MongoDB 的文档描述，在 MongoDB 的聚合操作中，有以下五个聚合命令。其中，count、distinct 和 group 会提供基本的功能，至于其他的高级聚合功能（sum、average、max、min），就需要通过 mapReduce 编程框架来实现了。下面分别来讲述这三个基本聚合函数。

1. count

count 是函数取得集合的数据量，它的主要作用是简单统计集合中符合某种条件的文档数量。

count 的常用语法如下：

```
//直接查询
>db.collection.count()

//使用 find(),find 函数中可以带入条件查询
>db.collection.find().count();

//直接在 count()中带入条件查询(不建议使用)
>db.collection.count({field : key})
```

通过下面一个例子来演示它在实例中的具体应用，首先插入一组分数的文档数据，语法如下：

```
>db.scores.insert({ "_id" : 1, "subject" : "Chinese", "score" : 80 })
```

```
>db.scores.insert({ "_id" : 2, "subject" : "Chinese", "score" : 69 })
>db.scores.insert({ "_id" : 3, "subject" : "Chinese", "score" : 99 })
>db.scores.insert({ "_id" : 4, "subject" : "Chinese", "score" : 85 })
>db.scores.insert({ "_id" : 5, "subject" : "Chinese", "score" : 79 })
>db.scores.insert({ "_id" : 6, "subject" : "Chinese", "score" : 93 })
```

如果想知道文档有多少条数据就可以直接查询，方法如下：

```
> db.scores.count();
6
> db.scores.find().count();
6
```

还可以有条件地进行查询，例如统计分数大于 80 的集合数据，并且将显示的字段命名分配给 passing_scores，语法如下：

```
>db.scores.aggregate([
    { $match:
        { score:
            { $gt: 80 }
        }
    },
    { $count :"passing_scores" }
])

{"passing_scores" : 3}
```

2. distinct

这个值的用处是消除重复数据，就类似于在 SQL 中过滤多条的重复记录操作。在 MongoDB 中存在这样的操作，但是没有直接的函数提出，只能使用 runCommand()实现。使用格式如下：

```
db.collection.distinct(field,query)
```

其中，field 是去重字段，可以是单个的字段名，也可以是嵌套的字段名。query 是查询条件，可以为空。

下面准备一组数据来演示 distinct 在实例中的用法，数据如下：

```
>db.commodity.insertMany([
{ "_id": 1, "dept": "A", "item": { "sku": "111", "color": "red" }, "sizes": [ "S", "M" ] },
{ "_id": 2, "dept": "A", "item": { "sku": "111", "color": "blue" }, "sizes": [ "M", "L" ] },
{ "_id": 3, "dept": "B", "item": { "sku": "222", "color": "blue" }, "sizes": "S" },
{ "_id": 4, "dept": "A", "item": { "sku": "333", "color": "black" }, "sizes": [ "S" ] }
])
```

接下来可以使用去重方法在 commodity 集合中，去除重复查询 dept 的值，语法如下：

```
>db.runCommand ( { distinct: "commodity", key: "dept" } )
{"values" : [ "A", "B" ], "ok" : 1}
```

例如查询字节点的数据，在 commodity 中去除重复查询 item 节点下的 sku 的值，语法如下：

```
>db.runCommand ( { distinct: "commodity", key: "item.sku" } )
{"values" : [ "111", "222", "333"],"ok" : 1}
```

3. group

$group 是所有聚合命令中用得最多的一个命令，用来将集合中的文档分组，可用于统计结果。提供比 count、distinct 更丰富的统计需求，可以使用 js 函数控制统计逻辑。

$group 操作可以根据文档特定字段的不同值进行分组，$group 不能用流式工作方式对文档进行处理。在 $grollowDisup 阶段，内存最大可以为 100MB，如果超过则会出错。当处理大量数据时，可以将参数 akUse 设置为 true，如此 $group 操作符可以写入临时文件，格式如下：

```
{ $group: { _id: <expression>,<field1>: { <accumulator1> : <expression1> }, … } }
```

_id 字段是强制性的，可以指定其为空来进行其他累加操作，accumulator 操作符可以为 $sum、$avg、$first、$last、$max、$min、$push、$addToSet、$stdDevPop、$stdDevSamp。

下面通过两个实例来比较一下 group 是怎么应用的。

【实例 1】插入文档数据如下：

```
>db.sales.insert([
  { "_id" : 1, "item" : "abc1", "price" : 10, "quantity" : 2, "date" : ISODate("2019-09-19T08:00:
00Z") },
  { "_id" : 2, "item" : "abc2", "price" : 20, "quantity" : 1, "date" : ISODate("2019-09-19T09:00:
00Z") },
  { "_id" : 3, "item" : "abc3", "price" : 5, "quantity" : 10, "date" : ISODate("2019-09-25T09:00:
00Z") },
  { "_id" : 4, "item" : "abc3", "price" : 5, "quantity" : 20, "date" : ISODate("2019-10-04T11:21:39.
736Z") },
  { "_id" : 5, "item" : "abc1", "price" : 10, "quantity" : 10, "date" : ISODate("2019-10-04T21:23:13.
331Z") }
  ])
```

然后根据日期的年月日进行分组统计总价格、平均数量及其总数量，方法如下：

```
>db.sales.aggregate(
[
{
    $group : {
    _id : { month: { $month: "$date" }, day: { $dayOfMonth: "$date" }, year: { $year: "$date" } },
    totalPrice: { $sum: { $multiply: [ "$price", "$quantity" ] } },
    averageQuantity: { $avg: "$quantity" },
    count: { $sum: 1 }
    }
}
]
)
```

输出运行结果如下：

```
{ "_id" : { "month" : 9, "day" : 25, "year" : 2019 }, "totalPrice" : 50, "averageQuantity" : 10,
"count" : 1 }
{ "_id" : { "month" : 9, "day" : 19, "year" : 2019 }, "totalPrice" : 40, "averageQuantity" : 1.5,
"count" : 2 }
{ "_id" : { "month" : 10, "day" : 4, "year" : 2019 }, "totalPrice" : 200, "averageQuantity" :
```

```
15, "count" : 2 }
```

【实例2】插入文档数据如下：

```
>db.books.insert([
{ "_id" : 8751, "title" : "The Banquet", "author" : "Dante", "copies" : 2 },
{ "_id" : 8752, "title" : "Divine Comedy", "author" : "Dante", "copies" : 1 },
{ "_id" : 8645, "title" : "Eclogues", "author" : "Dante", "copies" : 2 },
{ "_id" : 7000, "title" : "The Odyssey", "author" : "Homer", "copies" : 10 },
{ "_id" : 7020, "title" : "Iliad", "author" : "Homer", "copies" : 10 }
])
```

可以统计每个作者的所有书籍，语法如下：

```
>db.books.aggregate([
{ $group : { _id : "$author", books: { $push: "$title" } } }
])
```

输出运行结果如下：

```
{ "_id" : "Homer", "books" : [ "The Odyssey", "Iliad" ] }
{ "_id" : "Dante", "books" : [ "The Banquet", "Divine Comedy", "Eclogues" ] }
```

如果将$title 换为$$ROOT，则会将整个文档都放进数组之中，结果如下：

```
{
    "_id" : "Dante",
    "books" :
     [
    { "_id" : 8751, "title" : "The Banquet", "author" : "Dante", "copies" : 2 },
    { "_id" : 8752, "title" : "Divine Comedy", "author" : "Dante", "copies" : 1 },
    { "_id" : 8645, "title" : "Eclogues", "author" : "Dante", "copies" : 2 }
     ]
}

{
    "_id" : "Homer",
    "books" :
     [
    { "_id" : 7000, "title" : "The Odyssey", "author" : "Homer", "copies" : 10 },
    { "_id" : 7020, "title" : "Iliad", "author" : "Homer", "copies" : 10 }
     ]
}
```

注意：$group 的输出是无序的，且该操作目前是在内存中进行的，所以不能用它来对大量的文档进行分组。

6.4 MapReduce

MapReduce 是聚合工具中的明星，它非常强大、非常灵活。有些问题过于复杂，无法使用聚合框架的

查询语言来表达，这时可以使用 MapReduce。MapReduce 使用 JavaScript 作为"查询语言"，因此它能够表达任意复杂的逻辑。然而，这种强大是有代价的：MapReduce 非常慢，不应该用在实时的数据分析中。

MapReduce 能够在多台服务器之间并行执行。它会将一个大问题分割为多个小问题，将各个小问题发送到不同的机器上，每台机器只负责完成一部分工作。所有机器都完成时，再将这些零碎的解决方案合并为一个完整的解决方案。

MapReduce 需要几个步骤。最开始是映射（map），将操作映射到集合中的每个文档。这个操作要么"无作为"，要么"产生一些键和 X 个值"。然后就是中间环节，称作洗牌（shuffle），按照键分组，并将产生的键值组成列表放到对应的键中。化简（reduce）则把列表中的值化简成一个单值。这个值被返回，然后接着进行洗牌，直到每个键的列表只有一个值为止，这个值也就是最终结果。

6.4.1　MapReduce 原理

在用 MongoDB 查询返回的数据量很大的情况下，做一些比较复杂的统计和聚合操作花费的时间很长，这时可以通过 MongoDB 中的 MapReduce 来实现。

MapReduce 是个非常灵活和强大的数据聚合工具。它的好处是可以把一个聚合任务分解为多个小任务，分配到多服务器上并行处理。

通过一个实例来了解 MapReduce 的原理，如图 6-1 所示。

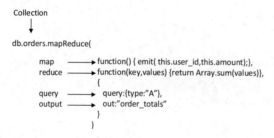

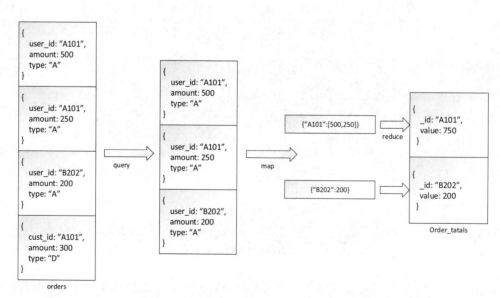

图 6-1　MapReduce 的原理

从上面的流程图可以看出，MongoDB 中的 MapReduce 主要有以下 4 个阶段：

（1）Map 阶段：基于查询条件，映射集合中的每一行满足查询条件的文档，通过 emit 函数输出键值对
（key,value）。

（2）Shuffle 阶段：把 Map 阶段的结果根据关键字进行分组，让具有相同关键字的键值对合成为一个类
似于{key:[value1,value2,…]}这样的数据结构。

（3）Reduce 阶段：将 Shuffle 阶段的结果用 Reduce 函数进行聚合，重复 Reduce 过程，直至每个关键字
都只剩一个值为止。

（4）Finalize 阶段：非必须阶段，此阶段是对 MapReduce 的处理结果做进一步处理。首先基于 query 参
数 "过滤" 掉一部分数据，然后在 Map 阶段通过 emit 函数输出（key,value）对。在 Reduce 阶段，对 Map
后的输出结果基于关键字进行统计和计算。

6.4.2　MapReduce 的基本使用

使用 MapReduce 的代价是速度较慢。所以不能把 MapReduce 应用于实时系统中，要作为后台任务来运
行 MapReduce，其运行完毕后，会将结果保存在一个集合中，后期可以对这个结果集合进行实时操作。
MapReduce 比较复杂，在 MongoDB 的客户端下，执行如下命令可以运行 MapReduce 操作：

```
db.runCommand(
    {
        mapReduce: ,
        map: ,
        reduce: ,
        finalize: ,
        out: ,
        query: ,
        sort: ,
        limit: ,
        scope: ,
        jsMode: ,
        verbose: ,
        bypassDocumentValidation: ,
        collation: ,
        writeConcern:
    }
)
```

其中，运行 MapReduce 命令的参数说明如表 6-3 所示。

表 6-3　运行 MapReduce 命令参数

参　　数	类　　型	描　　述
mapReduce	collection	需要进行 mapReduce 的文档集合
map	function	map 函数，基于 JavaScript 的语法，使用 emit 函数输出（key,value）对

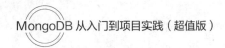
参　　数	类　　型	描　　述
reduce	Function	reduce 函数，基于 JavaScript 的语法，对特定的 key 进行聚合
finalize	function	非必选参数，finalize 函数，基于 JavaScript 的语法，Reduce 之后的额外操作
out	string/document	输出参数
query	document	非必选参数，指定 map 函数执行的查询条件
sort	document	非必选参数，指定排序字段
limit	number	非必选参数，指定 map 函数的最大行数
scope	document	非必选参数，为 map,reduce,finalize 函数指定全局变量
jsMode	boolean	非必选参数，是否在 map/reduce 执行过程中把中间结果转成 BSON 格式数据，默认为 false
verbose	boolean	非必选参数，是否在输出时带上时间信息，默认为 false
bypassDocumentValidation	boolean	非必选参数，MapReduce 是否可以插入无效的文档到集合
collation	document	非必选参数，通过这个参数可以设置特定的排序规则
writeConcern	function	非必选参数，指定 MapReduce 客户端向服务端（分片集群）写数据的级别

下面主要介绍 Map、Reduce 和 Out 三个参数，它们也是必选的参数。

1. Map 函数

Map 函数通过变量 this 来检验当前考察的对象。一个 Map 函数会通过任意多次函数调用 emit(key,value) 来将数据送入 reduce 中。大多数情况下，对于每个文档都只会发送一次，但是在有些情况下需要发送多次，例如下面这个 Map 程序，整个文档被调用的次数取决于 items 数组中元素的个数。

```
function() {
this.items.forEach(function(item){ emit(item.sku, 1); }); }
```

有些情况下也会发送 0 次，例如：

```
function() {
    if (this.status == 'A')
    emit(this.cust_id, 1);
}
```

每一次发送的数据都被限制到最大文档大小的 50%（比如 MongoDB1.6.x 中是 4MB，MongoDB1.8.x 中是 8MB）。

2. Reduce 函数

当运行 Map/Reduce 时，Reduce 函数将收到一个发送值构成的数组并且要把它们简化到单个值。因为针对一个键值的 Reduce 函数可能会被调用好多次，Reduce 函数返回的对象结构要与 Map 函数发送的值的结构完全相同。可以用一个简单的例子来说明这一情况。

假设对一个代表用户评价的文档构成的集合进行迭代，典型的文档内容如下：

```
{
    name:"jones",
    likes:20,
    text: "hello world! "
}
```

想利用 Map/Reduce 来统计每个用户的评论数,并且计算全部用户评价中 like 的总数。为了达到这个目的,首先写一个如下的 Map 函数:

```
func () {
    emit( this.username, {count:1,likes:this.likes});
}
```

这个函数实际上指明了要以 username 来分组,并且针对 count 和 likes 字段进行聚合运算。当 Map/Reduce 实际运行的时候,一个由用户构成的数组将发送给 Reduce 函数,这就是为什么 Reduce 函数总是用来处理数组。下面是一个 Reduce 函数的例子。

```
func(key,values) {
    var result = {count:0, likes:0}
    values.forEach(function(value)) {
        result.count += value.count;
        result.likes += value.likes;
    });
    return result;
}
```

在使用 Reduce 函数过程中,需要注意以下两点:

(1)结果文档和 Map 函数所传送的数据拥有相同的结构。即:reduce(key,[C,reduce(key,[A,B])])==reduce(key,[C,A,B])。这是非常重要的,因为当 Reduce 函数作用于某个 key 值时,它并不保证会对这个 key 值(这里是 username)的每一个 value 进行操作。

事实上,Reduce 函数不得不运行多次。例如当处理评论集合时,Map 函数可能遇到来自 xiaoming 的 10 条评论,它会把这些评论传送给 Reduce 函数,得到如下聚集结果:{count:10,likes:247},然后,Map 函数又遇到一个来自 xiaoming 的评论,此时,这值必须被重新考虑来修改聚合结果。如果遇到新的评论为:{count:1,likes:5},那么 reduce 函数将被这样调用:reduce{"jones",[{count:10,likes:247},{count:1,likes:5}]}。最后的结果将会是上面两个值的结合:{count:11,likes:252}。

(2)数组中元素的顺序不会影响结果的输出,例如:reduce(key, [A, B]) == reduce(key, [B, A])。

3. Out 函数

用于指定 Reduce 的结果最终如何保存。可以将结果以 inline 的方式直接输出(cursor),或者写入一个集合中。

```
out : {
    <action> : <collectionName>
    [,db:<dbName>]
    [,sharded:<boolean>]
    [,nonAtomic:<boolean>]
}
```

Out 方式默认为 inline,即不保存数据,而是返回一个 cursor,客户端直接读取数据即可。

(1)<action>表示如果保存结果的集合已经存在时,将如何处理:

①replace:替换,替换原集合中的内容。先将数据保存在临时的集合中,此后重新命名,再将旧集合

删除。

②merge：将结果与原有内容合并，如果原有文档中持有相同的 key（即_id 字段），则直接覆盖原值。

③reduce：将结果与原有内容合并，如果原有文档中有相同的 key，则将新值、旧值合并后再次应用 reduce 方法，并将得到的值覆盖原值（对于"用户留存""数据增量统计"非常有用）。

（2）db：结果数据保存在哪个数据库中，默认为当前数据库。开发者可能为了进一步使用数据，将统计结果统一放在单独的数据库中。

（3）sharded：输出结果的集合将使用 sharding 模式，使用_id 作为切片键。不过首先需要开发者对集合所在的数据库开启分片模式，否则将无法执行。

（4）nonAtomic："非原子性"，仅对 merge 和 replace 有效，控制输出集合，默认为 false，即"原子性"。即 mapReduce 在输出阶段将会对输出集合所在的数据库加锁，直到输出结束，可能会对性能产生影响。如果为 true，则不会对数据库加锁，其他客户端可以读取到输出集合的中间状态数据。我们通常将输出集合单独放在一个数据库中，和应用数据分离开，而且非原子性为 false，我们也不希望用户读到"中间状态数据"。

4. Finalize 函数

Finalize 函数可能会在 Reduce 函数结束之后运行，这个函数是可选的，对于很多 Map/Reduce 任务来说不是必须的。Finalize 函数接收一个 key 和一个 value，返回一个最终的 value.function finalize(key,value) -> final_value。

针对一个对象你的 Reduce 函数可能被调用了多次。当最后只需针对一个对象进行一次操作时可以使用 Finalize 函数，比如计算平均值。

5. jsMode 标识

对于 MongoDB 2.0 及以上的版本，通常 Map/Reduce 的执行遵循下面两个步骤：

（1）从 BSON 转化为 JSON，执行 Map 过程，将 JSON 转化为 BSON。

（2）从 BSON 转化为 JSON，执行 Reduce 过程，将 JSON 转化为 BSON。

因此，需要多次转化格式，但是可以利用临时集合在 Map 阶段处理很大的数据集。为了节省时间，可以利用{jsMode:ture}使 Map/Reduce 的执行保持在 JSON 状态。遵循如下两个步骤：

（1）从 BSON 转化为 JSON，执行 Map 过程。

（2）执行 Reduce 过程，从 JSON 转化为 BSON。

这样，执行时间可以大大缩短，但需要注意，jsMode 受到 JSON 堆大小和独立主键最大 500KB 的限制。因此，对于较大的任务 jsMode 并不适用，在这种情况下会转变为通常的模式。

6.4.3　MapReduce 实例应用

MongoDB 没有模式，因此无法通过一个文档得知这个集合有多少个键，这里我们利用 MapReduce 来统计一个集合中键的个数和每个键出现的次数（这里没有考虑内嵌文档的键,可以通过调整 Map 函数实现）。先插入一个文档集合，每个文档中键都不一致，代码如下：

```
> db.person.insert([
  { "x" : 6 },
  {"name" : "xiaoming", "things" : [ "banana", "apple" ] },
```

```
    { "name" : "xiaohua", "fruits" : "orange" },
    { "nickname" : "tom", "fruits" : "pitaya" }
])
```

定义映射环节（map）所需 Map 函数：

```
> map = function(){
    for(var key in this){
        emit(key, {"count" : 1});
    }
};
function () {
    for (var key in this) {
    emit(key, {count:1});
    }
}
>
```

Map 函数使用函数 emit（系统提供）“返回”要处理的值，这里用 emit 将文档的某个键的计数返回（{"count":1}）。我们这里需要为每个键单独计数，所以要为每个键分别调用一次 emit。this 代表目前进入 Map 函数中的文档。

定义化简环节（reduce）所需 Reduce 函数：

```
> reduce = function(key, emits){
    var total = 0;
    for(var i in emits) {
        total += emits[i].count;
    }
    return {"count" : total};
};
function (key, emits) {
    var total = 0;
    for (var i in emits) {
        total += emits[i].count;
    }
    return {count:total};
}
>
```

通过 Map 函数会产生很多{"count" : 1}这样的文档，且每一个与一个键关联。这种由一个或多个{"count":1}文档组成的数组（由洗牌阶段生成），会传递给 Reduce 函数，作为 Reduce 函数的第二个参数。Reduce 函数要能够被反复调用，因此 Reduce 函数返回的值必须可以作为其第二个参数的一个元素。

运行数据库命令，调用 MapReduce 过程：

```
> mr = db.runCommand({"mapreduce" : "person", "map" : map, "reduce" : reduce, "out" : "personColumns"});
{
    "result" : "testcolColumns",
    "timeMillis" : 577,
    "counts" : {
        "input" : 4,
        "emit" : 11,
        "reduce" : 3,
        "output" : 6
    },
    "ok" : 1
```

```
    }
    >
```

运行命令时，键 mapreduce 指定集合名称，键 map 指定映射函数，键 reduce 指定化简函数，out 指定最后输出的集合名称。

运行后，返回的文档，其中键 counts 为一个内嵌文档，先说一下这个内嵌文档中各个键的含义：

（1）input：在整个过程发送到 Map 函数的文档个数，即 Map 函数执行的次数。

（2）emit：在整个过程，Emit 函数执行的次数。

（3）reduce：在整个过程，Reduce 函数执行的次数。

（4）output：最终在目标集合中生成的文档数量。

查看一下最终生成的目标集合：

```
> db.personColumns.find();
    { "_id" : "_id", "value" : { "count" : 4 } }
    { "_id" : "fruits", "value" : { "count" : 2 } }
    { "_id" : "name", "value" : { "count" : 2 } }
    { "_id" : "nickname", "value" : { "count" : 1 } }
    { "_id" : "things", "value" : { "count" : 1 } }
    { "_id" : "x", "value" : { "count" : 1 } }
>
```

6.5 聚合管道 aggregate

在 6.3、6.4 节介绍了基本聚合函数 count、distinct、group 和数据聚合 MapReduce，已经提供了两种数据聚合的实现方式，下面讲讲在 MongoDB 中的另外一种数据聚合实现方式——聚合管道 aggregate。

面对着广大用户对数据统计的需求，MongoDB 从 2.2 版本之后便引入了新的功能聚合框架（aggregation framework），它是数据聚合的新框架，这个概念类似于数据处理中的管道。每个文档通过一个由多个节点组成的管道，每个节点都有自己特殊的作用（分组、过滤等），文档经过由多个节点组成的管道后最终得到输出结果。管道基本的功能有两种：① 对文档进行过滤，筛选出符合条件的文档。② 对文档进行变换，改变文档的输出结构。

Collection 对象提供了 aggregate()方法来对数据进行聚合操作。aggregate()方法的语法如下：

```
aggregate(operators,[options],callback)
```

operators 参数是聚合运算符的数组，它允许你定义对数据执行汇总操作。options 参数允许你设置 readPreference 属性，它定义了从哪里读取数据。callback 参数是接受异常参数 err 和相应内容 res。

aggregate 聚合操作：它是 MongoDB 的聚合操作，接受一个名为 pipeline 的参数和一个可选参数。pipeline 可以理解为流水线，一条流水线上可以有一个或多个工序。所以，MongoDB 的一次聚合操作就是对一个表进行多个工序的加工，其中的每个工序都可以修改、增加、删除文档，最终得出需要的数据集合。

下面通过一个 aggregate 实例来了解一下 aggregate 聚合操作：

首先进入 MongoDB 数据库，插入一个名为 TestOrder 的表，数据如下：

```
> db.TestOrder.insert([
    { "user_id" : "B101", "amount" : 1000, "type" : "A" },
    { "user_id" : "B101", "amount" : 1000, "type" : "B" },
```

```
    { "user_id" : "B101", "amount" : 1000, "type" : "C" },
    { "user_id" : "B101", "amount" : 1000, "type" : "D" },
    { "user_id" : "B101", "amount" : 1000, "type" : "A" },
    { "user_id" : "B101", "amount" : 1000, "type" : "B" },
    { "user_id" : "B101", "amount" : 1000, "type" : "C" },
    { "user_id" : "B101", "amount" : 1000, "type" : "D" },
])
```

如果需要用 status 字段统计 amount 总额，并且只统计 type 为 A、B 或 C 的记录，就可以用聚合操作进行统计。

步骤 1：从 TestOrder 中找出 type 为 A、B 或 C 的记录。这是流水线的第一道工序，表达式如下：

```
{ $match: { type: { $in: ['A','B','C'] } } }
```

步骤 2：按 status 统计 amount 总额。这是流水线的第二道工序，表达式如下：

```
{ $group: { _id: '$type', totalAmount: { $sum: '$amount' } } }
```

最终的聚合操作命令以及结果如下：

```
> db.TestOrder.aggregate([{ $match: { type: { $in: ['A','B','C'] } } }, { $group: { _id: '$type',
totalAmount: { $sum: '$amount' } } }])
{
    "result" : [
        {
            "_id" : "C",
            "totalAmount" : 2000
        },
        {
            "_id" : "B",
            "totalAmount" : 2000
        },
        {
            "_id" : "A",
            "totalAmount" : 2000
        }
    ],
    "ok" : 1
}
```

聚合操作的性能：聚合操作是对一个 MongoDB 表进行的操作，最坏的情况下需要全表扫描，如果表的记录很多，速度就很慢了，也会消耗更多的内存。

为了提高性能，最好的策略是将筛选"工序"放到最前面，尽早排除不满足条件的记录，降低后面工序的工作量。如果最前面的筛选工序能够利用上索引，可加快整个操作的速度。

6.6 就业面试技巧与解析

学完本章内容，可以了解到聚合管道一些常用操作符和方法以及对聚合工具中的 MapReduce 的基本使用。下面对面试过程中出现的问题进行解析，更好帮助读者学习本章内容。

6.6.1　面试技巧与解析（一）

面试官：什么是聚合？

应聘者：聚合操作能够处理数据记录并返回计算结果。聚合操作能将多个文档中的值组合起来，对成组数据执行各种操作，返回单一的结果。它相当于 SQL 中的 count(*)组合 group by。对于 MongoDB 中的聚合操作，应该使用 aggregate()方法。

6.6.2　面试技巧与解析（二）

面试官：常用管道命令有哪些？

应聘者：在 MongoDB 中，文档处理完毕后，通过管道进入下一次处理。

常用管道命令如下：

$group：将集合中的文档分组，可用于统计结果。

$match：过滤数据，只输出符合条件的文档。

$project：修改输入文档的结构，如重命名、增加、删除字段、创建计算结果。

$sort：将输入文档排序后输出。

$limit：限制聚合管道返回的文档数。

$skip：跳过指定数量的文档，并返回余下的文档。

第7章

数据库的管理应用——MongoDB 的管理

 本章概述

本章主要讲解 MongoDB 服务器的一些基本管理操作。通过本章内容的学习，读者可以详细了解用于备份和恢复、导入和导出数据、安全认证以及性能监控的基本管理操作过程。

 本章要点

- 数据的导入导出
- 备份与恢复
- MongoDB 中的 oplog
- 安全认证
- 性能监控

7.1 数据的导入导出

当你尝试将应用程序从一个环境迁移到另一个环境中时，通常需要导入数据或导出数据。例如现有测试服务器 A 和测试服务器 B，需要实现从测试服务器 A 向测试服务器 B 进行 MongoDB 数据库的迁移，可以使用 MongoDB 的导出工具 mongoexport 和导入工具 mongoimport 实现。

7.1.1 导出工具 mongoexport

MongoDB 中的 mongoexport 工具可以把一个集合导出成 JSON 格式或 CSV 格式的文件。可以通过参数指定导出的数据项，也可以根据指定的条件导出数据。

mongoexport 位于 MongoDB 安装位置中的 bin 目录下。可以使用如下命令来导出数据：

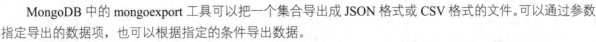
```
mongoexport -h dbhost -d dbname -c collectionName -o output
```

首先来看一下 mongoexport 的参数，使用 mongoexport--help 进行查看，如图 7-1 所示。

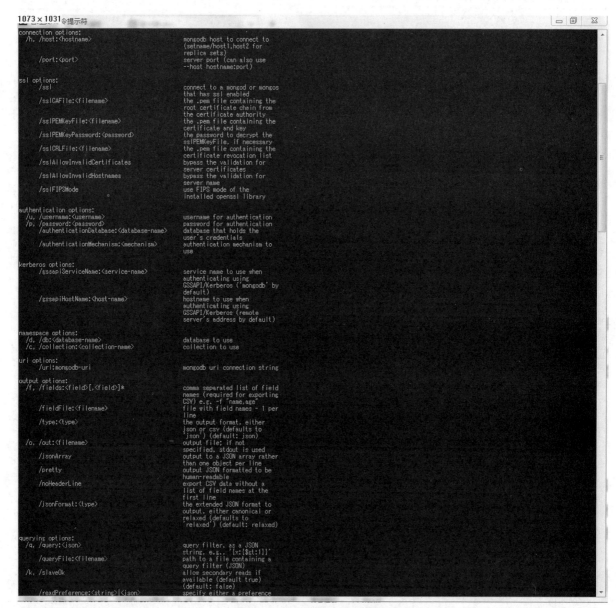

图 7-1　mongoexport 的参数

从图 7-1 中可以知道一些关于 mongoexport 参数说明如下：

-h:指明数据库宿主机的 IP 地址

-u:指明数据库的用户名

-p:指明数据库的密码

-d:指明数据库的名字

-c:指明集合的名字

-f:指明要导出哪些列

-o:指明要导出的文件名

-q:指明导出数据的过滤条件

接下来通过具体的实例来验证，先在数据库中找到一组数据，如图 7-2 所示。

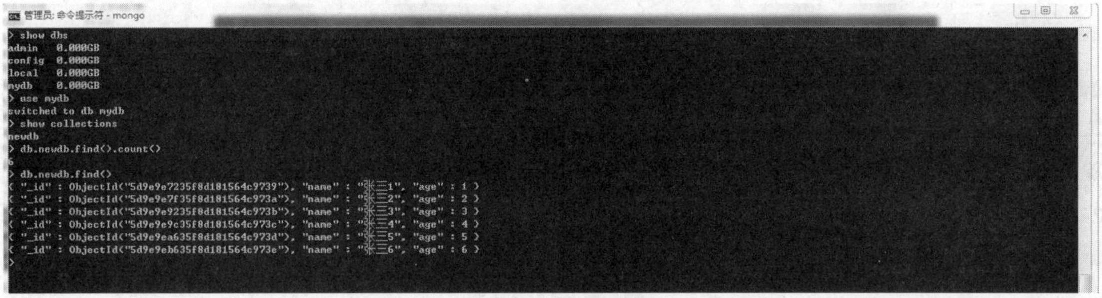

图 7-2　查看数据

然后就可以进行导出操作了，操作时，不用登录 MongoDB，在 cmd 命令行中直接操作即可，命令如下所示。

```
mongoexport -h localhost:27017 -d mydb -c newdb -o F:/mongoDump/newdb.json
```

将数据库 mydb 下的集合 newdb 导出到 F:/mongoDump/newdb.json 文件中，存储文件可以是多种形式，如 txt、xls、docs 等，如图 7-3 所示。

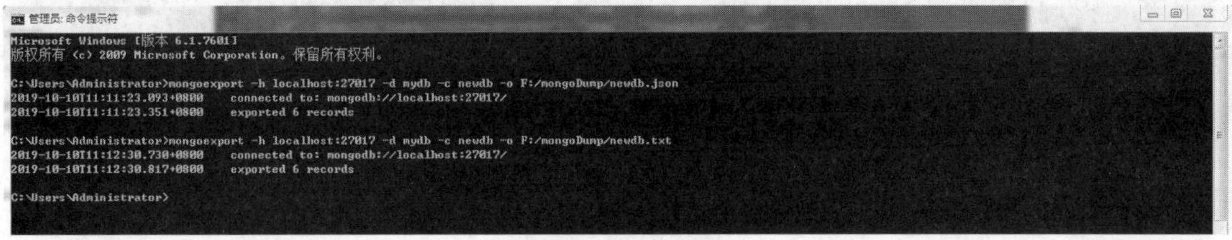

图 7-3　导出数据

这样数据就导出成功了，接着去导出的文件地址查看一下，如图 7-4 所示。

图 7-4　查看导出数据

7.1.2　导入工具 mongoimport

MongoDB 中的 mongoimport 工具可以把一个特定格式文件中的内容导入到指定的集合中。该工具可以导入 JSON 格式数据，也可以导入 CSV 格式数据。具体使用方法与导出类似，都是在 cmd 命令行中直接操作即可，命令如下：

```
mongoimport -h dbhost -d dbname -c collectionname 文件的地址…
```

先删除 mydb 库下面的集合 newdb，然后再将本地之前导出好的数据进行导入恢复，直接在 cmd 命令行中进行操作，不用登录 MongoDB，将上面备份好的 newdb.txt 与 newdb.json 文件进行导入，分别导入到数据库 mydb 下面的 c1 集合与 c2 集合，c1、c2 集合事先是不存在的，如图 7-5 所示。

图 7-5　导入数据

然后登录 MongoDB 再次查询，数据导入成功，如图 7-6 所示。

图 7-6　数据导入成功

7.2　备份与恢复

在实际的应用场景中，经常需要对业务数据进行备份以防止数据丢失或被盗，MongoDB 提供了备份和恢复的功能，分别是 MongoDB 下载目录下的 mongodump.exe 和 mongorestore.exe 文件。对于数据量比较小的场景，使用官方的 mongodump/mongorestore 工具进行全量的备份和恢复就足够了。mongodump 可以连上一个正在服务的 mongod 节点进行逻辑热备份。其主要原理是遍历所有集合，然后将文档一条条读出来，支持并发备份多个集合，并且支持归档和压缩，可以输出到一个文件（或标准输出）。同样，mongorestore 则是连上一个正在服务的 mongod 节点进行逻辑恢复。其主要原理是将备份出来的数据再一条条写回到数据库中。

在 mongodump 执行过程中由于数据库还有新的修改，直接运行备份出来的结果不是一个一致的快照，需要使用一个 --oplog 的选项来将这个过程中的操作日志也一块备份下来（使用 mongorestore 进行恢复时对应要使用 --oplogReplay 选项对操作日志进行重放）。而由于 MongoDB 的操作日志是一个固定大小的特殊集合，当操作日志集合达到配置的大小时旧的操作日志会被滚掉以为新的操作日志腾出空间。在使用 --oplog 选项进行备份时，mongodump 会在备份集合数据前获取当时最新的操作日志时间点，并在集合数据备份完毕之后再次检查这个时间点的操作日志是否还在，如果备份过程很长，操作日志空间又不够，操作日志被滚掉就会备份失败。因此在备份前最好检查一下操作日志的配置大小以及目前操作日志的增长情况（可结合业务写入量及操作日志平均大小进行粗略估计），确保备份不会失败。

7.2.1　mongodump 备份工具

mongodump 是一种能够在运行时备份的方法，mongodump 对运行的 MongoDB 做查询，然后将所查到的文档写入磁盘。因为 mongodump 是区别于 MongoDB 的客户端，所以在处理其他请求时也没有问题。但是 mongodump 采用的是普通的查询机制,所以产生的备份不一定是服务器数据的实时快照。因为在获取快照后,服务器还会有数据写入,为了保证备份的安全,同样还是可以利用 fsync 锁使服务器数据暂时写入缓存中。

下面来看看如何使用 mongodump 来备份数据库。

首先启动 mongodump,在 MongoDB 中使用 mongodump 命令来备份 MongoDB 数据。该命令可以导出所有数据到指定目录中。

mongodump 命令可以通过参数指定导出的数据量级转存的服务器。mongodump 命令脚本语法如下:

```
>mongodump -h dbhost -d dbname -o dbdirectory
```

其中 mongodump 的参数与 mongoexport 的参数基本一致。

-h:MongDB 所在服务器地址,例如:127.0.0.1,当然也可以指定端口号:127.0.0.1:27017。

-d:需要备份的数据库实例,例如:test。

-o:备份的数据存放位置,例如:F:\data\dump,当然该目录需要提前建立,在备份完成后,系统自动在 dump 目录下建立一个 test 目录,这个目录里面存放该数据库实例的备份数据。

接着把 mydb 数据库中的数据备份到 F 磁盘中,打开命令提示符窗口,进入 MongoDB 安装目录的 bin 目录输入以下命令:mongodump -d mydb -o F:\,结果如图 7-7 所示。

图 7-7 备份数据

备份完成后就可以去指定的位置找到备份的文件夹了。

注意:mongodump 备份时的查询会对其他客户端的性能产生影响。

更多的操作可以通过 mongodump-help 来查询,mongodump 命令可选参数列表如表 7-1 所示。

表 7-1 mongodump 命令可选参数表

语 法	描 述	实 例
mongodump --host HOST_NAME --port PORT_NUMBER	该命令将备份所有 MongoDB 数据	mongodump --host runoob.com --port 27017
mongodump --dbpath DB_PATH --out BACKUP_DIRECTORY		mongodump --dbpath /data/db/ --out /data/backup/
Mongodump --collection COLLECTION --db DB_NAME	该命令将备份指定数据库的集合	mongodump --collection mycol --db test

7.2.2 mongorestore 数据恢复

mongorestore 获取 mongodump 的输出结果,并将备份的数据插入运行的 MongoDB 实例中。与 mongodump 一样,mongorestore 也是一个独立的客户端。使用 mongorestore 命令脚本语法如下:

```
>mongorestore -h <hostname><:port> -d dbname <path>
```

其中 mongorestore 与 mongoimport 参数也类似，参数如下：

--host <:port>, -h <:port>：MongoDB 所在服务器地址，默认为：localhost:27017。

--db , -d：需要恢复的数据库实例，例如：test，当然这个名称也可以和备份时候的不一样，比如 test2。

--drop：恢复的时候，先删除当前数据，然后恢复备份的数据。就是说，恢复后，备份后添加修改的数据都会被删除。

<path>：mongorestore 最后的一个参数，设置备份数据所在位置，例如：c:\data\dump\test。

使用时不能同时指定<path>和--dir 选项，--dir 也可以设置备份目录。

--dir：指定备份的目录，但不能同时指定<path>和--dir 选项。

可以使用该方法，将刚才备份的 newdb 集合放到新的数据库 testNew 中去，结果如图 7-8 所示。

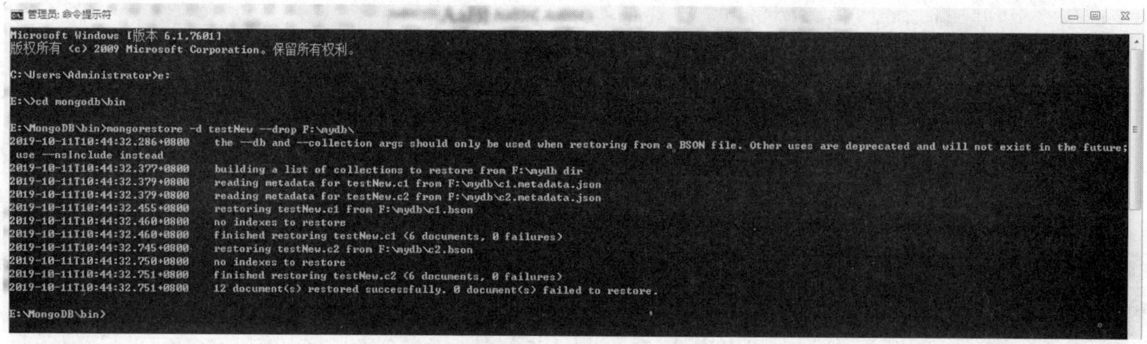

图 7-8　数据恢复

这时去查询数据库发现数据存在了，说明数据恢复成功了，如图 7-9 所示。

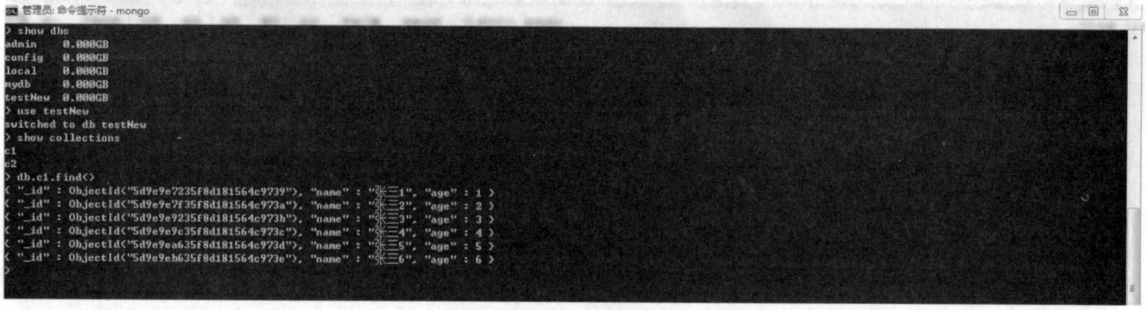

图 7-9　数据恢复成功

注意：这两个命令操作的都是 BSON 格式的数据，当数据量很大，超过几百 G 时，几乎是不能使用的，因为 BSON 极其占用空间。

7.2.3　fsync 和锁

说到 mongodump 备份，就不得不提到 fsync 和锁了。刚刚提到过，使用 mongodump 备份可以不关闭服务器，但是却失去了获取实时数据视图的能力。而 MongoDB 的 fsync 命令能够在 MongoDB 运行时复制数据目录还不会损坏数据。

它的工作原理就是强制命令服务器将所有缓存区写入磁盘，通过上锁阻止对数据库的写入操作，直到释放锁为止。写入锁是让 fsync 在备份时发挥作用的关键。

通过 fsync 和锁可以在 MongoDB 运行时，安全有效地使用复制数据目录的方式进行备份。fsync 命令会强制服务器将所有缓冲区内容写入到磁盘。通过上锁，可以阻止数据库的进一步写入。下面来演示它的具体用法：

```
> use admin
switched to db admin
> db.runCommand({"fsync":1,"lock":1})
{
    "info" : "now locked against writes, use db.fsyncUnlock() to unlock",
    "lockCount" : NumberLong(1),
    "seeAlso" : "http://dochub.mongodb.org/core/fsynccommand",
    "ok" : 1
}
>
```

注意运行 fsync 命令需要在 admin 管理员模式下进行。通过执行上述命令，缓冲区内数据已经被写入磁盘数据库文件中，并且数据库此时无法执行写操作（写操作阻塞）。这样，可以很安全地备份数据目录了。备份后，通过下面的调用来解锁：

```
> use admin;
switched to db admin
> db.$cmd.sys.unlock.findOne();
{ "ok" : 1, "info" : "unlock completed" }
> db.currentOp();
{ "inprog" : [ ] }
>
```

在 admin 管理员模式下解锁。通过执行 db.currentOp() 来确认解锁成功。通过 fsync 和写入锁的使用，可以非常安全地备份实时数据，也不用停止数据库服务。但其弊端就是，在备份期间，数据库的写操作请求会阻塞。

7.2.4　从属备份

上面提到的备份技术已经非常灵活，但默认都是指直接在主服务器上进行。而 MongoDB 更推荐备份工作在从服务器上进行。从服务器上的数据基本上和主服务器是实时同步的，并且从服务器不在乎停机或写阻塞，所以可以利用上述 3 种方式的任意一种在从服务器上进行备份操作。下面介绍两种备份机制：

1. Master-Slave

主从复制模式：即一台主写入服务器，多台从备份服务器。从服务器可以实现备份和读扩展，分担主服务器读密集时压力，充当查询服务器。但是主服务器故障时，只能手动去切换备份服务器接替主服务器工作。这种灵活的方式，使扩展备份或查询服务器相对比较容易，当然查询服务器也不是无限扩展的，从服务器会定期轮流读取主服务器的更新，当从服务器过多时反而会对主服务器造成过载。

2. Replica Sets

副本集模式：具有 Master-Slave 模式所有特点，但是副本集没有固定的主服务器，当初始化的时候会通过多个服务器投票选举出一个主服务器。当主服务器出故障时会再次通过投票选举出新的主服务器，而原先的主服务器恢复后则转为从服务器。Replica Sets 在故障发生时自动切换机制可以及时保证写入操作。

Master-Slave 和 Replica Sets 备份机制，这两种模式都是基于主服务器的操作日志来实现所有从服务器的同步。

操作日志记录了增删改操作的记录信息（不包含查询的操作），但是操作日志有大小限制，当超过指定大小，操作日志会清空之前的记录，重新开始记录。

Master-Slave 方式主服务器会产生 oplog.$main 的日志集合。

Replica Sets 方式所有服务器都会产生 oplog.rs 日志集合。

两种机制下，所有从服务器都会去轮询主服务器操作日志，若主服务器的日志较新，就会同步这些新的操作记录。但是这里有个很重要的问题，从服务器由于网络阻塞，死机等原因无法及时同步主服务器操作日志记录：一种情况主服务器操作日志不断刷新，这样从服务器永远无法追上主服务器。另外一种情况，刚好主服务器操作日志超出大小，清空了之前的操作日志，这样从服务器与主服务器数据就可能会不一致了。

另外要说明一下 Replica Sets 备份的缺点，当主服务器发生故障时，一台从服务器被投票选为了主服务器，但是这台从服务器的操作日志如果晚于之前的主服务器操作日志，那之前的主服务器恢复后，会回滚自己的操作日志操作和新的主服务器操作日志保持一致。由于这个过程是自动切换的，所以在无形之中就导致了部分数据丢失。

7.3　MongoDB 中的操作日志

MongoDB 的复制是通过一个日志来存储写操作的，这个日志就叫作操作日志。

在默认情况下，操作日志分配的是 5% 的空闲磁盘空间。通常而言，这是一种合理的设置。可以通过 mongod--oplogSize 来改变操作日志的日志大小。

操作日志是固定集合，因为操作日志的特点（不能太多把磁盘填满了，固定大小）需要，MongoDB 才发明了定值大小的集合，oplogSizeMB:2048，oplog 具有幂等性，执行过的不会反复执行。

通过 mongodump --help 可以查看关于操作日志的参数，该参数的主要作用是在导出的同时生成一个 oplog.bson 文件，存放在你开始进行备份到备份结束之间所有的操作日志。简单地说，在副本集模式中操作日志是一个定容集合（capped collection），它的默认大小是磁盘空间的 5%（可以通过--oplogSizeMB 参数修改），位于本地库的 db.oplog.rs，有兴趣可以看看里面到底有些什么内容。其中记录的是整个 mongod 实例一段时间内数据库的所有变更（插入/更新/删除）操作。当空间用完时新记录自动覆盖最老的记录。所以从时间轴上看，操作日志的覆盖范围大概是这样的，如图 7-10 所示。

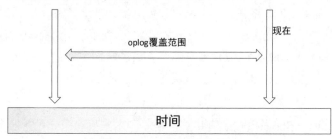

图 7-10　oplog 的覆盖范围

它的覆盖范围被称作操作日志时间窗口。需要注意的是，因为操作日志是一个定容集合，所以时间窗口能覆盖的范围会因为你单位时间内的更新次数不同而变化。

操作日志还有一个非常重要的特性——幂等性（idempotent）。即对一个数据集合，使用操作日志中记录的操作重放时，无论被重放多少次，其结果会是一样的。举例来说，如果操作日志中记录的是一个插入操作，并不会因为你重放了两次，数据库中就得到两条相同的记录。这是一个很重要的特性。

1. oplog.bson 作用

首先要明白的一个问题是数据之间互相有依赖性，比如集合 A 中存放了订单，集合 B 中存放了订单的所有明细，那么只有一个订单有完整的明细时才是正确的状态。

假设在任意一个时间点，A 和 B 集合的数据都是完整对应并且有意义的（对非关系型数据库要做到这点并不容易，且对于 MongoDB 来说这样的数据结构并非合理。但此处我们假设这个条件成立），那么如果 A 处于时间点 x，而 B 处于 x 之后的一个时间点 y 时，可以想象 A 和 B 中的数据极有可能不对应而失去意义。

mongodump 在进行过程中并不会把数据库锁死以保证整个库冻结在一个固定的时间点，这在业务上常常是不允许的。所以就有了备份的最终结果中 A 集合是 10 点整的状态，而 B 集合则是 10 点零 1 分的状态这种情况。

这样的备份即使恢复回去，可以想象得到的结果恐怕意义有限。那么上面这个 oplog.bson 的意义就在这里体现出来了。如果在备份数据的基础上，再重做一遍操作日志中记录的所有操作，这时的数据就可以代表备份结束时那个时间点（point-in-time）的数据库状态。

2. 操作日志的由来

操作日志有以下两种来源：

（1）mongodump 时加上--oplog 选项，自动生成的操作日志，这种方式的操作日志直接--oplogReplay 就可以恢复。

（2）从别处而来，除了--oplog 之外，人为获取的操作日志。

既然备份出的数据配合操作日志就可以把数据库恢复到某个状态，所以拥有一份从某个时间点开始备份的数据，再加上从备份开始之后的操作日志，如果操作日志足够长，就可以把数据库恢复到其后的任意状态了。

事实上副本集模式正是依赖操作日志的重放机制在工作。当服务器第一次加入副本集模式时做的全量同步就相当于是在做 mongodump，此后只需要不断地同步和重放 oplog.rs 中的数据，就达到了从服务器与主服务器同步的目的。

7.4　安全认证

MongoDB 支持基于角色的访问控制（RBAC）身份验证模型，其中包含预定义的系统角色和用户的定制角色。

MongoDB 支持对每个数据库的访问进行单独控制，访问控制信息被存储在特有的 system.users 集合中。对于希望访问两个数据库（例如，db1 和 db2）的普通用户，他们的凭据和权限必须同时添加到两个数据库中。

每个 MongoDB 实例可以添加多个用户。如果开启了安全认证，则只有数据库认证的用户才有读写数据库的权限。在认证的上下文中，admin 数据库中的用户被视为超级用户（即管理员）。在认证之后，管理员可以读写所有数据库，执行特定的管理命令，如 listDatabases 和 shutdown。在开启安全检查之前，一定要至少有一个管理员账号。

7.4.1　创建管理员

MongoDB 服务端开启安全检查之前，至少需要有一个管理员账号，admin 数据库中的用户都被视为管理员。

如果 admin 库没有任何用户，即使在其他数据库中创建了用户，启用身份验证，默认的连接方式依然会有超级权限，即仍然可以不验证账号密码照样能进行 CRUD，安全认证相当于无效。

首先切换到 admin 数据库，然后使用 db.createUser 创建管理员账号，用户名 root，密码 root，权限也是 root 角色，如图 7-11 所示。

图 7-11　创建管理员

7.4.2　创建普通用户

新建一个名称为 mydb1 的数据库，然后为 mydb1 数据库创建了两个用户，zhangSan 拥有读写权限，liSi 拥有只读权限，密码都是 123456，如图 7-12 所示。

图 7-12　创建普通用户

接着从客户端关闭 MongoDB 服务端，之后服务端会以安全认证方式进行启动，如图 7-13 所示。

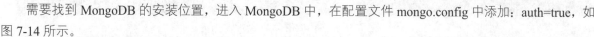

图 7-13　关闭 MongoDB 服务端

7.4.3　配置 mongo.config

需要找到 MongoDB 的安装位置，进入 MongoDB 中，在配置文件 mongo.config 中添加：auth=true，如图 7-14 所示。

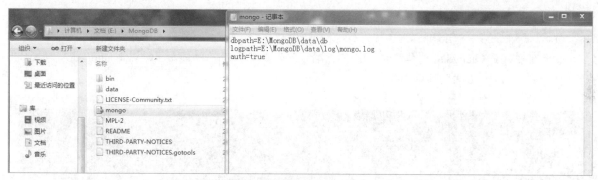

图 7-14　配置 mongo.config

7.4.4　MongoDB 安全认证方式启动

在这里使用命令 mongod --config E:\MongoDB\mongo.config 来启动 MongoDB 数据库安全认证，启动之后再访问具有安全认证的数据库时必须进行安全检测。

使用安全认证方式启动数据库，启动成功，如图 7-15 所示。

图 7-15　安全认证方式启动数据库

7.4.5　客户端普通用户登录

现在仍然像以前一样进行登录，直接登录进入 mydb1 数据库中，登录是成功的，只是登录后日志少了很多东西，而且执行 show dbs 命令以及 show collections 等命令都是失败的，即使没有被安全认证的数据库，用户同样操作不了，这都是因为权限不足，用户只能在自己权限范围内的数据库中进行操作，如图 7-16 所示。

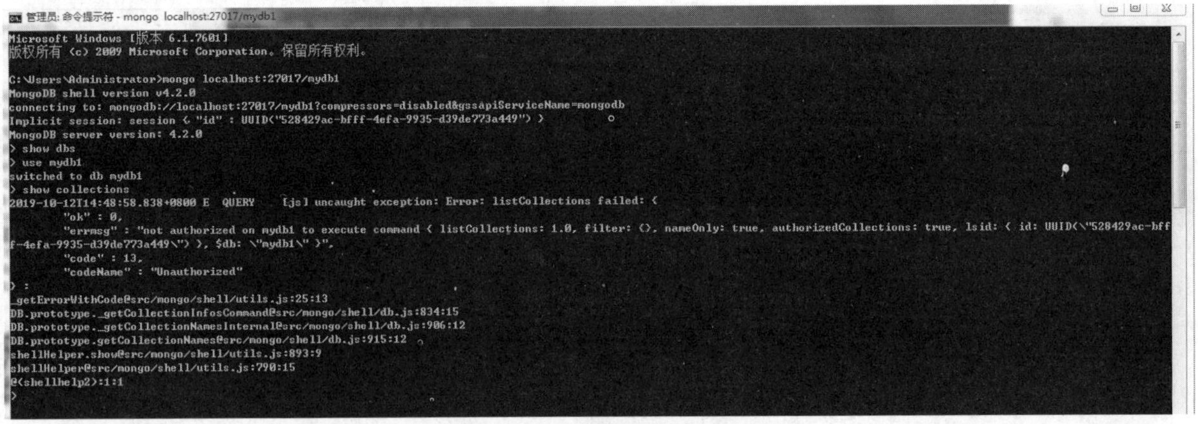

图 7-16　执行数据库命令失败

所以登录之后必须使用 db.auth("账号","密码")方法进行安全认证，认证通过，才能进行权限范围内的操作，show dbs 已经看不到其他未拥有操作权限的数据库了，显然它也操作不了其他未授权的数据库。

因为创建的用户 zhangSan 拥有对 mydb1 的读写权限，如图 7-17 所示读写正常。db.auth("账号","密码")返回 1 表示验证成功，0 表示验证失败。

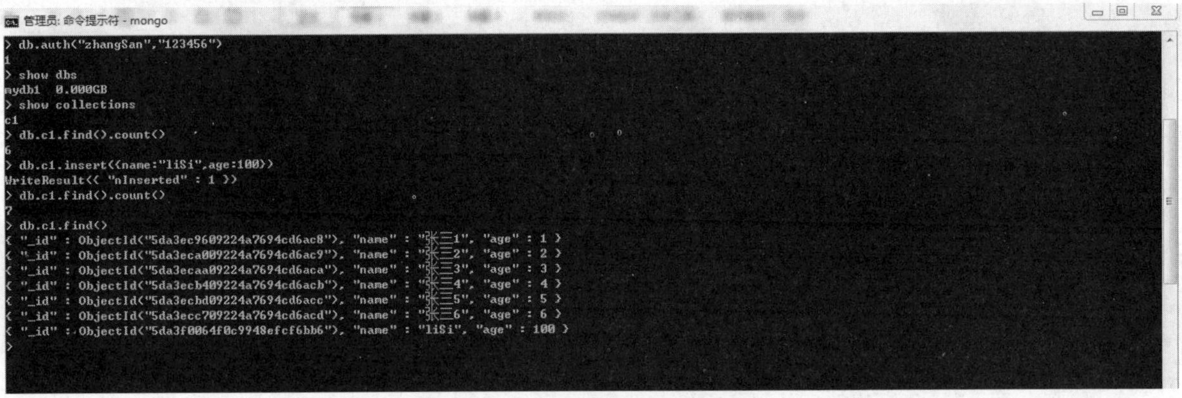

图 7-17　zhangSan 权限的使用

注意 db.auth 认证必须在对应的数据库下进行，比如为 db1 数据库单独创建的用户 dbUser，不能在 db2 数据库下执行 db.auth 验证操作，否则是失败的，只能到 db1 下去验证。

除了上面登录后再使用 db.auth("账号","密码")方法进行验证之外，也可以像 MySQL 一样，在登录的同时指定账号与密码，如下所示：

```
mongo localhost:27017/mydb1：表示登录本地 27017 端口的 MongoDB 服务端,注意必须同时指定用户进入的数据库,与后面的 --authenticationDatabase 指定一致即可
 -u：指定登录账号
 -p：指定登录密码
 --authenticationDatabase "mydb1"：数据库认证,接安全认证的数据库实例
```

因为 liSi 用户在创建时只赋予读权限，所以如图 7-18 所示，可以读，但不能写，删除操作就更加不能了。

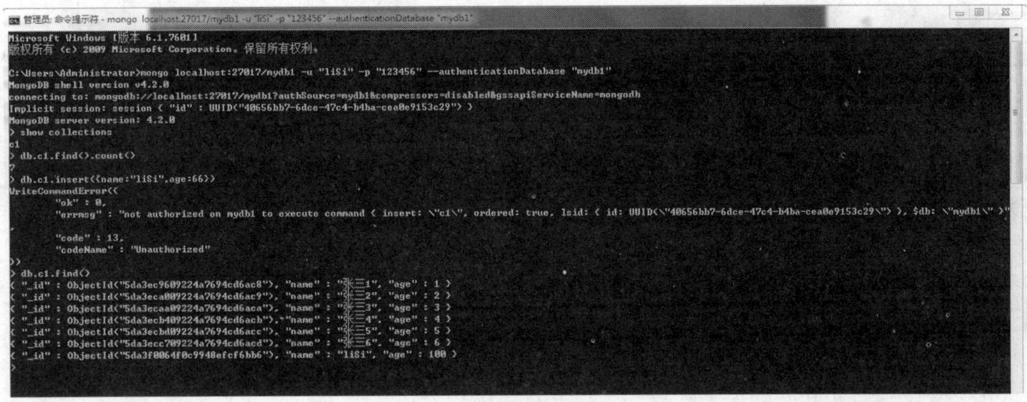

图 7-18　liSi 权限的使用

7.4.6　客户端管理员登录

管理员 root 登录，安全认证通过后，拥有对所有数据库的所有权限，这里不再重复累述，如图 7-19 所示。

图 7-19　客户端管理员权限的使用

7.5　性能监控

监控是所有数据库管理的重要组成部分。牢牢掌握 MongoDB 的报告将使您可以准确评估您的数据库的状态，并使您的部署不出意外。另外，一种 MongoDB 的常规操作参数允许您在它们恶化为失败之前进行诊断。

MongoDB 自带了 mongostat 和 mongotop 这两个命令来监控 MongoDB 的运行情况。这两个命令用于处理 MongoDB 数据库变慢等问题，能详细地统计 MongoDB 当前的状态信息。除此之外，还可以用 db.serverStatus()、db.stats() 开启 profile 功能通过查看日志进行监控分析。

7.5.1　mongostat

mongostat 是 MongoDB 自带的状态检测工具，在命令行下使用。它会间隔固定时间获取 MongoDB 的当前运行状态，并输出。如果你发现数据库突然变慢或者有其他问题，你第一步的操作就应该采用 mongostat 来查看 MongoDB 的状态。

一个数据库监控工具是必不可少的，启动你的 MongoDB 服务，进入 MongoDB 安装目录 bin 目录下，然后输入 mongostat 命令，如图 7-20 所示。

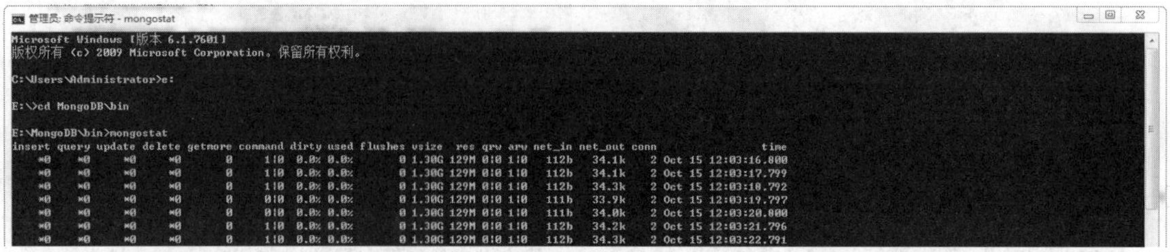

图 7-20 查看 MongoDB 当前状态

从图 7-20 中可以看到 mongostat 的一些相关参数，如下：

insert/query/update/delete->每秒插入 / 查询 / 更新 / 删除的次数。

getmore->每秒执行 getmore 的次数。

command->每秒实例执行命令数目。

dirty->是否生成脏数据及其大小。

used->实例空间被使用的大小。

flushes->每秒执行 fsync 数据写入的次数。

vsize->虚拟内存使用量，单位为 GB。

res->物理内存使用量，单位为 MB。

qr|qw->当 MongoDB 接收到太多的命令而数据库被锁住无法执行完成时，它会将命令加入队列。这一栏显示了 3 个队列的长度，都为 0 时表示 MongoDB 毫无压力。高并发时，一般队列值会升高。

ar|aw->当前被激活的连接客户端数量，值越大越阻碍 MongoDB 的性能。

netIn/netOut->网络带宽压力值，一般对于 MongoDB 来说，网络不会成为瓶颈。

conn->当前连接数。

7.5.2 mongotop

mongotop 也是 MongoDB 下的一个内置工具，mongotop 提供了一个方法，用来跟踪一个 MongoDB 的实例，查看哪些时间花费在读取和写入数据。追踪并报告 MongoDB 实例当前的读取和写入活动，而且是基于每个集合报告这些统计数据。提供每个集合的水平的统计数据。默认情况下，mongotop 返回值的每一秒。

在这里也使用同样的方法进入 mongotop，如图 7-21 所示。

图 7-21 跟踪 MongoDB 实例

后面的 10 是\<sleeptime>参数，可以不使用，等待的时间长度，以秒为单位，mongotop 等待调用的时间。默认情况下，mongotop 每一秒刷新一次。

还可以通过 mongotop --locks 命令来报告每个数据库的锁的使用。

7.5.3 Profile

MongoDB 慢查询检查，Profile 默认为关闭状态，可以选择全部开启，或者有慢查询的时候开启。

可以通过两种方式控制 Profiling 的开关和级别，第一种是在启动参数里直接进行设置。启动 MongoDB 时加上–profile=级别即可。也可以在客户端调用 db.setProfilingLevel（级别）命令来实时配置，Profile 信息保存在 system.profile 中。可以通过 db.getProfilingLevel()命令来获取当前的 Profile 级别，类似如下操作：

```
db.setProfilingLevel(2);
```

上面 Profile 的级别可以取 0，1，2 三个值，它们表示的意义如下：

0 – 不开启。

1 – 记录慢命令（默认为>100ms）。

2 – 记录所有命令。

Profile 在级别 1 时会记录慢命令，那么这个慢的定义是什么?上面我们说到其默认为>100ms，当然有默认就有设置，其设置方法和级别一样有两种：一种是通过添加–slowms 启动参数配置；另一种是调用 db.setProfilingLevel 时加上第二个参数：

```
db.setProfilingLevel( level , slowms )
db.setProfilingLevel( 1 , 10 );
```

我们还可以使用 db.getProfilingLevel()命令来查看 Profile 的设置级别，如下所示：

```
> db.setProfilingLevel(1)
{ "was" : 2, "slowms" : 100, "sampleRate" : 1, "ok" : 1 }
> db.getProfilingLevel()
1
>
```

与 MySQL 的慢查询日志不同，MongoDB Profile 记录是直接存在系统 db 里的，记录位置 system.profile，所以，我们只要查询这个 Collection 的记录就可以获取到我们的 Profile 记录了。

7.5.4 serverStatus

serverStatus 命令或 Mongo Shell 中的 db.serverStatus()返回数据库状态的总览，具体包括磁盘使用状况、内存使用状况、连接、日志和可用的索引。此命令迅速返回，并不会影响 MongoDB 性能。

```
> use mydb
> db.serverStatus()                                        #只显示部分内容
{
    "uptime" : 32.0,                                       #表示此实例进程已激活的总时间,单位是秒
    "localTime" : ISODate("2019-10-15T13:09:35.007Z"),     #表示实例所在服务器的当前时间
    "globalLock" : {
        "totalTime" : NumberLong(19623000),                #数据库启动后运行的总时间,单位是微秒
        "currentQueue" : {                                 #表示因为锁引起读写队列数
```

```
            "total" : 0,
            "readers" : 0,                              #等待读锁的操作数
            "writers" : 0                               #等待写锁的操作数
        },
        "activeClients" : {                             #连接的激活客户端写操作的总数
            "total" : 10,
            "readers" : 0,                              #激活客户端读操作数
            "writers" : 0                               #激活客户端写操作数
        }
    },
    "mem" : {                                           #表示当前内存使用情况
    "bits" : 64,                                        #MongoDB 运行的目标机器的架构
    "resident" : 130,                                   #当前被使用的物理内存总量,单位 MB
    "virtual" : 1329,                                   #MongoDB 进程映射的虚拟内存大小,单位 MB
    "supported" : true,                                 #表示系统是否支持可扩展内存
    "mapped" : 0,                                       #映射数据文件所使用的内存大小,单位 MB
    "mappedWithJournal" : 0                             #映射 journaling 所使用的内存大小,单位 MB
    },
}
```

7.5.5 db.stats()、db.c.stats()

MongoDB 数据文件状态指标命令 db.stats()、db.c.stats()，它们主要用于查看文件大小、存储空间大小等。返回一份针对存储使用情况和数据卷的文档，db.stats()显示了存储的使用量、包含在数据库中的数据的总量以及对象、集合和索引计数器。

我们参考一个 mydb 数据库实例：

```
> use mydb
> db.stats()
{
    "db" : "mydb",               #当前数据库
    "collections" : 1,           #集合数量
    "views" : 0,
    "objects" : 1,               #对象（记录）数量
    "avgObjSize" : 54,           #对象平均大小
    "dataSize" : 54,             #所有数据总大小
    "storageSize" : 20480,       #数据占磁盘大小
    "numExtents" : 0,            #所有集合占用的区间总数
    "indexes" : 1,               #索引数
    "indexSize" : 20480,         #索引大小
    "fsUsedSize" : 28957302784,
    "fsTotalSize" : 631361236922,
    "ok" : 1
}
```

7.5.6 db.collection.stats()

在集合级别上提供类似 db.stats()的统计数据，包括集合中对象的计数、集合的大小、集合占用的硬盘

空间总量以及集合索引的相关信息。例如：

```
> use mydb
switched to db mydb
> db.user.stats()
```

7.5.7 db.currentOp()

db.currentOp()顾名思义，就是当前的操作。在 MongoDB 中可以查看当前数据库上此刻的操作语句信息，包括 insert/query/update/remove/getmore/command 等多种操作。直接执行 db.currentOp()一般返回一个空的数组，可以指定一个参数 true，这样就返回用户集合与系统命令相关的操作。

通常 MongoDB 的命令一般很快就完成，但是在一台繁忙的机器或者有比较慢的命令时，可以通过 db.currentOp()获取当前正在执行的操作。

db.currentOp()主要用于以下几个方面：

（1）查看数据库当前执行什么操作。

（2）用于查看长时间运行进程。

（3）通过执行时长、操作、锁、等待锁时长等条件过滤。

7.5.8 影响性能相关因素

1. 锁

MongoDB 用一个锁确保数据的一致性。但如果某种操作正在运行，其他请求和操作将不得不等待这个锁，导致系统性能降低。为了验证是否由于锁降低了性能，可以坚持服务器输出的锁定内存区域部分的数据。如果参数 globalLock.currentQueue.total 的值一直较大，说明系统中有许多请求在等待锁，同时表明并发问题影响了系统的性能。

2. 内存

MongoDB 通过内存映射数据文件，如果数据集很大，MongoDB 将占用所有可用的系统内存。正是由于内存映射机制将内存的管理交给操作系统来完成，简化了 MongoDB 的内存管理，提高了数据库系统的性能，但是由于不能确定数据集的大小，需要多少内存也是个未知数。

通过服务器输出的关于内存使用状态方面的数据，我们能够深入地了解内存使用情况。检查参数 mem.resident 的值，如果超过了系统内存量并且还有大量的数据文件在磁盘上，表明内存过小。检查 mem.mapped 的值，如果这个值大于系统内存量，那么针对数据库的一些读操作将会引起操作系统的缺页操作，内存的换入换出将会降低系统的性能。

3. 连接数

有时候，客户端的连接数超过了 MongoDB 数据库服务器处理请求的能力，这也会降低系统的性能。可以通过服务器输出的关于连接数方面的参数进一步分析。参数 globalLock.activeClients 表示当前正在进行读写操作客户端的连接数，current 表示当前客户端到数据库实例的连接数，available 表示可用连接数。对于读操作大的应用程序，我们可以增加复制集成员数，将读操作分发到从服务器节点上，对于写操作大的应用程序，可以通过部署分片集群来分发写操作。

7.6　就业面试技巧与解析

学完本章内容，可以了解到 MongoDB 服务器的一些基本管理操作以及如何自动完成某些操作。下面对面试过程中出现的问题进行解析，更好帮助读者学习本章内容。

7.6.1　面试技巧与解析（一）

面试官： mongoexport/mongoimport 与 mongodump/mongorestore 的对比？

应聘者：

（1）mongoexport/mongoimport 导入/导出的是 JSON 格式，而 mongodump/mongorestore 导入/导出的是 BSON 格式。

（2）JSON 可读性强但体积较大，BSON 则是二进制文件，体积小但对人类几乎没有可读性。

（3）在一些 MongoDB 版本之间，BSON 格式可能会随版本不同而有所不同，所以不同版本之间用 mongodump/mongorestore 可能不会成功，具体要看版本之间的兼容性。当无法使用 BSON 进行跨版本的数据迁移的时候，使用 JSON 格式即 mongoexport/mongoimport 是一个可选项。跨版本的 mongodump/mongorestore 并不推荐，若必须做，请先检查文档看两个版本是否兼容（大部分时候是的）。

（4）JSON 虽然具有较好的跨版本通用性，但其只保留了数据部分，不保留索引、账户等其他基础信息，使用时应该注意。

7.6.2　面试技巧与解析（二）

面试官： 启用备份故障恢复需要多久？

应聘者：

从备份数据库声明主数据库宕机到选出一个备份数据库作为新的主数据库将花费 10～30s。这期间在主数据库上的操作将会失败——包括写入和强一致性读取（strong consistent read）操作。然而，用户还能在第二数据库上执行最终一致性查询（eventually consistent query）（在 slaveOk 模式下）。

第3篇

核心技术篇

在本篇中，将结合案例程序详细介绍 MongoDB 管理中的高级应用技术，包括索引、优化、复制和分片技术等。学好本篇内容可以极大地帮助读者运用 MongoDB。我们不仅可以在 MongoDB 数据库中简单快速地将数据复制到另一个数据库中，还可以把一个巨大的数据分开保存到不同的分片中。

- 第 8 章　快速查找文档——索引及优化
- 第 9 章　MongoDB 的性能——复制
- 第 10 章　大数据的应用——分片
- 第 11 章　MongoDB 的应用——MongoDB sharding

第8章

快速查找文档——索引及优化

本章概述

本章主要讲解 MongoDB 一些常用的索引以及对查询的优化。通过本章内容的学习，读者可以学习到不同类型索引的使用以及怎么更简单快捷地查询数据。

本章要点

- 索引的类型
- 索引的属性
- 复合索引优化
- 慢查询优化
- 数据库优化

8.1　索引的概述

索引在计算机系统中应用非常广泛，是提高查询效率的常用手段。如果没有索引，MongoDB 必须遍历集合中所有文档才能找到匹配的结果。

在 MongoDB 中，索引是一种特殊的数据结构，以一种便于遍历的方式存储集合数据的部分信息。常见的索引有几种组织模型，其中，B 树索引可以将键值映射到有序数组中的位置；Hash 索引将键值映射到无序数组中的位置。MongoDB 默认采用 B 树组织索引文件，在 MongoDB 2.4 版本后也允许建立 Hash 索引。

8.1.1　什么是索引

索引最常用的比喻就是书籍的目录，查询索引就像查询一本书的目录。本质上目录是由书中一小部分内容信息（比如题目）和内容的位置信息（页码）共同构成，而由于信息量小（只有题目），所以可以很快找到想要的信息片段，再根据页码找到相应的内容。同样索引也是只保留某个域的一部分信息（建立了索引的 field 的信息），以及对应的文档的位置信息。

假设有如表 8-1 所示的文档（每行的数据在 MongoDB 中是存在于一个文档当中）。

表 8-1　数据表

姓　　名	id	部　　门	city	score
张三	1	xxx	北京	70
李四	2	xxx	上海	80
王五	3	xxx	广州	90

如果我们想找 ID 为 2 的文档（即李四的记录），如果没有索引，我们就需要扫描整个数据表，然后找出所有为 2 的文档。当数据表中有大量文档时，这个时间就会非常长（从磁盘上查找数据还涉及大量的 IO 操作）。而建立索引后，MongoDB 会将 ID 拿出来建立索引数据，这样就可以通过扫描这个小表找到文档对应的位置。

8.1.2　索引的类型

MongoDB 中所有索引底层都使用相同的数据结构，但可以有很多不同的属性。尤其是唯一性索引、稀疏索引和多键索引，它们都很常用。

1. 唯一性索引

要创建唯一性索引，设置 unique 选项即可：

```
db.user.ensureIndex({username:1},{unique:true})
```

唯一性索引保证了集合中所有索引项的唯一性。如果要向本书实例应用程序的用户集合 users 插入一个文档，其中的用户名已经被索引过了，那么插入失败，抛出如下异常：

```
E11000 duplicate key error index:
gardening.users.$username_1 dup key:{:"kbanker"}
```

如果使用驱动，那么只有在使用驱动的安全模式执行插入时才能捕获该异常。如果集合上需要唯一性索引，通常在插入数据前先创建索引比较好。提前创建索引，能在一开始就保证唯一性约束。在已经包含数据的集合上创建唯一性索引时，会有失败的风险，因为集合里可能已经存在重复的键了。存在重复键时，创建索引会失败。

如果需要在一个已经建好的集合上创建唯一性索引，你有几个选择。首先是不停地重复创建唯一性索引，根据失败消息手工删除包含重复键的文档。如果数据不需要，还可以通过 dropDups 选项告诉数据库自动删除包含重复键的文档。举例来说，如果用户集合 users 里已经有数据了，而且你并不介意删除包含重复键的文档，可以像下面这样发起索引创建命令。

```
db.users.ensureIndex({username:1},{unique:true,dropDups:true})
```

请注意，要保留哪个重复键的文档是不确定的，因此在使用时要特别小心。

2. 稀疏索引

索引默认都是密集型的。也就是说，在一个有索引的集合里，每个文档都会有对应的索引项，哪怕文档中没有索引键也是如此。例如，回想一下电子商务数据模型里的产品集合，假设你在产品属性 category_ids

上构建一个索引，这些产品没有分配给任何分类，对于每个无分类的产品，category_ids 索引仍然会存在像这样的一个 null 项。可以这样查询 null 值：

```
db.products.find({category_ids:null})
```

在查询缺少分类的所有产品时，查询优化器仍然能使用 category_ids 上的索引定位对应产品。但是有两种情况使用密集型索引会不太方便。一种是希望在并非出现在集合所有文档内的字段上增加唯一性索引。举例来说，你明确希望在每个产品的 sku 字段上增加唯一性索引。但是出于某些原因假设产品在还未分配 sku 时就加入系统了。如果 sku 字段上有唯一性索引，而你希望插入多个没有 sku 的产品，那么第一次插入会成功，但后续插入都会失败，因为索引里已经存在一个 sku 为 null 的项了。这种情况下密集型索引并不适合，需要使用稀疏索引（sparse index）。

在稀疏索引里，只会出现被索引键有值的文档。如果想创建稀疏索引，指定 sparse:true 就可以了。例如，可以像下面这样在 sku 上创建一个唯一性稀疏索引：

```
db.products.ensureIndex({sku:1},{unique:true,sparse:true})
```

另一种适用稀疏索引的情况：集合中大量文档都不包含被索引键。例如，假设允许对电子商务网站进行匿名评论。这种情况下，半数评论都可能缺少 user_id 字段，假如那个字段上有索引，那么该索引中一般的项都会是 null。出于两个原因，这种情况的效率会很差。第一，这会增加索引的大小。第二，在添加或删除带 null 值的 user_id 字段的文档时也要求更新索引。创建索引，也可以使用 createIndex 指令。

如果很少（或不会）对匿名评论进行查询，那么可以选择在 user_id 上构建一个稀疏索引。这时 sparse 选项非常简单：

```
db.reviews.ensureIndex({user_id:1},{saprse:true})
```

现在就只有那些通过 user_id 字段关联了用户的评论才会被索引。

3. 多键索引

在之前的几章中，我们遇到过好多索引字段的值是数组的例子。这时多键索引（multikey index）让这些成为可能，它允许索引中多个条目指向相同的文档。举例说明，假设一个产品文档包含几个标签。

```
{
    name:"Wheelbarrow",
    tags:["tools","gardening","soil"]
}
```

如果在 tags 上创建索引，标签数组里的每个值都会出现在索引里。也就是说，对数组中任意值的查询都能用索引来定位文档。多键索引背后的理念是这样的：多个索引或键最终指向同一个文档。MongoDB 中的多键索引总是处于激活状态。被索引字段只要包含数组，每个数组值都会在索引里有自己的位置。合理使用索引是正确设置 MongoDB 设计模式时必不可少的。

4. 过期索引

在一段时间后会过期的索引，在索引过期后，相应的数据会被删除。过期索引适合存储在一段时间之后会失效的数据，比如用户的登录信息、存储的日志等。创建命令如下：

```
db.imooc_2.ensureIndex({time:1},{expireAfterSeconds:10})
```

创建过期索引，time 代表字段，expireAfterSeconds 表示在多少秒后过期，单位为秒。下面看一个例子：

```
db.imooc_2.ensureIndex({time:1},{expireAfterSeconds:30}) #time 索引 30s 后失效
db.imooc_2.insert({time:new Date()}) #new Date()自动获取当前时间,ISODate
```

```
db.imooc_2.find() #可看到刚才 insert 的值
```

当过 30s 后发现，刚才的数据已经不存在了。所以创建过期索引有以下一些限制：

（1）存储在过期索引字段的值必须是指定的时间类型，必须是 ISODate 或者 ISODate 数组，不能使用时间戳，否则不能自动删除。例如：>db.imooc_2.insert({time:1})，这种是不能被自动删除的。

（2）如果指定了 ISODate 数组，则按照最小的时间进行删除。

（3）过期索引不能是复合索引。因为不能指定两个过期时间。

（4）删除时间是不精确的。删除过程是由 MongoDB 的后台进程每 60s 跑一次的，而且删除也需要一定时间，所以存在误差。

5. 全文索引

对字符串与字符串数组创建全文可搜索的索引，不适用全文索引：查找困难，效率低下，需要正则匹配，逐条扫描。

使用全文索引：简单查询即可查询需要的结果。

可以通过以下方式来创建全文索引：

```
db.articles.ensureIndex({key:"text"}) #key-字段名,value-固定字符串 text
上述指令表示,在 articles 这个集合的 key 字段上创建了一个全文索引
db.articles.ensureIndex({key1:"text",key2:"text"}) #在多个字段上创建全文索引
对于 NoSQL 数据库,每个记录存储的 key 可能都是不同的,如果要在所有的 key 上建立全文索引,一个一个写很麻烦,
MongoDB 可以通过下面指令完成:
db.articles.ensureIndex({"$**":"text"}) #给所有字段建立全文索引
```

在全文索引中也可以进行相似度查询，MongoDB 中可以使用$meta 操作符完成，格式如下：

```
{score:{$meta: "textScore"}}
```

在全文搜索的格式中加入这样一个条件，格式如下：

```
db.imooc_2.find({$text:{$search:"aa bb"}},{score:{$meta:"textScore"}})
```

搜索出的结果会多出一个 score 字段，这个得分越高，相关度越高。

还可以通过添加.sort 方法对查询出的结果根据得分进行排序，格式如下：

```
db.imooc_2.find({$text:{$search:"aabb"}},{score:{$meta:"textScore"}}).sort({score:{$meta:"te
xtScore"}})
```

6. 地理位置索引

将一些点的位置存储在 MongoDB 中，创建索引后，可以按照位置来查找其他点。地理位置索引分为两类：

1）2D 索引，用于存储和查找平面上的点。例如：查找距离某个点一定距离内的点。

使用 db.collection.ensureIndex({w:"2d"})命令来创建 2D 地理位置索引，使用 db.collection.insert({w: [180,90]})命令来表示 2D 地理位置索引的取值范围以及表示方法，它的经纬度取值范围为经度[-180,180]，纬度[-90,90]。

2D 地理位置有两种查询方法：

使用$near 查询距离某个点最近的点，默认返回最近的 100 个点，命令格式如下：

```
db.collection.find({w:{$near:[x,y]}})
```

还可以使用$maxDistance:x 限制返回的最远距离，命令格式如下：

```
db.collection.find({w:{$near:[x,y],$maxDistance:z}})
```

当要查询某个形状内的点时，可以使用$geoWithin，它有以下的表达方式：

（1）$box 矩形，使用{$box:[[x1,y1],[x2,y2]]}。

（2）$center 圆形，使用{$center:[[x,y],r]}。

（3）$polygon 多边形，使用{$polygon:[[x1,y1],[x2,y2],[x3,y3]]}。

所以在 MongoDB 中可以使用 geoWithin 查询，代码如下：

```
查询矩形中的点
db.collection.find({w:{$geoWithin:{$box:[[0,0],[3,3]]}}})
查询圆中的点
db.collection.find({w:{$geoWithin:{$center:[[0,0],5]}}})
查询多边形中的点
db.collection.find({w:{$geoWithin:{$polygon:[[0,0],[0,1],[2,5],[6,1]]}}})
```

2）2Dsphere 索引，用于存储和查找球面上的点。例如：查找包含在某区域内的点。

2Dsphere 位置表示方式：

GeoJSON：描述一个点、一条直线、多边形等形状。

它使用{type:",coordinates:[list]}格式来查询，GeoJSON 查询可支持多边形交叉点等，支持 MaxDistance 和 MinDistance。

8.1.3　索引的属性

索引主要有以下几个属性：

（1）unique：这个非常常用，用于限制索引的 field 是否具有唯一性属性，即保证该字段的值唯一。

（2）partial：很有用，在索引的时候只针对符合特定条件的文档来建立索引，代码如下：

```
db.restaurants.createIndex(
{ cuisine: 1, name: 1 },
{ partialFilterExpression: { rating: { $gt: 5 } } } //只有当 rating 大于 5 时才会建立索引
)
```

这样做的好处是，可以只为部分数据建立索引，从而可以减少索引数据的量，除节省空间外，其检索性能也会因为较少的数据量而得到提升。

（3）sparse：可以认为是 partial 索引的一种特殊情况，由于 MongoDB 3.2 版本之后已经支持 partial 属性，所以建议直接使用 partial 属性。

（4）TTL：可以用于设定文档有效期，有效期到自动删除对应的文档。

8.2　索引的创建与删除

MongoDB 索引是在集合上创建的，通过 ensureIndex 方法可以方便地设置索引。MongoDB 集合可以创建多个索引。恰当的索引可以显著提高查询效率，但是当数据发生变动时，不仅需要修改更新文档，还要更新集合上的索引，这无疑会导致写操作要花费更多的时间。因此，MongoDB 限制每个集合最多可以有64 个索引，当然，只要设计合理，这个上限也是足够的。

大多数时候，你会在把应用程序正式投入使用之前添加索引，这允许随着数据的插入增量地构建索引。

但在两种情况下，你可能会选择相反的过程。第一种情况是在切换到生产环境之前需要导入大量数据。举例来说，你想将应用程序迁移到 MongoDB，需要从数据仓库导入用户信息。你可以事先在用户数据上创建索引，但在数据导入之后再创建索引能从一开始就保证理想的平衡性和密集的索引，也能将构建索引的净时间降到最低。

第二种情况发生在为新查询进行优化的时候。无论为什么要创建新索引，这个过程都很难让人愉快起来。对于大数据集，构建索引可能要花好几个小时，甚至好几天，但你可以从 MongoDB 的日志里监控索引的构建过程，下面来看一个例子，先声明要构建的索引：

```
db.values.ensureIndex({open:1,close:1})
```

索引的构建分为两步。

第一步，对要索引的值排序，经过排序的数据集在插入到 B 树时会更高效。注意，排序的进度会以已排序文档数和总文档数的比率来进行展示。

第二步，排序后的值被插入索引中，进度显示方式与第一步相同，完成之后，完成索引构建所用的时间会显示出来，作为最终耗时。

除了查询 MongoDB 的日志，还可以通过 db.currentOp()方法检查构建索引的进度。msg 字段描述了构建进度，还要注意 lockType，它说明索引构建用了写锁，也就是说其他客户端此时无法读写数据库。如发生在生产环境，这无疑是很糟糕的，这也是长时间索引构建让人抓狂的原因。接下来看两个可行的解决方案：

（1）后台索引：如果是生产环境，经不住这样暂停数据库访问的情况，可以指定在后台构建索引。虽然索引仍然会占用写锁，但构建任务会停下来允许其他写操作访问数据库。如果应用程序大量使用MongoDB，后台索引会降低性能，但在某些情况下这是可接受的。构建后台索引，申明索引时指定background:true，代码如下：

```
db.values.ensureIndex({open:1,close:1},{background:true})
```

（2）离线索引：如果生产数据集太大，无法在几个小时内完成索引，这时就需要其他方案了。通常这会涉及让一个副本节点下线，在该节点上构建索引，随后让其上的数据与主节点同步。一旦完成数据同步，将该节点提升为主节点，再让另一个从节点下线，构建它自己的索引。该策略假设你的操作日志足够大，能避免离线节点的数据在索引构建过程中变得过旧。

当你想要删除索引时，可以使用数据库命令 deleteIndexes 删除索引，和创建索引一样，删除索引也有辅助方法可用，如果希望直接运行该方法，也没有问题。该命令接受一个文档作为参数，其中包含集合名称。要删除的索引名称或者用*来删除所有索引。代码如下：

```
db.runCommand({deleteIndexes:"user",index:"email_1"})
```

同样也可以使用 dropIndex()方法删除索引。但是要注意必须提供定义的索引名称，格式如下：

```
db.user.dropIndex("email_1")
```

8.3　优化 MongoDB 复合索引

对于一个 MongoDB 的复杂查询，如何才能创建最好的索引？在本节中将展现给读请求定制的索引优化方法，这种方法会考虑读请求中的比较、排序以及范围过滤运算，并展示符合索引中字段顺序的最优解。将通过研究 explain()命令的输出结果来分析索引的优劣，并学习 MongoDB 的索引优化器是如何选择一个索引的。

8.3.1 构建 MongoDB 使用场景

假设现在要基于 MongoDB 做一个类似于 Disqus 的评论系统（Disqus 实际是基于 PG 数据库的，但是可以假设它是基于 MongoDB 的）。如果评论数有数百万，下面的代码段展示出其中的四条。每一条有一个 timestamp、一个 rating 字段（关于评论品质的打分）和 anonymous 字段（表示是否匿名评论，bool 类型）。

```
db.comments.insert({ timestamp:1,anonymous:false,rating:3})
db.comments.insert({ timestamp:2,anonymous:false,rating:5})
db.comments.insert({ timestamp:3,anonymous:false,rating:1})
db.comments.insert({ timestamp:4,anonymous:false,rating:2})
```

现在，想要查询非匿名评论中，timestamp 在[2,4]之间的评论，返回结果按照 rating 排序。可以通过 MongoDB 的 explain()命令选择最合适的索引。

8.3.2 范围查询

首先，构建一个简单的范围查询，查询 timestamp 在[2,4]之间的记录。代码如下：

```
db.comments.find({timestamp:{$gte:2,$lte:4}})
```

很明显，有三条满足条件的记录，通过 explain()，可以看到 MongoDB 是如何找到这三条记录的：

```
>db.comments.find({timestamp:{$gte:2,$lte:4}}).explain()
{
    "cursor":"BasicCursor",
    "n":3,
    "nscannedObjects":4,
    "nscanned":4,
    "scanAndOrder":false
}
```

如何解读 explain()的结果呢，首先看游标类型，BasicCursor 是一个需要警惕的标识，BasicCursor 意味着 MongoDB 必须要做全表扫描，如果记录数量在百万级别，全表扫描肯定是太慢了，因此给 timestamp 字段增加一个索引，如下：

```
> db.comments.createIndex( { timestamp: 1 } )
```

加完索引后，再执行一下 explain()，输出结果如下所示：

```
>db.comments.find({timestamp:{$gte:2,$lte:4}}).explain()
{
    "cursor":"BtreeCursor timestamp_1",
    "n":3,
    "nscannedObjects":3,
    "nscanned":3,
    "scanAndOrder":false
}
```

现在，游标类型是基于我刚加的索引的 Btree Cursor 游标类型，nscanned 从 4 变成了 3，这是因为 MongoDB 通过索引直接定位到了需要访问的记录，跳过了 timestamp 不满足条件的记录，如图 8-1 所示。

对于定义了索引的查询：nscanned 体现了 MongoDB 扫描字段索引的条数，而 nscannedObjects 则为最终结果中查询过的文档数目。n 则表示返回文档的数目。nscannedObjects 至少包含了所有的返回文档，即使 MongoDB 明确了可以通过查看绝对匹配文件的索引。因此可以得出 nscanned >= nscannedObjects >=n。对于简单查询你可能期望 3 个数字是相等的。这意味着你做出了 MongoDB 使用的完美索引。

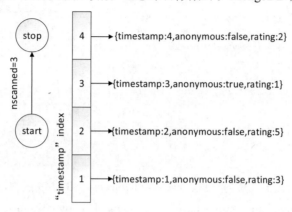

图 8-1　示意图 1

8.3.3　范围查询结合等式查询

然而什么情况下 nscanned 会大于 n？很显然当 MongoDB 需要检验一些指向不匹配查询的文档的字段索引时。举个例子，需要过滤出 anonymous = true 的文档，代码如下：

```
>db.comments.find(
{timestamp:{$gte:2,$lte:4},anonymous:false}
).explain()
{
    "cursor":"BtreeCursor timestamp_1",
    "n":2,
    "nscannedObjects":3,
    "nscanned":3,
    "scanAndOrder":false
}
```

从 explain()输出结果上来看：虽然 n 从 3 降到了 2，但是 nscanned 和 nscannedObjects 的值仍然为 3。MongoDB 检索 timestamp 索引的[2,4]区间，这个区间内的三条记录中，有两条非匿名的，还有一条匿名的。但是根据 timestamp 索引无法过滤掉非匿名的那条记录（timestamp 索引没覆盖 anonymous 字段），如图 8-2 所示。

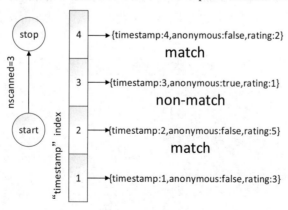

图 8-2　示意图 2

如何修改索引，才能使得 nscanned = nscannedObjects = n 呢？可以尝试把 anonymous 字段也加到 timestamp 索引里，构成一个复合索引。

```
>db.comments.createIndex({timestamp:1,anonymous:1})
>db.comments.find(
{timestamp:{$gte:2,$lte:4},anonymous:false}
).explain()
{
    "cursor":"BtreeCursor timestamp_1_anonymous_1",
    "n":2,
    "nscannedObjects":2,
    "nscanned":3,
    "scanAndOrder":false
}
```

我们发现，这个 explain 的结果会更好一些，nscannedObjects 从 3 变成了 2。但是 nscanned 还是 3。MongoDB 这次扫描了[(timestamp:2,anonymous:false), (timestamp:4,anonymous:false)]这个闭区间，其中包括（timestamp:3,anonymous:true）这条不满足查询条件的索引，当 MongoDB 扫描到这条不满足条件的索引时，就跳过去了，不会去读这条索引对应的一整行数据。因此，nscannedObjects 就少了 1，只有 2，如图 8-3 所示。

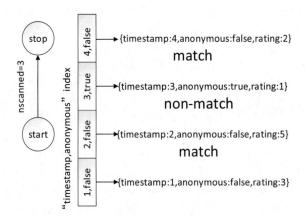

图 8-3　示意图 3

这个执行计划能不能进一步优化呢？nscanned 能不能降低到 2？聪明的读者可能猜到了，如果把复合索引的字段顺序颠倒一下，似乎就可以达到这个目标了。把索引顺序从"timestamp:1,anonymous:1"变成"anonymous:1,timestamp:1"。

```
>db.comments.createIndex({anonymous:1,timestamp:1})
>db.comments.find(
{timestamp:{$gte:2,$lte:4},anonymous:false}
).explain()
{
    "cursor":"BtreeCursor anonymous_1_timestamp_1",
    "n":2,
    "nscannedObjects":2,
    "nscanned":2,
    "scanAndOrder":false
}
```

与所有数据库一样，字段的顺序在 MongoDB 的复合索引中至关重要。如果索引以 anonymous 字段为前缀，MongoDB 可以直接跳到非匿名评论对应的记录。然后再执行 timestamp 在[2,4]内的范围扫描，如图 8-4 所示。

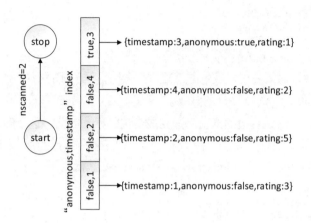

图 8-4　示意图 4

通过上面的讨论，我给出创建索引的启发式规则：等式过滤先于范围过滤。

让我们考虑下，将 anonymous 字段放入索引中是否值得。在一个每天有百万条记录和数十亿次查询的系统中，降低 nscanned 可以显著提高吞吐。此外，如果索引中的匿名记录部分很少被用到，它就可以从内存中置换到硬盘上，从而为更热点的索引让出内存空间。然而从反面来说，一个包含两个字段的索引会比只包含一个字段的索引占用更多的内存。查询效率的优势可能会被内存消耗的劣势所抵消。大多数情况下，如果匿名记录占所有记录中很大的比例，那么将 anonymous 字段放入索引中，就是值得的。

8.3.4　MongoDB 如何选择一个索引

在先前的例子中，我们先后创建了 timestamp 索引，timestamp,anonymous 索引和 anonymous,timestamp 索引。MongoDB 是如何在多个索引中选择最合适的那个呢？

MongoDB 的查询优化器在选择索引时，会有两个阶段，首先，它检查已有的索引中是否有该查询的"最优索引"，其次，如果它发现没有最优索引存在时，它会进行一个试验来判断哪个索引表现最好。对于模式类似的查询，查询优化器会缓存它的选择，直到有索引被删除或创建，或者有 1000 条记录被插入或更改。

对于某个查询模式，查询优化器如何评估某个索引是最优的？最优索引必须包含查询的所有过滤字段和排序字段。另外，所有的范围过滤字段或排序字段必须跟在等式过滤字段后面。如果有多个满足条件的索引，MongoDB 会选择任意一个。在我的例子中，anonymous,timestamp 索引显然是满足"最优索引"的苛刻条件的。

上面只解释了，针对某个查询模式，怎样的索引是最优索引。可是，如果没有任何索引是最优索引呢，MongoDB 会如何处理？在这种情况下，MongoDB 会取出所有和查询模式相关的索引。然后对这些索引相互比较，看哪个索引能够最快跑完查询，或者能够找出最多的返回结果。

还是先前的查询模式：

```
db.comments.find({ timestamp: { $gte: 2, $lte: 4 }, anonymous: false })
```

表上的三个索引都和查询相关，MongoDB 把这三个索引都列出来，对这三个索引进行迭代。

第一次迭代，索引都返回了：

```
{ timestamp: 2, anonymous: false, rating: 5 }
```

第二次迭代，左边和中间的索引返回了：

```
{ timestamp: 3, anonymous:  true, rating: 1 }
```

这条记录不满足查询条件，而最右边，我们的"冠军"索引，返回了：

```
{ timestamp: 4, anonymous: false, rating: 2 }
```

这条记录满足查询条件，此时，右边的索引率先完成查询过程，因此，这个索引在查询优化器的比较中胜出，被缓存起来，直到下一次比较。

简而言之，如果有多个可用的索引，MongoDB 选择 nscanned 最低的那个。

8.3.5　等式查询，范围查询和排序

现在，对于查询某一段时间内的非匿名记录，有了最优索引。最后，要将结果集按照 rating 字段由高到低进行排序后返回。

```
>db.comments.find(
{timestamp:{$gte:2,$lte:4},anonymous:false}
).sort({rating:-1}).explain()
{
    "cursor":"BtreeCursor anonymous_1_timestamp_1",
    "n":2,
    "nscannedObjects":2,
    "nscanned":2,
    "scanAndOrder":true
}
```

上面的查询计划和之前的类似，结果也令人满意，因为 nscanned = nscannedObjects = n。不过多出了一个 scanAndOrder 的字段，值为 true，这个字段表示 MongoDB 把扫描结果汇总在内存里进行排序后再返回。首先，这个行为会消耗服务端的内存和 CPU。其次，相比于将结果集流式批量返回，MongoDB 只是将排序后的结果一次性塞到网络缓冲区，使得服务器的内存消耗进一步增加。最后，MongoDB 的内存排序有 32MB 的大小限制。

如何才能避免 scanAndOrder？需要有一个索引，能让 MongoDB 快速定位到非匿名区，并以 rating 字段由大到小的顺序扫描该区。代码如下：

```
> db.comments.createIndex( { anonymous: 1, rating: 1 } )
```

MongoDB 并不会使用这个索引，因为这个索引无法在查询优化器的选择中胜出。因为它的 nscanned 不是最低的。查询优化器不管索引是否对排序有帮助。

所以需要使用 hint 来强制 MongoDB 的选择，代码如下：

```
>db.comments.find(
{timestamp:{$gte:2,$lte:4},anonymous:false}
).sort({rating:-1}
).hint({anonymous:1,rating:1}).explain()
```

```
{
    "cursor":"BtreeCursor anonymous_1_rating_1 reverse",
    "n":2,
    "nscannedObjects":3,
    "nscanned":3,
    "scanAndOrder":false
}
```

语句 hint 中存在的争议和 CreateIndex 是差不多的。现在 nscanned = 3，但是 scanAndOrder = false。MongoDB 将反过来查询 anonymous，rating 索引，获得拥有正确顺序的评论，然后再检查每个文件的 timestamp 是否在范围内，如图 8-5 所示。

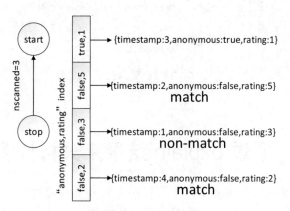

图 8-5　示意图 5

这也是优化器为什么不会选择这条索引而去执行拥有低 nscanned 但是完全在内存排序的旧 anonymous，timestamp 索引的原因。

以牺牲 nscanned 的代价解决了 scanAndOrder = true 的问题。既然 nscanned 已不可减少，那么是否可以减少 nscannedObjects？向索引中添加 timestamp，这样一来 MongoDB 就不用去从每个文件中获取了，代码如下：

```
> db.comments.createIndex( { anonymous: 1, rating: 1, timestamp: 1 } )
```

同样优化器不会赞成这条索引，必须 hint 它，代码如下：

```
>db.comments.find(
{timestamp:{$gte:2,$lte:4},anonymous:false}
).sort({rating:-1}
).hint({anonymous:1,rating:1,timestamp:1}).explain()
{
"cursor":"B 树 Cursor anonymous_1_rating_1_timestamp_1 reverse",
"n":2,
"nscannedObjects":2,
"nscanned":3,
"scanAndOrder":false,
}
```

结果符合预期，MongoDB 扫描 anonymous、rating 和 timestamp 索引，扫描顺序和排序顺序一致。nscannedObjects 从 3 降到了 2，因为 MongoDB 可以从索引中判断 timestamp 是否满足条件，不需要读取整行数据，如图 8-6 所示。

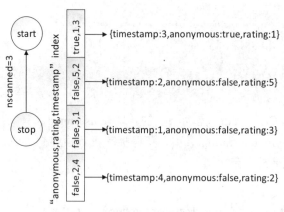

图 8-6　示意图 6

如果 timestamp 字段会被作为查询的范围过滤字段，那么把它加到索引里就是有价值的，否则只会额外增加索引的大小。

8.4　通过 explain 结果来分析性能

我们往往会通过打点数据来分析业务的性能瓶颈，这时，会发现很多瓶颈都是出现在数据库相关的操作上，这是由于数据库的查询和存取都涉及大量的 IO 操作导致的，而且有时由于使用不当，会导致 IO 操作的大幅度增长，从而导致了性能问题。而 MongoDB 提供了一个 explain 工具用于分析数据库的操作。举个例子来做说明：

假设在 inventory collection 中有如下文档：

```
db.inventory.insert({ "_id" : 1, "item" : "f1", type: "food", quantity: 500 })
db.inventory.insert({ "_id" : 2, "item" : "f2", type: "food", quantity: 100})
db.inventory.insert({ "_id" : 3, "item" : "p1", type: "paper", quantity: 200})
db.inventory.insert({ "_id" : 4, "item" : "p2", type: "paper", quantity: 150})
db.inventory.insert({"_id" : 5, "item" : "f3", type: "food", quantity: 300})
db.inventory.insert({"_id" : 6, "item" : "t1", type: "toys", quantity: 500})
db.inventory.insert({"_id" : 7, "item" : "a1", type: "apparel", quantity: 250})
db.inventory.insert({"_id" : 8, "item" : "a2", type: "apparel", quantity: 400})
db.inventory.insert({"_id" : 9, "item" : "t2", type: "toys", quantity: 50})
db.inventory.insert({ "_id" : 10, "item" : "f4", type: "food", quantity: 75 })
```

假设此时没有建立索引，做如下查询：

```
db.inventory.find( { quantity: { $gte: 100, $lte: 200 } } )
```

返回结果如下：

```
{ "_id" : 2, "item" : "f2", "type" : "food", "quantity" : 100 }
{ "_id" : 3, "item" : "p1", "type" : "paper", "quantity" : 200 }
{ "_id" : 4, "item" : "p2", "type" : "paper", "quantity" : 150 }
```

这个时候可以通过 explain 来分析整个查询的过程：

explain 有三种模式：queryPlanner、executionStats 和 allPlansExecution。其中最常用的就是第二种 executionStats，它会返回具体执行时的统计数据。代码如下：

```
db.inventory.find(
{ quantity: { $gte: 100, $lte: 200 } }
).explain("executionStats")
```

explain 的结果如下：

```
{
    "queryPlanner" : {
        "plannerVersion" : 1,
        ...
        "winningPlan" : {
            "stage" : "COLLSCAN",
            ...
        }
    },
    "executionStats" : {
        "executionSuccess" : true,
        "nReturned" : 3,                 #查询返回的文档数量
        "executionTimeMillis" : 25,      #执行查询所用的时间
        "totalKeysExamined" : 0,         #总共查询了多少个关键字，由于没有使用索引，因此这里为 0
        "totalDocsExamined" : 10,        #总共在磁盘查询了多少个文档，由于是全表扫描，我们总共有 10 个
                                         #documents，因此，这里为 10
        "executionStages" : {
            "stage" : "COLLSCAN",        #注意这里，COLLSCAN 意味着全表扫描
            ...
        },
        ...
    },
    ...
}
```

上面的结果中有一个 stage 字段，上例中 stage 为 COLLSCAN，而 MongoDB 总共有如下 5 种 stage：

（1）COLLSCAN – Collection scan。

（2）IXSCAN – Scan of data in index keys。

（3）FETCH – Retrieving documents。

（4）SHARD_MERGE – Merging results from shards。

（5）SORT – Explicit sort rather than using index order。

接着来创建一个索引，代码如下：

```
db.inventory.createIndex( { quantity: 1 } )
```

然后再来查询 explain 的结果：

```
db.inventory.find(
{ quantity: { $gte: 100, $lte: 200 } }
).explain("executionStats")
```

输出结果如下所示：

```
{
    "queryPlanner" : {
        "plannerVersion" : 1,
        ...
        "winningPlan" : {
            "stage" : "FETCH",
```

```
            "inputStage" : {
                "stage" : "IXSCAN",  #这里 IXSCAN 意味着索引扫描
                "keyPattern" : {
                    "quantity" : 1
                },
                ...
            }
        },
        "rejectedPlans" : [ ]
    },
    "executionStats" : {
        "executionSuccess" : true,
        "nReturned" : 3,
        "executionTimeMillis" : 65,
        "totalKeysExamined" : 3,
        "totalDocsExamined" : 3, #这里 nReturned、totalKeysExamined 和 totalDocsExamined 相等说明索
                                 #引没有问题，因为我们通过索引快速查找到了三个文档，且从磁盘上也是去取这三
                                 #个文档，并返回三个文档

        "executionStages" : {
            ...
        },
        ...
    },
    ...
}
```

然后再来看看如何通过 explain 来比较复合索引的性能，之前在介绍复合索引时已经说过 field 的顺序会影响查询的效率。有时这种顺序并不太好确定（比如字段的值都不是唯一的），那么怎么判断哪种顺序的复合索引的效率高呢，这就需要 explain 结合 hint 来进行分析。

假如要做一个查询，代码如下：

```
db.inventory.find( {
    quantity: {
        $gte: 100, $lte: 300
    },
    type: "food"
} )
```

它会返回如下的文档：

```
{ "_id" : 2, "item" : "f2", "type" : "food", "quantity" : 100 }
{ "_id" : 5, "item" : "f3", "type" : "food", "quantity" : 300 }
```

接着来比较下面两种复合索引：

```
db.inventory.createIndex( { quantity: 1, type: 1 } )
db.inventory.createIndex( { type: 1, quantity: 1 } )
```

然后分析索引{ quantity: 1, type: 1 }的情况：

```
#结合 hint 和 explain 来进行分析
db.inventory.find(
{ quantity: { $gte: 100, $lte: 300 }, type: "food" }
).hint({ quantity: 1, type: 1 }).explain("executionStats") #这里使用 hint 会强制数据库使用索引
{ quantity: 1, type: 1 }
```

输入 explain 结果如下：

```
{
```

```
    "queryPlanner" : {
        ...
        "winningPlan" : {
            "stage" : "FETCH",
            "inputStage" : {
                "stage" : "IXSCAN",
                "keyPattern" : {
                    "quantity" : 1,
                    "type" : 1
                },
                ...
            }
        }
    },
    "rejectedPlans" : [ ]
    },
    "executionStats" : {
        "executionSuccess" : true,
        "nReturned" : 2,
        "executionTimeMillis" : 14,
        "totalKeysExamined" : 6,    #这里是6，与totalDocsExamined、nReturned都不相等
        "totalDocsExamined" : 2,
        "executionStages" : {
            ...
        }
    },
    ...
}
```

再来看下索引 { type: 1, quantity: 1 } 的分析：

```
db.inventory.find(
{ quantity: { $gte: 100, $lte: 300 }, type: "food" }
).hint({ type: 1, quantity: 1 }).explain("executionStats")
```

结果如下：

```
{
    "queryPlanner" : {
        ...
        "winningPlan" : {
            "stage" : "FETCH",
            "inputStage" : {
                "stage" : "IXSCAN",
                "keyPattern" : {
                    "type" : 1,
                    "quantity" : 1
                },
                ...
            }
        },
        "rejectedPlans" : [ ]
    },
    "executionStats" : {
        "executionSuccess" : true,
        "nReturned" : 2,
        "executionTimeMillis" : 4,
```

```
            "totalKeysExamined" : 2, #这里是2,与totalDocsExamined、nReturned 相同
            "totalDocsExamined" : 2,
            "executionStages" : {
                ...
            }
        },
        ...
    }
```

可以看出后一种索引的 totalKeysExamined 返回是 2，相比前一种索引的 6，显然更有效率。

8.5 慢查询优化

熟悉 MySQL 的人应该知道，MySQL 是有慢查询日志的，它可以帮助我们优化 MySQL，并提高系统的稳定性和流畅性。那么 MongoDB 中是否也有类似的功能呢？是有的，它就是数据库性能分析器，我们可以通过设置 Database Profiler 来记录一些超过阈值的查询。然后我们后期可以通过这些记录进行优化查询。

MongoDB 的慢查询记录存储在 system.profile 里，默认情况下是关闭的，可以在数据库级别上或者节点级别上配置，如表 8-2 所示。

表 8-2 Profiling 级别说明表

状 态 码	描　　　述
0	关闭慢查询，默认情况下
1	超阈值的查询收集
2	为所有数据库开启慢查询记录，收集所有的数据

8.5.1　慢查询流程

慢查询日志一般作为优化步骤里的第一步。通过慢查询日志，定位每一条语句的查询时间。比如超过了 200ms，那么查询超过 200ms 的语句需要优化。然后它通过.explain()解析影响行数是不是过大，所以导致查询语句超过 200ms。

所以优化步骤一般如下：

（1）用慢查询日志（system.profile）找到超过 200ms 的语句。

（2）然后再通过.explain()解析影响行数，分析为什么超过 200ms。

（3）决定是不是需要添加索引。

8.5.2　慢查询的使用

很多情况下，DBA 都要对数据库的性能进行分析处理，找出降低性能的根源，而 MongoDB 就有一种分析工具来检测并追踪影响性能的慢查询---Profile。

可以通过两种方式来控制 Profiling 的开关和级别：

1）通过 MongoDB Shell 启用，可以直接通过 MongoDB Shell（cmd 中输入命令）输出以下命令：

```
#为所有数据库开启慢查询记录
db.setProfilingLevel(2)
#指定数据库,并指定阈值慢查询,超过20ms的查询被记录
use test
db.setProfilingLevel(1, { slowms: 20 })
#随机采集慢查询的百分比值,sampleRate值默认为1,表示都采集,0.42表示采集42%的内容
db.setProfilingLevel(1, { sampleRate: 0.42 })

#查询慢查询级别和其他信息
db.getProfilingStatus()
#仅返回慢查询级别
db.getProfilingLevel()
#禁用慢查询
db.setProfilingLevel(0)
```

2）通过配置文件启用

在 ini 配置文件 MongoDB.conf 添加以下参数，profile 参数是设置开启等级，slowms 参数是设置阈值：

```
profile = 1
slowms = 300
```

然后再配置 YAML 文件，如下所示：

```
operationProfiling:
mode: <string>            #默认为off,可选值off、slowOp(对应上面的等级1)、all(对应上面的等级2)
slowOpThresholdMs: <int>  #阈值,默认值为100,单位ms
slowOpSampleRate: <double>#随机采集慢查询的百分比值,sampleRate值默认为1,表示都采集,0.42表示采集
                          #42%的内容
```

启动慢查询以后就可以使用慢日志（system.profile）查询一些简单的日志了。下面列举一些日常使用的例子：

（1）查询最近的 10 个慢查询日志：

```
db.system.profile.find().limit(10).sort( { ts : -1 } ).pretty()
```

（2）查询除命令类型为 command 的日志：

```
db.system.profile.find( { op: { $ne : 'command' } } ).pretty()
```

（3）查询返回特定集合：

```
db.system.profile.find( { ns : 'mydb.test' } ).pretty()
```

（4）查询返回大于 5ms 的操作：

```
db.system.profile.find({ millis : { $gt : 5 } } ).pretty()
```

（5）查询从一个特定的时间范围内返回信息：

```
db.system.profile.find(
    {
        ts : {
            $gt : new ISODate("2019-10-17T14:25:00Z"),
            $lt : new ISODate("2019-10-19T03:40:00Z")
        }
    }
).pretty()
```

（6）特定时间，限制用户，按照消耗时间排序：

```
db.system.profile.find(
    {
        ts : {
            $gt : newISODate("2019-10-17T14:30:00Z") ,
            $lt : newISODate("2019-10-17T14:40:00Z")
        }
    },
    { user : 0 }
).sort( { millis : -1 } )
```

8.6　填充因子

填充因子（padding factor）是 MongoDB 为文档的扩展而预留的增长空间，因为 MongoDB 的文档是以顺序表的方式存储的，每个文档之间会非常紧凑。

元素之间没有多余的可增长空间。当顺序表中的某个元素在增长，就会导致原来分配的空间不足，只能要求其向后移动。当修改元素移动后，后续插入的文档都会提供一定的填充因子，以便于文档的频繁修改，如果不再有文档因增大而移动，后续插入的文档的填充因子会依次减小，如图 8-7 所示。

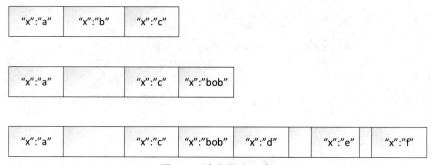

图 8-7　填充因子示意

所以说填充因子是非常重要的，因为文档的移动非常消耗性能，频繁移动会大大增加系统的负担，在实际开发中最有可能会让文档体积变大的因素是数组，所以如果我们的文档会频繁修改并增大空间，则一定要充分考虑填充因子。

当文档需要扩展时，可以通过两种方法来进行优化：

（1）如果文档的更新导致文档体积增长，如果增长的程度可以预知，那么可以为文档预留足够的增长空间，避免文档的位置移动，提高写入速度。在集合的属性中包含一个 usePowerOf2Sizes 属性，当这个选项为 true 时，系统会将后续插入的文档，初始空间都分配为 2 的幂数。

这种分配机制适用于一个数据会频繁变更的集合，它会给每个文档留有更大的空间，但因此空间的分配不会像原来那样高效，如果你的集合在更新时不会频繁出现移动现象，这种分配方式会导致写入速度相对变慢。

（2）可以利用数据强行将初始分配空间扩大。例如添加一个"垃圾"字段，如下面的文档：

```
{
    "_id":"ObjectId("XXX")",
    "bookname":"XXX",
```

```
    "tags":[]
}
```

带有子集的标签，但是初始时没有，以后会随着人们的添加越来越多，这样 tags 数组就会越来越大，对 tags 的大小如果有预估，比如不超过 100B，那么可以在每次插入新文档时，加入一个垃圾字段，字段名字可以随意，如：

```
{
    "_id":"ObjectId("XXX")",
    "bookname":"XXX",
    "tags":[],
    "garbage":"........................."+
    "............................."+
    "........................."
}
```

可以在第一次插入文档时这么做，也可以在 upsert 时使用 setOnInsert 创建这个字段。更新文档时，在插入 tags 数组时，同时用 setOnInsert 创建这个字段，还可以同时用 unset 移除 garbage 字段，代码如下：

```
> db.books.update({"_id":id},
    {$push:{"tags":{$each:["AA","BB","CC"]}}},
    {$unset:{"garbage":true}
)
```

如果 garbage 字段不存在，则 unset 操作符什么也不做。

如果一个字段需要增长，应该尽可能将这个字段放在文档的最后位置，如本例中的 tags 字段，放在 garbage 之前，这样可以稍微提高一点性能。因为如果 tags 字段发生了增长，MongoDB 不需要重写 tags 后边的字段。

8.7　数据库设计优化

在项目设计阶段，明确集合的用途是对性能优化非常重要的一步。

从性能优化的角度来看，对于集合的设计我们需要考虑的是集合中数据的常用操作，例如需要设计一个日志（log）集合，日志的查看频率不高，但写入频率却很高，那么就可以得到这个集合中常用的操作即更新（增删改）。

对于频繁更新和频繁查询的集合，最需要关注的重点是它们的范式化程度，假设现在需要存储一本图书及其作者，在 MongoDB 中的关联就可以体现为以下几种形式：

1. 完全分离（范式化设计）

```
View Code
{
    "_id" : ObjectId("5124b5d86041c7dca81917"),
    "title" : "如何使用 MongoDB",
    "author" : [
        ObjectId("144b5d83041c7dca84416"),
        ObjectId("144b5d83041c7dca84418"),
        ObjectId("144b5d83041c7dca84420"),
    ]
}
```

将作者（comment）的 ID 数组作为一个字段添加到图书中。这样的设计方式是在非关系型数据库中常用的，也就是所说的范式化设计。在 MongoDB 中将与主键没有直接关系的图书单独提取到另一个集合，用存储主键的方式进行关联查询。当要查询文章和评论时需要先查询到所需的文章，再从文章中获取评论 ID，最后获得完整的文章及其评论。在这种情况下查询性能显然是不理想的。但当某位作者的信息需要修改时，范式化的维护优势就凸显出来了，无须考虑此作者关联的图书，直接进行修改此作者的字段即可。

2. 完全内嵌（反范式化设计）

```
View Code
{
    "_id" : ObjectId("5124b5d86041c7dca81917"),
    "title" : "如何使用 MongoDB",
    "author" : [
        {
            "name" : "张三"
            "age" : 40,
            "nationality" : "china",
        },
        {
            "name" : "李四"
            "age" : 50,
            "nationality" : "china",
        },
        {
            "name" : "王五"
            "age" : 60,
            "nationality" : "china",
        },
    ]
}
```

在这个实例中，将作者的字段完全嵌入到图书中，在查询时直接查询图书即可获得所对应作者的全部信息，但因一个作者可能有多本著作，当修改某位作者的信息时，需要遍历所有图书以找到该作者，将其修改。

3. 部分内嵌（折中方案）

```
View Code
{
    "_id" : ObjectId("5124b5d86041c7dca81917"),
    "title" : "如何使用 MongoDB",
    "author" : [
        {
            "_id" : ObjectId("144b5d83041c7dca84416"),
            "name" : "张三"
        },
        {
            "_id" : ObjectId("144b5d83041c7dca84418"),
            "name" : "李四"
        },
        {
            "_id" : ObjectId("144b5d83041c7dca84420"),
```

```
            "name" : "王五"
        },
    ]
}
```

这次将作者字段中的最常用的一部分提取出来。当只需要获得图书和作者名时，无须再次进入作者集合进行查询，仅在图书集合查询即可获得。

这是一种相对折中的方式，既保证了查询效率，也保证了更新效率。但这样的方式显然要比前两种难以掌握，难点在于需要与实际业务进行结合来寻找合适的提取字段。如上述实例，名字显然不是一个经常修改的字段，这样的字段如果提取出来是没问题的，但如果提取出来的字段是一个经常修改的字段（比如 age）的话，我们依旧在更新这个字段时需要大范围寻找并依次进行更新。

在上面三个实例中，第一个实例的更新效率是最高的，但查询效率是最低的，而第二个实例的查询效率最高，但更新效率最低。所以在实际的工作中需要根据自己实际的需要来设计表中的字段，以获得最高的效率。

8.8　就业面试技巧与解析

学完本章内容，可以了解到如何改善服务器上运行的查询性能或者优化数据，同时也学习了如何分析 MongoDB 实例以确定其中是否存在性能不佳的查询。下面会对面试过程中出现的问题进行解析，更好帮助读者学习本章内容。

8.8.1　面试技巧与解析（一）

面试官：怎么样做 MongoDB 查询优化？

应聘者：

步骤 1：找出慢速查询。

（1）开启内置的查询分析器，记录读写操作效率：

db.setProfilingLevel(n,{m})，n 的取值可选 0，1，2。

0 是默认值，表示不记录。

1 表示记录慢速操作，如果值为 1，m 必须赋值单位为 ms，用于定义慢速查询时间的阈值。

2 表示记录所有的读写操作。

例如：db.setProfilingLevel(1,300)。

（2）查询监控结果。

监控结果保存在一个特殊的盖子集合 system.profile 里，这个集合分配了 128KB 的空间，要确保监控分析数据不会消耗太多的系统性资源。盖子集合维护了自然的插入顺序，可以使用 $natural 操作符进行排序，如：db.system.profile.find().sort({'$natural':-1}).limit(5)。

步骤 2：分析慢速查询。

找出慢速查询的原因比较棘手，原因可能有多个：应用程序设计不合理、不正确的数据模型、硬件配置问题、缺少索引等。

接下来对于缺少索引的情况进行分析：使用 explain 分析慢速查询。

例如：db.orders.find({'price':{'$lt':2000}}).explain('executionStats')

explain 的入参可选值为：

queryPlanner 是默认值，表示仅仅展示执行计划信息。

executionStats 表示展示执行计划信息同时展示被选中的执行计划的执行情况信息。

allPlansExecution 表示展示执行计划信息，并展示被选中的执行计划的执行情况信息，还展示备选的执行计划的执行情况信息。

步骤 3：解读 explain 结果。

queryPlanner（执行计划描述）。

winningPlan（被选中的执行计划）。

stage（可选项：COLLSCAN 没有走索引；IXSCAN 使用了索引）。

rejectedPlans（候选的执行计划）。

executionStats（执行情况描述）。

nReturned（返回的文档个数）。

executionTimeMillis（执行时间 ms）。

totalKeysExamined（检查的索引键值个数）。

totalDocsExamined（检查的文档个数）。

8.8.2　面试技巧与解析（二）

面试官：MongoDB 的索引注意事项有哪些？

应聘者：

1）索引很有用，但是它也是有成本的——它占内存，让写入变慢。

2）MongoDB 通常在一次查询里使用一个索引，所以多个字段的查询或者排序需要复合索引才能更加高效。

3）复合索引的顺序非常重要。

4）在生成环境构建索引往往开销很大，时间也不可以接受，在数据量庞大之前尽量进行查询优化和构建索引。

5）避免昂贵的查询，使用查询分析器记录那些开销很大的查询便于问题排查。

6）通过减少扫描文档数量来优化查询，使用 explain 对开销大的查询进行分析并优化。

7）索引是用来查询小范围数据的，不适合使用索引的情况：

（1）每次查询都需要返回大部分数据的文档，避免使用索引。

（2）写比读多。

第 9 章

MongoDB 的性能——复制

 **本章概述**

本章主要讲解了 MongoDB 的复制，其中包括 MongoDB 支持实时或准实时的方式，将数据内容复制到另一台服务器等内容。通过本章内容的学习，读者可以学习到 MongoDB 的复制特征以及如何实现复制集的同步。

本章要点

- 复制的节点
- 副本集的配置
- 副本集的数据同步
- oplog 日志的介绍
- oplog 的应用

9.1 复制概览

近年来，随着大数据越来越火，非关系型数据库的重要性被越来越多的人所认知，越来越多的开发者逐渐加入到 NoSQL 的阵营中。我们知道 NoSQL 是 Not Only SQL 的意思，既然如此，很多关系型数据库所支持的特性在非关系型数据中也是同样适用，比如复制集。

MongoDB 是支持数据复制的，它在复制集方面的优势与其他数据复制集一样，它通过将数据部署在多个不同的服务器上，防止因单机故障而造成数据的丢失，借助数据冗余来提高数据的可靠性和安全性。而且还可以通过复制技术构建分布式数据库，提高系统的访问性能和安全性能。

MongoDB 的复制集模式是主从复制。在所有的数据库服务的机器中，只有一台机器担当 Primary 角色，其余的机器均是 Secondaries。担当 Primary 角色的机器接收所有来自客户端的写操作请求，并完成该操作，从而保证了数据的一致性。担当 Primary 角色的机器还能够把来自客户端的读操作分配给其他机器，减轻主数据库服务器的压力。

9.1.1　复制的基本架构

复制的基本架构由 3 台服务器组成，一个三成员的复制集，三个有数据或者两个有数据、一个作为仲裁者。

1. 三个存储数据的复制集

具有三个存储数据的成员的复制集由一个主库和两个从库组成，主库宕机时，这两个从库都可以被选为主库。当主库宕机后，两个从库都会进行竞选，其中一个变为主库，当原主库恢复后，作为从库加入当前的复制集群即可。

2. 当存在 arbiter 节点

在三个成员的复制集中，有两个正常的主从及一台 arbiter 节点：一个主库一个从库，可以在选举中成为主库，一个 arbiter 节点，在选举中，只进行投票，不能成为主库。

注意：由于 arbiter 节点没有复制数据，因此这个架构中仅提供一个完整的数据副本。arbiter 节点只需要更少的资源，代价是更有限的冗余和容错。

当主库宕机时，将会选择从库成为主库，主库修复后，将其加入到现有的复制集群中即可。

3. Primary 选举

复制集通过 replSetInitiate 命令（或 Mongo shell 的 rs.initiate()）进行初始化，初始化后各个成员间开始发送心跳消息，并发起 Primary 选举操作，获得 "大多数" 成员投票支持的节点，会成为 Primary，其余节点成为 Secondary。

"大多数" 的定义：假设复制集内投票成员（后续介绍）数量为 N，则大多数为 N/2 + 1，当复制集内存活成员数量不足大多数时，整个复制集将无法选举出 Primary，复制集将无法提供写服务，处于只读状态。

9.1.2　复制集简介

MongoDB 复制集由一组 MongoDB 实例（进程）组成，包含一个 Primary 节点和多个 Secondary 节点，MongoDB Driver（客户端）的所有数据都写入 Primary，Secondary 从 Primary 同步写入数据，以保持复制集内所有成员存储相同的数据集，提供数据的高可用。

下面给大家介绍的是 Primary 与 Secondary 数据同步的内部原理，图 9-1 是一个典型的 MongoDB 复制集，包含一个 Primary 节点和两个 Secondary 节点。

图 9-1　MongoDB 复制集

MongoDB 复制集具有以下四个特点：

（1）主节点是唯一的，但不是固定的。整个复制集中只有一个主节点，其余为从节点或选举节点，但是因为 MongoDB 具有自动容灾的功能，所以当唯一的主节点发生宕机时会从 Priority 参数大于 0 的从节点当中选举一个为主节点，所以说主节点是唯一的，但不是固定的。

（2）由大多数原则保证数据的一致性。即 MongoDB 复制集内投票成员（参数 Vote 不为 0 的其他成员具有选举权，在 2.6 版本后不能设置 Vote 大于 1，即只能投票一次）数量为 N，则大多数为 N/2 + 1，当复制集内存活成员数量不足大多数时，整个复制集将无法选举出 Primary，复制集将无法提供写服务，处于只读状态。通常建议将复制集成员数量设置为奇数。

（3）从库无法写入。MongoDB 复制集中只有主节点可以 Write，主节点和从节点可以 Read。

（4）相对于传统的主从结构，复制集可以自动容灾。即当某个主节点宕机后会自动从 Priority 大于 0 的从节点中选举出一个作为新的主节点，而某个从节点宕机后能继续正常工作。

9.1.3　复制的节点介绍

MongoDB 按功能可分为主节点、从节点（隐藏节点、延时节点、"投票"节点）和选举节点，如表 9-1 所示。

表 9-1　MongoDB 节点

节 点 名	说 明
主节点（Primary）	可以提供 Write/Read 的节点，整个复制集中只有一个主节点
隐藏节点（Hidden）	提供 Read 并对程序不可见的节点
延时节点（Delayed）	提供 Read 并能够延时复制的节点
"投票"节点（Priority）	提供 Read 并具有投票权的节点
选举节点（Arbiter）	Arbiter 节点，无数据，仅作选举和充当复制集成员。又称为投票节点

（1）Primary 节点：前面我们已经介绍过，这里不再重复。

（2）Secondary 节点：正常情况下，复制集的 Secondary 会参与 Primary 选举（自身也可能会被选为 Primary），并从 Primary 同步最新写入的数据，以保证与 Primary 存储相同的数据。Secondary 可以提供读服务，增加 Secondary 节点可以提供复制集的读服务能力，同时提升复制集的可用性。另外，MongoDB 支持对复制集的 Secondary 节点进行灵活配置，以适应多种场景的需求。

（3）Arbiter 节点：Arbiter 节点只参与投票，不能被选为 Primary，并且不从 Primary 同步数据。比如你部署了一个两个节点的复制集，一个 Primary，一个 Secondary，任意节点宕机，复制集将不能提供服务了（无法选出 Primary），这时可以给复制集添加一个 Arbiter 节点，即使有节点宕机，仍能选出 Primary。Arbiter 本身不存储数据，是非常轻量级的服务，当复制集成员为偶数时，最好加入一个 Arbiter 节点，以提升复制集可用性。

（4）Priority 节点：默认为 1，Priority 参数设置范围在 0～1000 的整数值。Priority0 节点的选举优先级为 0，永远不会被选举为 Primary。

（5）Vote 节点：Vote 参数的值默认为 1，Vote 参数的值在 2.6 版本后只能设置为 0 或 1。MongoDB 3.0 里，复制集成员最多 50 个，参与 Primary 选举投票的成员最多 7 个，其他成员的 Vote 属性必须设置为 0，即不参与投票。Vote 设置为 0 时永远没有投票权。

（6）Hidden 节点：Hidden 节点不能被选为主节点（因为 Priority 为 0），并且对 Driver 不可见。因 Hidden 节点不会接受 Driver 的请求，可使用 Hidden 节点做一些数据备份、离线计算的任务，不会影响复制集的服务。

（7）Delayed 节点：Delayed 的配置受到 oplog 的影响。Delayed 节点必须是 Hidden 节点，并且其数据落后于 Primary 一段时间（可配置，比如 1 小时）。因 Delayed 节点的数据比 Primary 落后一段时间，当错误或者无效的数据写入 Primary 时，可通过 Delayed 节点的数据来恢复到之前的时间点。

9.1.4　复制的限制

MongoDB 是个非常棒的解决方案，不过困扰我们的是很少有人了解过关于它的一些限制。这样的事情正在不断上演：人们看到 MongoDB 的限制，心里却认为这些是它的 Bug。

下面列举了一些 MongoDB 的限制，如果你也打算使用 MongoDB，那么至少要提前了解这些限制，以免遇到的时候措手不及。

1. 消耗磁盘空间

这是第一个限制：MongoDB 会消耗太多的磁盘空间。当然，这与它的编码方式有关，因为 MongoDB 会通过预分配大文件空间来避免磁盘碎片问题。它的工作方式是这样的：在创建数据库时，系统会创建一个名为[db name].0 的文件，当该文件有一半以上被使用时，系统会再次创建一个名为[db name].1 的文件，该文件的大小是方才的两倍。这个情况会持续不断发生，因此 256MB、512MB、1024MB、2048MB 大小的文件会被写到磁盘上。最后，再次创建文件时大小都将为 2048MB。如果存储空间是项目的一个限制，那么你必须要考虑这个情况。该问题有个商业解决方案，名字叫作 TokuMX，使用后存储消耗将会减少 90%。此外，从长远来看，repairDatabase 与 compact 命令也会在一定程度上帮到你。

2. 12 个节点的限制

MongoDB 中数据复制的复制集策略非常棒，很容易配置并且使用起来确实不错。但如果集群的节点有 12 个以上，那么你就会遇到问题。MongoDB 中的复制集有 12 个节点的限制。

3. 主从复制不会确保高可用性

尽管已经不建议被使用了，不过 MongoDB 还是提供了另外一种复制策略，即主从复制。它解决了 12 个节点限制问题，不过却产生了新的问题：如果需要改变集群的主节点，那么你必须得手动完成。

4. 不要使用 32 位版本

MongoDB 的 32 位版本也是不建议被使用的，因为你只能处理 2GB 大小的数据。还记得第一个限制吗？这是 MongoDB 关于该限制的说明。

5. 差劲的管理工具

这对于初学者来说依然是个让人头疼的问题，MongoDB 的管理控制台太差劲了。我所知道的最好的工具是 RoboMongo，它对于那些初次使用的开发者来说非常称手。

9.1.5　配置副本集

本次复制集配置使用一个 MongoDB 数据库,使用了三个节点,即一个主节点(端口 40000)、一个从节点(端口 40001)、一个仲裁节点(端口 40002)。

步骤 1:MongoDB 的位置在 E:\MongoDB 目录下,首先在 data 文件夹下再新建 conf、db、log 三个文件夹,conf 文件夹是编写 MongoDB 的配置,db 是保存的数据,log 是日志。在 conf 文件夹下新建 rs1.conf、rs2.conf、rs3.conf 三个配置文件,在 db 文件夹下新建 rs1、rs2、rs3 三个文件夹,如图 9-2~图 9-4 所示。

图 9-2　data 目录

图 9-3　conf 目录

图 9-4　db 目录

步骤 2:进行复制集节点的配置。MongoDB 有几种启动方式,在这里只是用了配置文件的启动方式,然后分别编辑 rs1.conf、rs2.conf、rs3.conf,rs1.conf 主节点配置文件信息如下:

```
dbpath=E:\MongoDB\data\db\rs1
logpath=E:\MongoDB\data\log\rs1.log
journal=true
port=40000
replSet=rs
logappend=true
```

rs2.conf 从节点配置信息如下:

```
dbpath=E:\MongoDB\data\db\rs2
```

```
logpath=E:\MongoDB\data\log\rs2.log
journal=true
port=40001
replSet=rs
logappend=true
```

rs3.conf 仲裁节点配置信息如下：

```
dbpath=E:\MongoDB\data\db\rs3
logpath=E:\MongoDB\data\log\rs3.log
journal=true
port=40002
replSet=rs
logappend=true
```

这是 3 个配置文件，文件里面分别是 dbpath（数据存储的位置），logpath（日志存储的位置），journal（是否启动日志文件），port（端口号），replSet（复制集的名称，这边一定要写一样的，不然它们就不能在一个复制集里面）。

步骤 3：接下来就是启动时间了，配置文件 conf 启动 MongoDB 服务。在 Windows 命令提示符窗口进入 MongoDB 数据库所在根目录的 bin 目录。然后使用以下命令分别启动 MongoDB 服务。

```
//以配置文件 rs1.conf 启动 MongoDB 服务
MongoDB -f E:\MongoDB\data\conf\rs1.conf
```

启动 MongoDB 服务如图 9-5 所示：

图 9-5　启动 MongoDB 服务

接着重复上述两步，依次以配置文件 rs2.conf 和 rs3.conf 启动 MongoDB 服务。

注意：要将 rs1.conf 依次换成 rs2.conf 和 rs3.conf。

步骤 4：当三个节点全部启动后，打开一个新的 cmd，定位到 MongoDB 的 bin 文件夹，输入命令 mongo--port 40000 启动 rs1 客户端进入 MongoDB 数据库命令界，如图 9-6 所示。

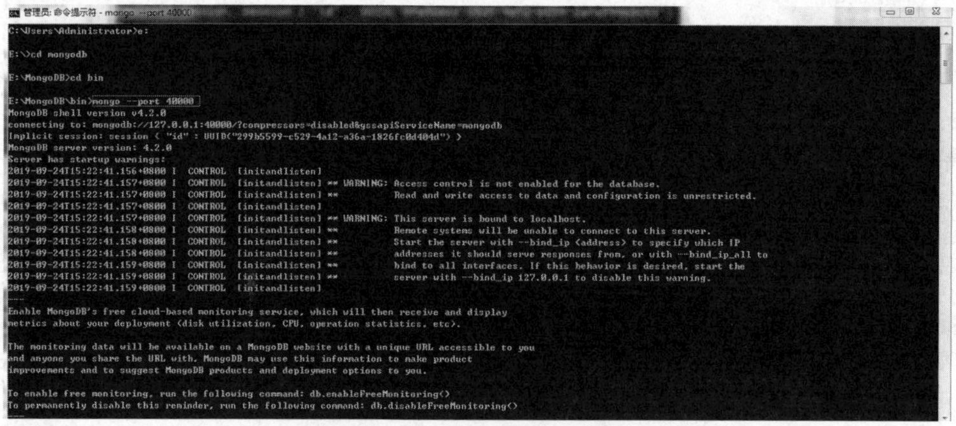

图 9-6　启动 rs1 客户端

接着就可以使用初始化命令：rs.initiate()，输出结果如图 9-7 所示。

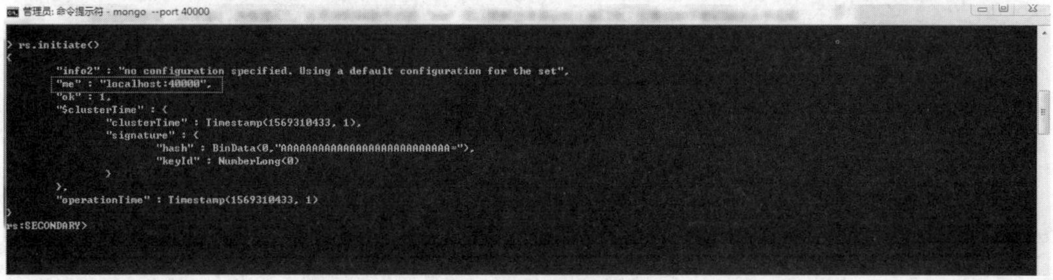

图 9-7　初始化结果图

输出结果为"ok"：1，表明初始化成功。从节点和仲裁节点的 me 可以推断出来是 ip 加上端口号。

注意：此时不要初始化从节点和仲裁节点，不然后面主节点添加从节点的时候会报错。

然后进行初始化配置，输入初始化命令 rs.conf()，结果如图 9-8 所示。

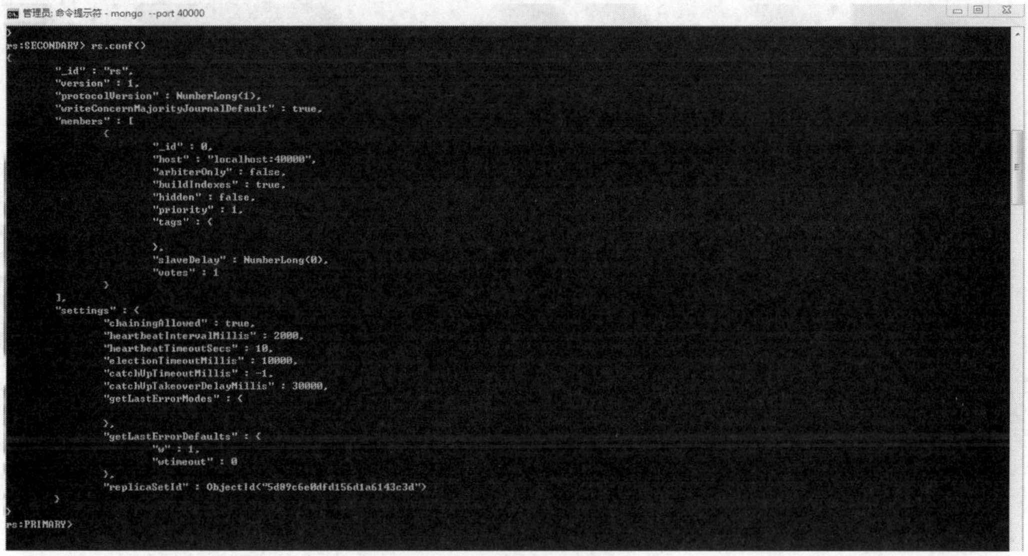

图 9-8　初始化配置

最后分别使用命令 rs.add("localhost:40001")和命令 rs.addArb("localhost:40002")向主节点添加从节点和仲裁节点，如图 9-9、图 9-10 所示。

图 9-9　向主节点添加从节点

图 9-10　向主节点添加仲裁节点

最后输入 rs.status()命令查看主节点的状态，如下所示：

```
> rs.status()

et" : "rs",
ate" : ISODate("2019-09-24T07:42:49.241Z"),
yState" : 1,
erm" : NumberLong(1),
yncingTo" : "",
yncSourceHost" : "",
yncSourceId" : -1,
eartbeatIntervalMillis" : NumberLong(2000),
ptimes" : {
    "lastCommittedOpTime" : {
        "ts" : Timestamp(1569310963, 1),
        "t" : NumberLong(1)
    },
    "lastCommittedWallTime" : ISODate("2019-09-24T07:42:43.041Z"),
    "readConcernMajorityOpTime" : {
        "ts" : Timestamp(1569310963, 1),
        "t" : NumberLong(1)
    },
    "readConcernMajorityWallTime" : ISODate("2019-09-24T07:42:43.041Z"),
    "appliedOpTime" : {
        "ts" : Timestamp(1569310963, 1),
        "t" : NumberLong(1)
    },
    "durableOpTime" : {
        "ts" : Timestamp(1569310963, 1),
        "t" : NumberLong(1)
    },
    "lastAppliedWallTime" : ISODate("2019-09-24T07:42:43.041Z"),
    "lastDurableWallTime" : ISODate("2019-09-24T07:42:43.041Z")

astStableRecoveryTimestamp" : Timestamp(1569310915, 1),
astStableCheckpointTimestamp" : Timestamp(1569310915, 1),
embers" : [
    {
        "_id" : 0,
        "name" : "localhost:40000",
        "ip" : "127.0.0.1",
        "health" : 1,
        "state" : 1,
        "stateStr" : "PRIMARY",
        "uptime" : 1211,
        "optime" : {
```

```
            "ts" : Timestamp(1569310963, 1),
            "t" : NumberLong(1)
        },
        "optimeDate" : ISODate("2019-09-24T07:42:43Z"),
        "syncingTo" : "",
        "syncSourceHost" : "",
        "syncSourceId" : -1,
        "infoMessage" : "",
        "electionTime" : Timestamp(1569310433, 2),
        "electionDate" : ISODate("2019-09-24T07:33:53Z"),
        "configVersion" : 3,
        "self" : true,
        "lastHeartbeatMessage" : ""
    },
    {
    "_id" : 1,
    "name" : "localhost:40001",
    "ip" : "127.0.0.1",
    "health" : 1,
    "state" : 2,
    "stateStr" : "SECONDARY",
    "uptime" : 263,
    "optime" : {
        "ts" : Timestamp(1569310963, 1),
        "t" : NumberLong(1)
    },
    "optimeDurable" : {
        "ts" : Timestamp(1569310963, 1),
        "t" : NumberLong(1)
    },
    "optimeDate" : ISODate("2019-09-24T07:42:43Z"),
    "optimeDurableDate" : ISODate("2019-09-24T07:42:43Z"),
    "lastHeartbeat" : ISODate("2019-09-24T07:42:47.885Z"),
    "lastHeartbeatRecv" : ISODate("2019-09-24T07:42:47.918Z"),
    "pingMs" : NumberLong(0),
    "lastHeartbeatMessage" : "",
    "syncingTo" : "localhost:40000",
    "syncSourceHost" : "localhost:40000",
    "syncSourceId" : 0,
    "infoMessage" : "",
    "configVersion" : 3
},
{
    "_id" : 2,
    "name" : "localhost:40002",
    "ip" : "127.0.0.1",
    "health" : 1,
    "state" : 7,
    "stateStr" : "ARBITER",
    "uptime" : 109,
    "lastHeartbeat" : ISODate("2019-09-24T07:42:47.915Z"),
    "lastHeartbeatRecv" : ISODate("2019-09-24T07:42:48.114Z"),
    "pingMs" : NumberLong(0),
    "lastHeartbeatMessage" : "",
    "syncingTo" : "",
```

```
        "syncSourceHost" : "",
        "syncSourceId" : -1,
        "infoMessage" : "",
        "configVersion" : 3
    }

    k" : 1,
    clusterTime" : {
        "clusterTime" : Timestamp(1569310963, 1),
        "signature" : {
            "hash" : BinData(0,"AAAAAAAAAAAAAAAAAAAAAAAAAAA="),
            "keyId" : NumberLong(0)
        }
    }

perationTime" : Timestamp(1569310963, 1)
>
```

注意： members 项里面的成员并不是你所添加的个数，并且每个节点的 stateStr 分别是 PRIMARY、SECONDARY、ARBITER。这时候登录从节点或者仲裁节点（不需要初始化和初始化配置）。查看节点状态，和主节点相同的配置会输出。

9.1.6 验证 MongoDB 复制集

验证复制集的数据同步。在主节点（127.0.0.1:40000）上的 test 库加了 collection 集合为 test2 的数据。命令如下：

```
use test
db.test2.insert({title: "MongoDB 入门学习",
description: "MongoDB 是一个 NoSQL 数据库"
})
```

首先进入 Windows 命令提示符输入以下命令 mongo 127.0.0.1:40001，登录到另一个从节点（127.0.0.1:40001），如图 9-11 所示。

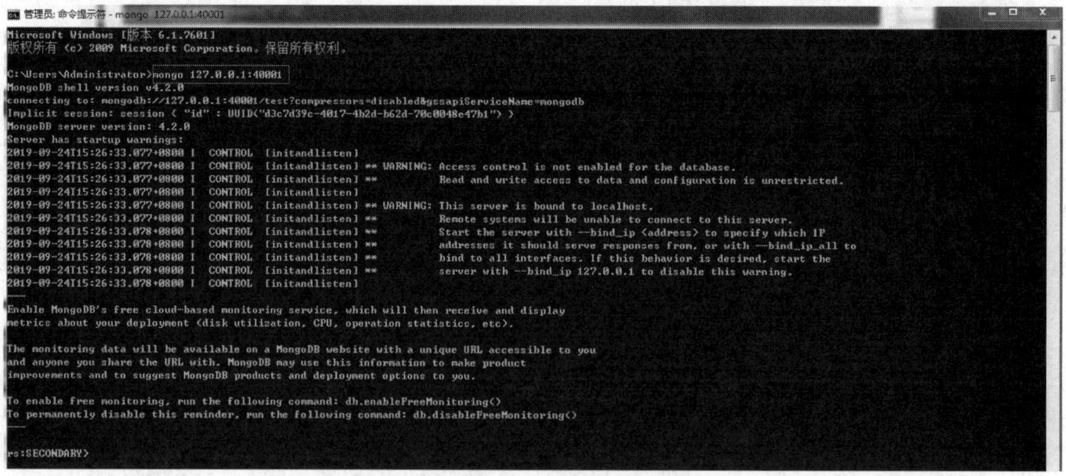

图 9-11 登录从节点

然后使用命令 show dbs 查看数据库，这时候结果会报错，如图 9-12 所示。

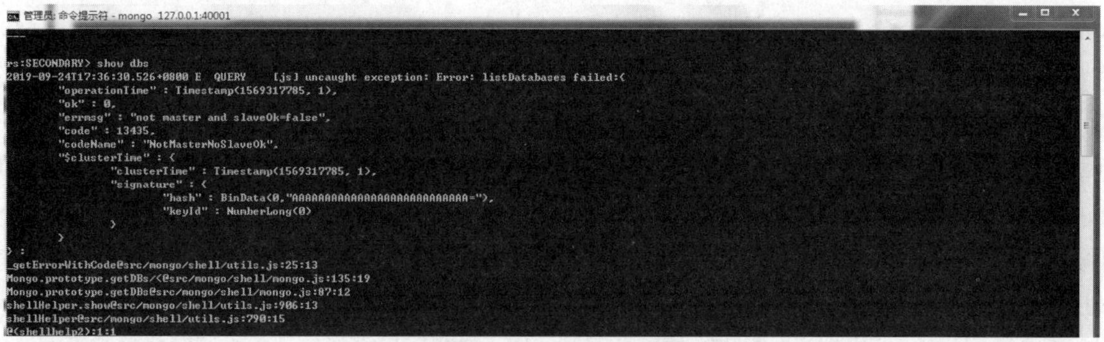

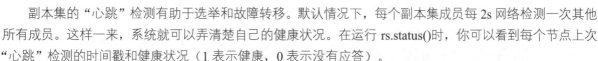

图 9-12 查看数据库报错

这时需要运行命令 rs.slaveOk()，然后再运行 show dbs 就可以了，这是因为从节点默认不能操作数据，如图 9-13 所示。

图 9-13 查看数据库成功

最后运行命令来查看插入的数据，结果如图 9-14 所示。

```
use test
db.test2.find()
```

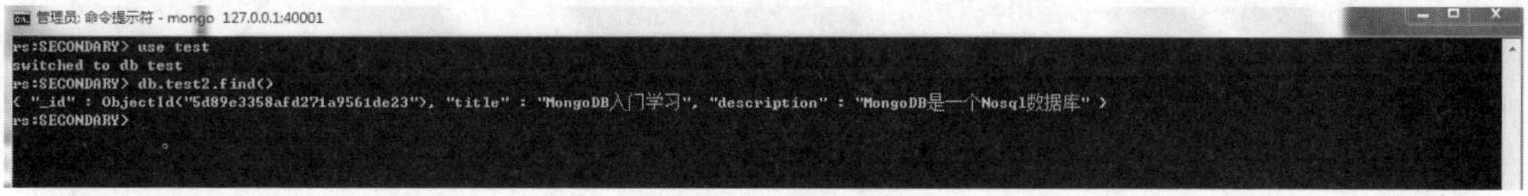

图 9-14 查看数据

MongoDB 复制集数据同步就完成了。如果感兴趣，可以继续验证复制集故障迁移（自动容灾），可以将主节点进行模拟宕机（关闭主节点的服务），然后你就会看到从节点就变成了主节点。log 日志中有详情记录。

9.1.7 副本集的"心跳"检测和故障转移

副本集的"心跳"检测有助于选举和故障转移。默认情况下，每个副本集成员每 2s 网络检测一次其他所有成员。这样一来，系统就可以弄清楚自己的健康状况。在运行 rs.status() 时，你可以看到每个节点上次"心跳"检测的时间戳和健康状况（1 表示健康，0 表示没有应答）。

只要每个节点都保持健康且有应答，副本集就能快乐地工作下去。但如果哪个节点失去了应答，副本集就会采取措施。每个副本集都希望确认无论何时都恰好存在一个主节点。但这仅在大多数节点可见时才有可能。例如：如果杀掉从节点，大部分节点依然存在，副本集不会改变状态，只是简单地等待从节点重新上线。如果杀掉主节点，大部分节点依然存在，但没有主节点了。因此从节点自动提升为主节点，如果碰巧有多个从节点，那么会推选状态最新的从节点为主节点。

还有其他可能的场景，如果从节点和仲裁节点都被杀掉了，只剩下主节点，但是没有多数节点——原来的三个节点里只有一个节点仍处于健康状态。在这种情况下，主节点的日志中会有如下信息：

```
Tus Aug 28 19:19:27 [rs Manager] replSet can't see a majority of the set relinquishing primary
Tus Aug 28 19:19:27 [rs Manager] replSet relinquishing primary state
Tus Aug 28 19:19:27 [rs Manager] replSet SECONDARY
```

没有了多数节点，主节点会把自己降级为从节点。我们可以想象一下，如果该节点仍然作为主节点存在会发生什么情况呢？如果出于某些网络原因心跳检测失败了，那么其他节点仍然是在线的。如果仲裁节点和从节点依然健在，并能看到对方，那么根据多数节点原则，剩下的从节点会自动变为主节点。要是原来的主节点没有降级，那么就会陷入不堪一击的局面：副本集中有两个主节点。如果应用程序继续运行，就可能对两个不同的主节点做读写操作。肯定会有不一致，并伴随着奇怪的现象。因此，当主节点看不到多数节点时，必须降级为从节点。

9.2　操作日志

学习了如何创建副本集，如何使用副本集，认知了其故障转移策略。我们还需从复制的基础原理了解副本集的工作方式。副本集主要依赖于两个基础机制：操作日志和"心跳"。操作日志让数据的复制成为可能，而"心跳"则监控健康情况并触发故障转移，后续将看到这些机制是如何运作的。

操作日志是本地库下的一个固定集合，从服务器就是通过查看主服务器的操作日志这个集合来进行复制的。每个节点都有操作日志，记录从主节点复制过来的信息，这样每个成员都可以作为同步源给其他节点。

9.2.1　副本集数据同步的过程

副本集中数据同步的详细过程：主服务器写入数据，从服务器通过读取主服务器的操作日志得到复制信息，开始复制数据并且将复制信息写入到自己的操作日志。如果某个操作失败（只有当同步源的数据损坏或者数据与主节点不一致时才可能发生），则备份节点停止从当前数据源复制数据。如果某个备份节点由于某些原因挂掉了，当重新启动后，就会自动从操作日志的最后一个操作开始同步，同步完成后，将信息写入自己的操作日志，由于复制操作是先复制数据，复制完成后再写入操作日志，有可能相同的操作会同步两份，不过 MongoDB 在设计之初就考虑到这个问题，将操作日志的同一个操作执行多次，与执行一次的效果是一样的。

当主服务器进行写操作的时候，会将这些写操作记录写入主服务器的操作日志中，而后从服务器会将操作日志复制到本机并应用这些操作，从而实现复制的功能。同时由于其记录了主服务器上的写操作，故还能将其用作数据恢复。可以简单将其视作 MySQL 中的二进制日志文件。

9.2.2　操作日志的增长速度与大小

操作日志的大小是固定，它只能保存特定数量的操作日志，通常操作日志使用空间的增长速度跟系统处理写请求的速度相当，如果主节点上每分钟处理 1KB 的写入数据，那么操作日志每分钟大约也写入 1KB 数据。如果单次操作影响到了多个文档（比如删除了多个文档或者更新了多个文档）则操作日志可能就会有多条操作日志。db.testcoll.remove()删除了 1000000 个文档,那么操作日志中就会有 1000000 条操作日志。如果存在大批量的操作,操作日志有可能很快就会被写满了。

操作日志的大小:

操作日志是一个固定集合。在 64 位的 Linux、Solaris、FreeBSD 以及 Windows 系统中,MongoDB 默认将其大小设置为可用磁盘空间的 5%(默认最小为 1GB,最大为 50GB),或也可以在 MongoDB 复制集实例初始化之前将 mongo.conf 中 oplogSize 设置为我们需要的值。

固定集合是 MongoDB 中一种提供高性能插入、读取和删除操作的固定大小集合,当集合被填满的时候,新插入的文档会覆盖老的文档。

所以,操作日志使用固定集合是合理的,因为不可能无限制地增长操作日志。MongoDB 在初始化副本集的时候都会有一个默认的操作日志大小:在 64 位的 Linux、Solaris、FreeBSD 以及 Windows 系统上,MongoDB 会分配磁盘剩余空间的 5%作为操作日志的大小,如果这部分小于 1GB 则分配 1GB 的空间。在 64 位的 OS X 系统上会分配 183MB。在 32 位的系统上则只分配 48MB。

9.2.3　操作日志的解析

操作日志的值是储存在本地库下的集合 oplog.rs 里的。可以分析其中的一条日志,看到底记录了什么。

先从本地数据库中获取一条日志,代码如下:

```
use local
db.polog.rs.find()
{ "ts" : Timestamp(1554948714, 1), "t" : NumberLong(7), "h" : NumberLong("56701789690026212077"),
"v" : 2, "op" : "i", "ns"
    : "djx.a", "ui" : UUID("f0a8c38d-af6b-4fb1-a109-775455dd7f19"), "wall" : ISODate("2019-04-
11T02:11:54.602Z"), "o" : { "_id"
    : ObjectId("5caea26adebe94533fdb42a9"), "name" : "xiaoming" } }
```

操作日志由键值对组成。下面说明一下操作日志的日志里不同的值代表的意思:

(1) ts 的值:表示该日志的时间戳。

(2) op 的值:i 表示 insert,u 表示 update,d 表示 delete,c 表示 db cmd,db 表示声明当前数据库(其中 ns 被设置成为=>数据库名称+ '.'),n 表示 noop,即空操作,其会定期执行以确保时效性。

(3) ns 的值:表示操作所在的数据库和集合。

(4) ui 的值:表示当前登录用户的会话 id 值。

(5) wall 的值:表示该操作的执行时间,utc 时间。

(6) o 的值:表示操作的内容,如果是插入,就会将插入的数据放到该位置。实例日志就是插入了一条数据{"name":"xiaoming"}。

可以通过"db.printReplicationInfo()"命令来查看操作日志的信息,代码如下:

```
rs:PRIMARY> db.printReplicationInfo()
configured oplog size:        29255.174072265625MB
log length start to end:      87312secs (24.25hrs)
oplog first event time:       Tue Sep 24 2019 15:33:53 GMT+0800
oplog last event time:        Wed Sep 25 2019 15:49:05 GMT+0800
now:                          Wed Sep 25 2019 15:49:10 GMT+0800
```

其中,configured oplog size 表示操作日志文件大小;log length start to end 说明了操作日志的启用时间段;oplog first event time 表示第一个事务日志的产生时间；oplog last event time 表示最后一个事务日志的产生时间；now 代表了现在的时间。

同样的可以通过 db.printSlaveReplicationInfo()命令来查看 slave 的同步状态，代码如下：

```
rs:SECONDARY> db.printSlaveReplicationInfo()
source: localhost:40001
syncedTo: Wed Sep 25 2019 16:00:45 GMT+0800
0 secs (0 hrs) behind the primary
```

Source 代表从库的 IP 及端口，syncedTo 说明了当前的同步情况，延迟了多久等信息。

插入一条新的数据，然后重新检查 slave 的状态，就会发现 sync 时间更新了。

9.2.4 操作日志的应用

操作日志是 MongoDB 复制的关键。操作日志是一个固定集合，位于每个复制节点的本地数据库里，记录了所有对数据的变更。每次客户端向主节点写入数据，就会自动向主节点的操作日志里添加一个条目，其中包含了足够的信息来再现数据。一旦写操作被复制到某个从节点上，从节点的操作日志中也会有一条关于写入的数据。每个操作日志条目都是由一个 BSON 时间戳进行标识的，所有的从节点都使用这个时间戳来追踪它们最后应用的条目。

为了更好地理解其原理，仔细看看真实的操作日志以及其中的记录。连接上主节点后，切换到本地数据库。本地数据库中保存了所有的副本集元数据和操作日志。当然，数据库本身不能被复制。本地数据库里的数据对本地节点而言是唯一的，因此不该复制。查看本地数据库，会发现一个名为 oplog.rs 的集合，每个副本集都会把操作日志保存在这个集合里。如下所示：

```
rs:PRIMARY> show dbs
admin   0.000GB
config  0.000GB
local   0.000GB
test    0.000GB
rs:PRIMARY> use local
switched to db local
rs:PRIMARY> show collections
oplog.rs
replset.election
replset.minvalid
replset.oplogTruncateAfterPoint
startup_log
system.replset
system.rollback.id
```

replset.minvalid 包含了指定副本集成员的初始同步信息。system.replset 保存了副本集配置文档。slaves 用来实现写关注。startup_log 是启动信息。还有 replset.election 包含了节点的选举信息。将主要的精力集中在操作日志上，查询一条前面插入数据的那个操作相关的 op 条目。执行如下命令：

```
db.oplog.rs.find({op:"i"})
```

在主从节点执行的结果相同，如图 9-15、图 9-16 所示。

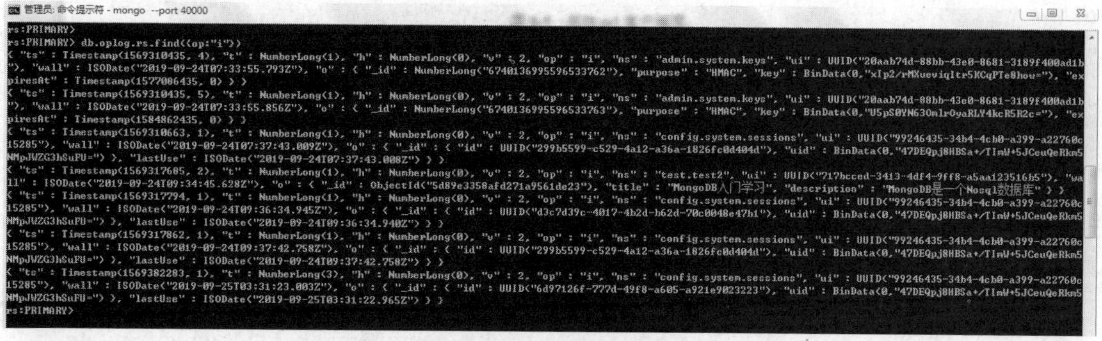

图 9-15　主节点查询结果

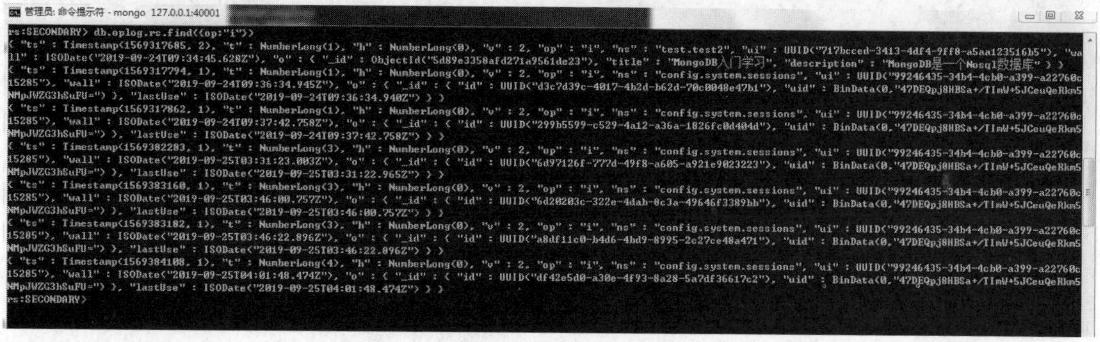

图 9-16　从节点查询结果

结果中，第一个字段为 ts，保存了该条目 BSON 时间戳。这里要特别注意，shell 使用 TimeStamp 对象来显示时间戳，包含两个字段，前面一部分是从纪元开始的秒数，后面一个是计数器。h 表示该操作的一个唯一的 ID，每个操作的该字段都是一个不同的值。字段 op 表示操作码，它告诉从节点该条目表示什么操作，本例中 i 表示插入。op 后的 ns 表明了有关的命名空间（数据库和集合）。o 对插入操作而言包含了所插入的文档的副本。

在查看 oplog 条目时，对于那些影响多个文档的操作，oplog 会将各个部分都分析到位。对于多项更新和大批量删除来说，会为每个影响到的文档创建单独的 oplog 条目。例如，想在 test 数据库集合中插入几本书，代码如下：

```
rs:PRIMARY> db.books.insert({title:"A Tale of Two Cities"})
WriteResult({ "nInserted" : 1 })
rs:PRIMARY> db.books.insert({title:"Great Expections"})
WriteResult({ "nInserted" : 1 })
rs:PRIMARY> db.books.insert({title:"One world"})
WriteResult({ "nInserted" : 1 })
rs:PRIMARY> db.books.find()
{ "_id" : ObjectId("5d8af7a076ac4663f732958f"), "title" : "A Tale of Two Cities" }
{ "_id" : ObjectId("5d8af7a276ac4663f7329590"), "title" : "Great Expections" }
{ "_id" : ObjectId("5d8af94076ac4663f7329591"), "title" : "One world" }
```

然后进入 local 数据库查询插入数据的那个操作相关的 op 条目。执行 db.oplog.rs.find({op:"i"})代码，代码如下：

```
rs:PRIMARY> use local
switched to db local
rs:PRIMARY> db.oplog.rs.find({op:"i"})
```

```
    { "ts" : Timestamp(1569391640, 2), "t" : NumberLong(4), "h" : NumberLong(0), "v" : 2, "op" : "i",
"ns" : "test.books",
    "ui" : UUID("e1d3b262-5e26-4ee6-bef4-950cc33dcd30"), "wall" : ISODate("2019-09-25T06:07:20.
872Z"), "o" : { "_id" : Ob
    jectId("5d8b041876ac4663f7329592"), "title" : "A Tale of Two Cities" } }
    { "ts" : Timestamp(1569391649, 1), "t" : NumberLong(4), "h" : NumberLong(0), "v" : 2, "op" : "i",
"ns" : "test.books", "ui"
    : UUID("e1d3b262-5e26-4ee6-bef4-950cc33dcd30"), "wall" : ISODate("2019-09-25T06:07:29.494Z"),
"o" : { "_id"
    : ObjectId("5d8b042176ac4663f7329593"), "title" : "Great Expections" } }
    { "ts" : Timestamp(1569391660, 1), "t" : NumberLong(4), "h" : NumberLong(0), "v" : 2, "op" : "i",
"ns" : "test.books", "ui"
    : UUID("e1d3b262-5e26-4ee6-bef4-950cc33dcd30"), "wall" : ISODate("2019-09-25T06:07:40.511Z"),
"o" : { "_id"
    : ObjectId("5d8b042c76ac4663f7329594"), "title" : "One world" } }
```

接着去 test 数据库中执行命令：db.books.update({},{$set:{author:"Dickens"}},false,true)，执行完上述语句后，oplog 中查询 op:"u"的选项，结果如下：

```
rs:PRIMARY> use test
switched to db test
rs:PRIMARY> db.books.update({},{$set:{author:"Dickens"}},false,true)
WriteResult({ "nMatched" : 3, "nUpserted" : 0, "nModified" : 3 })
rs:PRIMARY> use local
switched to db local
rs:PRIMARY> db.oplog.rs.find({op:"u"})
    { "ts" : Timestamp(1569393167, 1), "t" : NumberLong(4), "h" : NumberLong(0), "v" : 2, "op" : "u",
"ns" : "test.books",
    "ui" : UUID("e1d3b262-5e26-4ee6-bef4-950cc33dcd30"), "o2" : { "_id" : ObjectId("5d8b041876ac
4663f7329592") }, "wall"
    : ISODate("2019-09-25T06:32:47.283Z"), "o" : { "$v" : 1, "$set" : { "author" : "Dickens" } } }
    { "ts" : Timestamp(1569393167, 2), "t" : NumberLong(4), "h" : NumberLong(0), "v" : 2, "op" : "u",
"ns" : "test.books",
    "ui" : UUID("e1d3b262-5e26-4ee6-bef4-950cc33dcd30"), "o2" : { "_id" : ObjectId("5d8b042176ac4663
f7329593") }, "wall"
    : ISODate("2019-09-25T06:32:47.284Z"), "o" : { "$v" : 1, "$set" : { "author" : "Dickens" } } }
    { "ts" : Timestamp(1569393167, 3), "t" : NumberLong(4), "h" : NumberLong(0), "v" : 2, "op" : "u",
"ns" : "test.books",
    "ui" : UUID("e1d3b262-5e26-4ee6-bef4-950cc33dcd30"), "o2" : { "_id" : ObjectId("5d8b042c76ac466
3f7329594") }, "wall"
    : ISODate("2019-09-25T06:32:47.284Z"), "o" : { "$v" : 1, "$set" : { "author" : "Dickens" } } }
```

通过上面的比较，每个节点都有自己的 oplog 条目。这种正规化是更通用的一种策略中的一部分。它会保证从节点总是能和主节点拥有一样的数据。要确保这一点，每次应用的操作就必须是幂等的——一个指定的操作日志条目被应用多少次都无所谓：结果总是一样的。其他文档操作的行为是一样的。

9.3　就业面试技巧与解析

学完本章内容，可以了解到复制在 MongoDB 中如何运行的一些基础知识，以及 oplog 在复制集成员之间进行数据复制时的作用。下面对面试过程中出现的问题进行解析，更好帮助读者学习本章内容。

9.3.1　面试技巧与解析（一）

面试官：为什么要设置复制集呢？

应聘者：

（1）由于复制集是通过在不同服务器上保存副本，来保证数据在生产部署的冗余和可靠性，所以不会因为单点问题而丢失数据。

（2）可以通过访问不同服务器副本数据来提高数据读取能力，从而提高整个系统的负载能力。

9.3.2　面试技巧与解析（二）

面试官：MongoDB 副本集实现高可用的原理？

应聘者：MongoDB 使用了其复制集方案，实现自动容错机制为高可用提供了基础。目前，MongoDB 支持两种复制模式：

（1）Master / Slave：主从复制，角色包括 Master 和 Slave。

（2）Replica Set：复制集复制，角色包括 Primary 和 Secondary 以及 Arbiter。

第10章

大数据的应用——分片

 **本章概述**

本章主要讲解 MongoDB 的分片构成、作用以及怎样去搭建一个分片集群。通过本章内容的学习，读者可以学习到如何将大型集合分割到不同服务器（或者说一个集群）上所采用的方法。

本章要点

- 分片的设计思想
- 分片键
- 分片的工作原理
- 集群中的数据
- 分片集群的搭建

10.1　分片的简介

分片是指将数据拆分，将其分散存储在不同机器上的过程，有时也叫分区。将数据分散在不同的机器上，不需要功能强大的大型计算机就可以存储更多的数据，处理更大的负载。

分片是 MongoDB 对数据进行水平扩展的一种方式，通过选择合适的片键将数据均匀地存储在 Shard server 集群中。

分片组件由 Shard server 集群、Config server 和 mongos 进程组成，如图 10-1 所示。

Config server 中保存与分片相关的元数据，即有哪些 Shard server，有哪些 chunk，chunk 位于哪个 Shard server 上等。

mongos 主要负责路由，将客户端的请求转发到对应的 Shard server 上。

Shard server 上存放了真正的数据，Shard server 可以是一个 mongod，也可以是一个副本集。

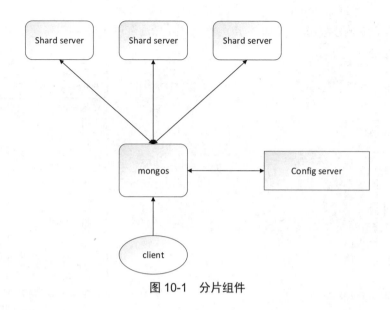

图 10-1 分片组件

10.1.1 分片的目的

高数据量和吞吐量的数据库应用会对单机的性能造成较大压力，大的查询量会将单机的 CPU 耗尽，大的数据量对单机的存储压力较大，最终会耗尽系统的内存而将压力转移到磁盘 IO 上。

为了解决这些问题，有两个基本的方法：垂直扩展和水平扩展。

垂直扩展：增加更多的 CPU 和存储资源来扩展容量。

水平扩展：将数据集分布在多个服务器上。水平扩展即分片。

10.1.2 分片设计思想

分片为应对高吞吐量与大数据量提供了方法。使用分片减少了每个分片需要处理的请求数，因此，通过水平扩展，集群可以提高自己的存储容量和吞吐量。举例来说，当插入一条数据时，应用只需要访问存储这条数据的分片。

我们使用分片减少了每个分片存储的数据。例如，如果数据库里存储 1TB 的数据集，并有 4 个分片，然后每个分片可能仅持有 256GB 的数据。如果有 40 个分片，那么每个切分可能只有 25GB 的数据。

10.1.3 MongoDB 的自动分片

"片"是一个独立的 MongoDB 服务（即 mongod 服务进程，在开发测试环境中）或一个副本集（在生产环境中）。将数据分片，其思想就是将一个大的集合拆成一个一个小的部分，然后放置在不同的"片"上。每一个"片"只是负责总数据的一部分。

自动分片就是：应用层根本不知道数据已被分片，也全然不会知道具体哪些数据在哪个特定的"片"上。在 MongoDB 中，提供了一个路由服务 mongos，在分片之前需要先运行这个服务，这个路由服务具体知道数据和"片"的关系。应用程序和这个路由服务通信即可，路由服务会将请求转发给特定的"片"，得到响应后，路由会收集响应数据，返回给应用层程序，图 10-2 和图 10-3 展示了不使用分片和使用分片用户发送请求的处理路径。

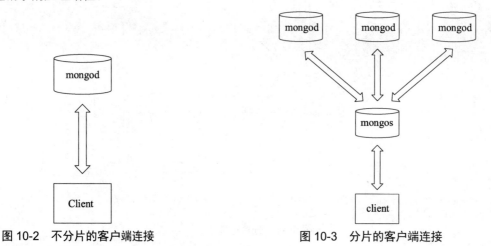

图 10-2　不分片的客户端连接　　　　　图 10-3　分片的客户端连接

当遇到以下的情况时，可以给我们的老系统改进为分片后的新系统：

（1）机器的磁盘不够用了，数据量太大。

（2）单个 mongod 已经无法满足写数据的性能需要了（这里复习一下，如果想要增加读性能，较好的方案是采用搭建主从结构，且让从节点可以响应查询请求）。

（3）想将大量的数据放到内存中提高性能，一台机器的内存大小永远有极限（这就是纵向扩展和横向扩展的区别）。

10.2　分片键

设置分片时，需要从集合中选取一个键，用该键作为数据拆分的依据，这个键被称为"片键"。可以举一个简单的例子，对于一个存储人员信息的集合 users，要将其分片，选择的片键是人员姓名 name，则最后分片的结果就可能为：第一片中存放的人员名称是 A～F 开头的，第二片中是 G～P 开头的，第三片中是 Q～Z 开头的。当用户提交的查询是 db.users.find({"name":"jimmy"})时，该查询请求会分配给第二片进行处理。当用户提交的查询是 db.users.find({"name":{"$lt":"j"}})时，则这个查询请求会被分配给第一片和第二片进行处理。当用户提交的查询并不包含片键的信息时，则这个查询会被发送到所有片上进行处理。对于插入操作，路由服务会根据插入文档的键名对应的值将这个请求发送到特定片上进行，这就是片键的作用。

随着数据的增减，可能会出现某一片负载很大，另一片负载轻松的情况，对于这种情况，MongoDB 也会自动平衡数据和负载，使最后每片的流量基本相同。

对于选择哪个键作为片键？有个原则就是，片键应该有较多变化的值，如果片键设定为性别，只有"男"和"女"两种值，则这个集合就最多被分为两片，如果集合太大，这种分片不会最终解决效率的问题。这里我们可以看出，片键的选择和创建索引时键的选择原则是相似的，实际使用中，通常片键就是创建索引使用的键。

当客户端应用程序通过 Mongos 向数据库插入一条数据时，碰到的第一个问题是应该将输入插入到哪个分片中。MongoDB 是通过分片键实现对分片的选择的，即通过集合字段中个别字段的值确定数据应该插入到哪个分片。分片键必须是一个索引或者是组合索引的一个字段，MongoDB 支持基于范围的分片和基于 HASH 的分片两种方法。

对基于范围的分片，MongoDB 根据分区键值范围把输入分成各个区间。假设是一个数据型键值取值范围从负无穷到正无穷，类似一个横坐标，MongoDB 就把这个坐标线分成若干段，每段线表示一个区间，相互之间不重叠。

对基于 HASH 的分片，MongoDB 首先计算分区键值的 HASH 值，然后用这些 HASH 值去创建 chunk。由于键值相邻的记录 HASH 不同，因此它们会落到不同的 chunk 中，这一点保证了集合在分片集群上的随机分布。

10.2.1　片键种类

片键是文档的一个属性字段或者一个复合索引字段，一旦建立不能改变。片键是分片拆分数据的关键，片键的选择直接影响集群的性能。

MongoDB 首先根据片键划分块 chunk，然后把块分到其他的分片上，片键类型主要有以下几种：

注意：片键也是查询时常用的一个索引。

1. 递增片键

这类片键比较常见，比如使用时间戳，日期，自增的主键，ObjectId，_id 等，此类片键的写入操作集中在一个分片服务器上，写入不具有分散性，这会导致单台服务器压力较大，但分割比较容易，这台服务器可能会成为性能瓶颈。

递增片键的创建，对 foo 数据库的 bar 集合使用 timestamp 时间戳分片，代码如下：

```
mongos> use foo
mongos> db.bar.ensureIndex({"timestamp":1})
mongos> sh.enableSharding("foo")
{ "ok" : 1 }
mongos> sh.Shard Collection("foo.bar",{"timestamp":1})
{ "collectionShard ed" : "foo.bar", "ok" : 1 }
```

2. 哈希片键

使用一个哈希索引字段作为片键，优点是使数据在各节点分布比较均匀，数据写入可随机分发到每个分片服务器上，把写入的压力分散到了各个服务器上。但是读也是随机的，可能会命中更多的分片，一般具有随机性的片键（如密码、哈希、MD5）查询隔离性能比较差。

哈希片键的创建，对 GridFS 的 chunks 集合使用 files_id 哈希分片，代码如下：

```
mongos> db.bar.ensureIndex({"files_id":"hashed"})
mongos> sh.enableSharding("foo")
{ "ok" : 1 }
mongos> sh.Shard Collection("foo.fs.chunks",{"files_id":"hashed"})
{ "collectionShard ed" : " foo.fs.chunks ", "ok" : 1 }
```

3. 组合片键

数据库中没有比较合适的片键供选择，或者是打算使用的片键基数太小（即变化少，如星期只有 7 天可变化），可以选另一个字段使用组合片键，甚至可以添加冗余字段来组合。一般是粗粒度+细粒度进行组合。

组合片键的创建，对 GridFS 的 chunks 集合使用 **files_id** 和 **n** 组合分片，代码如下：

```
mongos> sh.enableSharding("foo")
{ "ok" : 1 }
mongos> sh.shardCollection("foo.fs.chunks",{"files_id":1, "n":1})
{ "collectionsharded" : " foo.fs.chunks ", "ok" : 1 }
```

4．标签分片

数据存储在指定的分片服务器上，可以为分片添加 tag 标签，然后指定相应的 tag，比如让 10.*.*.*(T) 出现在 shard0000 上，11.*.*.*(Q)出现在 shard0001 或 shard0002 上，就可以使用 tag 标签让均衡器指定分发。

标签分片的创建：

```
mongos > sh.addShardTag("shard0000", "T")
mongos > sh.addShardTag("shard0001", "Q")
mongos > sh.addShardTag("shard0002", "Q")
mongos> sh.addTagRange("foo.ips",{ "ip": "010.000.000.000 ",…, "ip": "011.000.000.000 "}}, "T")
mongos> sh.addTagRange("foo.ips",{ "ip": "011.000.000.000 ",…, "ip": "012.000.000.000 "}}, "Q")
```

10.2.2　分片键的选择

分片集群中良好的查询性能都依赖于正确选择分片键。分片键选择不好，应用程序就无法利用分片集群所提供的诸多优势。在这种情况下，插入和查询的性能都会显著下降。下决定时一定要严肃，一旦选择了分片键，就必须坚持选择，分片键是不可以修改的。要让分片键提供好的体验，部分源自了解怎样才算一个好的分片键。因为这不是很直观，所以先讲述一些低效的分片键。

1．低效的分片键

一些分片键的分布性很差，而另一些则导致无法充分利用局部性原理，还有一些可能会妨碍块的拆分。

（1）分布性差。

BSON 对象 ID 是每个 MongoDB 文档的默认主键。乍一看，一个与 MongoDB 核心如此接近的数据类型很有可能成为候选的分片键。然而，我们不能被表象蒙蔽。回想一下，所有对象 ID 中最重要的组成部分是时间戳，也就是说对象 ID 始终是升序的。遗憾的是，升序的值对分片键而言是很糟糕的。

要了解升序分片键的问题，你要牢记分片是基于范围的。使用升序的分片键之后，所有最近插入的文档都会落到某个很小的连续范围内。用分片的术语来说，就是这些插入都会被路由到一个块里，也就是被路由到单个分片上。这实际上抵消了分片一个很大的好处：将插入的负载自动分布到不同的机器上。结论已经很清楚了，如果想让插入负载分布到多个分片上，就不能使用升序分片键，你需要某些随机性更强的东西。

（2）缺乏局部性。

升序分片键有明确的方向，完全随机的分片键则根本没有方向。前者无法分散插入，后者则有可能是将插入分得太散。这点可能会违背你的直觉，因为分片的目的就是要分散读写操作。我们可以通过一个简单的思想实验对比做出说明。

假设分片集合里的每个文档都包含一个 MD5，而且 MD5 字段就是分片键。因为 MD5 的值会随着文档的不同随机变化，所以该分片键能确保插入的文档均匀分布在集群的所有分片上，这样很好。但是再仔细想想，对每个分片的 MD5 字段索引进行的插入又会怎样呢？因为 MD5 是完全随机的，在每次插入过程中，索引中的每个虚拟内存分页都有可能（同等可能性）被访问到。实际上，这就意味着索引必须总能装在内存里，如果索引和数据不断增加，超出了物理内存的限制，那些会降低性能的页错误是不可避免的。

这基本就是一个局部引用性（locality of reference）问题。局部的概念，至少在这里是指任意给定时间间隔内所访问的数据基本都是有关系的，这能用来进行相关优化。例如，虽然对象 ID 是个糟糕的分片键，但它们提供了很好的局部性，因为它们是升序的。也就是说，对索引的连续插入都会发生在最近使用的虚拟内存分页里。因此，在任意时刻内存里只要有一小部分索引就可以了。

举一个不太抽象的例子，想象一下，假设你的应用程序允许用户上传照片，每张照片的元数据都保存在某个分片集合的一个文档里。现在，假设用户批量上传了 100 张照片。如果分片键完全随机，那么数据库就无法利用局部性，对索引的插入会发生在 100 个随机的地方。但是，如果我们假设分片键是用户 ID，又会怎么样呢？此时，每次写索引基本都会发生在同一个地方，因为插入的每个文档都拥有相同的用户 ID 值。这就利用到了局部性，你也能体会到潜在的显著性能提升。

随机分片键还有另外一个问题，对这个键的任意一个有意义的范围查询都会被送到所有分片上。还是刚才那个照片分片集合，如果你想让应用显示某个用户最近创建的 10 张照片，随机分片键仍会要求把该查询发到所有的分片上。正如你将在下面看到的那样，较粗粒度的分片键能让这样的范围查询落到单个分片上。

（3）无法拆分的块。

如果随机分片键和升序分片键都不好用，那么下一个显而易见的选择就是粗粒度分片键，用户 ID 就是很好的例子。如果根据用户 ID 对照片进行分片，你可以预料到插入会分布在各个分片上，因为无法预知哪个用户何时会插入数据。这样一来，粗粒度分片键也拥有随机性，还能发挥分片集群的优势。

粗粒度分片键的第二个好处是能够通过局部引用性带来效率的提升。当某个用户插入 100 个照片元数据文档，基于用户 ID 字段分片键能确保这些插入都落到同一个分片上，并几乎能写入索引的同一部分，这样的效率很高。

粗粒度分片键在分布性和局部性方面表现都很好，但它也有一个很难解决的问题：块有可能无限制地增长。这怎么可能？想想基于用户 ID 的实例分片键，它能提供的最小块范围是什么？是用户 ID，不可能再小了。每个数据集都有可能存在异常情况，这时就会有问题。假设有几个特殊用户，他们保存的照片数量超过普通用户数百万倍。系统可能将一个用户的照片拆分到多个块里吗？这是不可能的，这个块不能拆分。这对分片集群是个危害，因为这会造成分片键数据不均衡的情况。显然，理想的分片键应该结合了粗粒度分片键和细粒度分片键两者的优势。

2. 理想的分片键

理想的分片键能够：将插入数据均匀分布到各个分片上，保证增加、检索、更新和删除操作能够利用局部性，有足够的粒度进行块拆分。

满足这些要求的分片键通常由两个字段组成：第一个是粗粒度的，第二个是细粒度的。电子表格实例中，声明了一个复合分片键（username:1,_id:1），当不同的用户向集群众插入数据时，可以预计到大部分数据（并非全部）情况下，一个用户的电子表格会在单个分片上。就算某个用户的文档落在多个分片上，分片键里那一个唯一的_id 字段也能保证对任意一个文档的查询和更新始终能指向单个分片。如果需要对某个用户的数据执行更复杂非查询，可以保证查询只会被路由到包含该用户数据的那些分片上。

最重要的是分片键（username:1,_id:1）保证了块始终是能继续拆分的，哪怕用户创建了大量文档，情况也是如此。再举个例子，假设正在构建一个网站分析系统。针对此类系统，一个不错的数据模型是每个网页每月保存一个文档。随后，在那个文档内保存该月每天的数据，每次访问某个页面就增加一些计数器字段的值等。

针对包含此类文档的分片集群，最简单的分片键包含每个网页的域名，随后是 URL：（domian:1,url:1）。所有来自指定域的页面通常会落在一个分片上，但是一些特殊的域拥有大量页面，在必要时仍会被拆分到多个分片上。

10.3　分片的工作原理

我们想要理解分片是如何工作的，需要先了解构成分片集群的组件，理解协调哪些组件的软件进程。

10.3.1　分片组件

分片集群由分片、mongos 路由器和配置服务器组成，如图 10-4 所示。

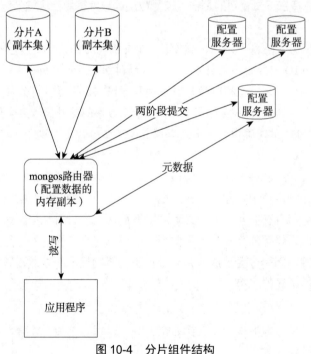

图 10-4　分片组件结构

1. 分片

MongoDB 分片集群将数据分布在一个或多个分片上。每个分片部署成一个 MongoDB 副本集，该副本集保存了集群整体数据的一部分。因为每个分片都是一个副本集，所以它们拥有自己的复制机制，能够自动进行故障转移。你可以直接连接单个分片，就像连接单独的副本集一样。但是，如果连接的副本集是分片集群的一部分，那么只能看到部分数据。

2. mongos 路由器

如果每个分片都包含部分集群数据，那么还需要一个接口连接整个集群，这就是 mongos。mongos 进程是一个路由器，将所有的读写请求指引到合适的分片上。如此一来，mongos 为客户端提供了一个合理的系统视图。

mongos 进程是轻量级且非持久化的。它们通常运行于与应用服务器相同的机器上，确保对任意分片的请求只经过一次网络跳转。换言之，应用程序连接本地的 mongos，而 mongos 管理了指向单独分片的连接。

3. 配置服务器

如果 mongos 进程是非持久化的，那么必须有地方能持久保存集群的公认状态。这就是配置服务器的工作，其中持久化了分片集群的元数据，改数据包括：每个数据库，集合和特定范围数据的位置。一份变更记录，保存了数据在分片之间进行迁移的历史信息。配置服务器中保存的元数据是某些特定功能和集群维护的重中之重。举例来说，每次有 mongos 进程启动，它都会从配置服务器中获取一份元数据的副本。没有这些数据，就无法获得一致的分片集群视图。该数据的重要性对配置服务器的设计和部署也有影响。

如图 10-4 所示，有三个配置服务器，但它们并不是以副本集的形式部署的。它们比异步复制要求更严格。mongos 进程向配置服务器写入时，会使用两阶段提交。这能保证配置服务器之间的一致性。在各种生产环境的分片部署中，必须运行三个配置服务器，这些服务器都必须部署在独立的机器上以实现冗余。

10.3.2　核心分片操作

MongoDB 分片集群在两个级别上分布数据。较粗的是以数据库为粒度的，在集群里新建数据库时，每个数据库都会被分配到不同的分片里。如果不进行行别的设置，数据库以及其中的集合永远都会在创建它的分片里。因为大多数的应用程序都会把所有的数据保存在一个数据库里，因此这种分布方式带来的帮助不大。你需要更细粒度的分布方式，集合的粒度刚好能够满足要求。MongoDB 的分片是专门为了将单独的集合分布在多个分片里而设计的。

假设你正在构建一套基于云的办公软件，用于管理电子表格，并且要求将所有的数据都保存在 MongoDB 里。用户可以随心所欲地创建大量文档，每个文档都会保存为单独的 MongoDB 文档，放在一个 spreadsheets 集合里。随着时间的流逝，假设你的应用程序发展到了拥有 100 万用户。现在再想想那两个主要集合：users 和 spreadsheets。users 集合还比较容易处理，就算有 100 万用户，每个用户文档 1KB，整个集合大概也就 1GB，一台机器就搞定了。但 spreadsheets 集合就大不一样了，假设每个用户平均拥有 50 张电子表格，平均大小是 50KB，那么所谈论的就是 1TB 的 spreadsheets 集合。要是这个应用程序的活跃度很高，你会希望将数据放在内存里，要将数据放在内存里并且分布读写负载，就必须将集合分片。

MongoDB 的分片是基于范围的。也就是说分片集合里的每个文档都必须落在指定键的某个值范围里。MongoDB 使用所谓的分片键（Shard key）让每个文档在这些范围里找到自己的位置。其他的分布式数据库里可能使用分区键 partition key 或分布键 distribution key 来代替分片键这个术语。下面，从假想的电子表格管理应用程序里拿出一个实例文档，这样能更好地理解分片键：

```
{
    _id:ObjectId("4d6e9b89b600c2c196442c21")
```

```
     filename:"spreadsheet-1"
     updated_at:ISODate("2017-09-04T19:22:54.845z")
     username:"banks"
     data:"raw documnet data"
   }
```

在对该集合进行分片时，必须将其中的一个或多个字段申明为分片键。如果选择_id，那么文档会基于对象 ID 的范围进行分布。但是，由于一些原因，你要基于 username 和_id 声明一个复合分片键。因此，这些范围通常会表示一系列用户名。

现在你需要理解块（chunk）的概念，它是位于一个分片中的一段连续的分片键范围。举例来说，可以假设 docs 集合分布在两个分片 A 和 B 上，它被分成表 10-1 所示的多个块。每个块的范围都由起始值和终止值来标识。

表 10-1　docs 集合分布表

起 始 值	终 止 值	分 片
无穷大	abbot	B
abbot	dayton	A
dayton	harris	B
harris	norris	A
norris	无穷大	B

从表 10-1 中，你会发现一个重要的、有些违反直觉的属性：虽然每个单独的块都表示一段连续范围的数据，但这些块能出现在任意分片上。关于块，第二个要点是它们是种逻辑上的东西，而非物理上的。换言之，块并不表示磁盘上连续的文档。从一定程度上来说，如果一个从 harris 开始到 norris 结束的块存在于分片 A 上，那么就认为可以在分片 A 的 docs 集合里找到分片键落在这个范围内的文档。这个集合里那些文档的排列没有任何必然关系。

10.4　MongoDB 的分片集群

前面我们学习了关于 MongoDB 的复制集，复制集主要用来实现自动故障转移从而达到高可用的目的，然而，随着业务规模的增长和时间的推移，业务数据量会越来越大，当前业务数据可能只有几百 GB 不到，一台 DB 服务器足以搞定所有的工作，而一旦业务数据量扩充到几个 TB、几百个 TB 时，就会产生一台服务器无法存储的情况，此时，需要将数据按照一定的规则分配到不同的服务器进行存储、查询等，即为分片集群。分片集群要做到的事情就是数据分布式存储。

要构建一个 MongoDB 分片集群，需要三个角色：

（1）Shard server：即存储实际数据的分片，每个分片可以是一个 mongod 实例，也可以是一组 mongod 实例构成的复制集。为了实现每个分片内部的自动故障转移，MongoDB 官方建议每个分片为一组复制集。

（2）Config server：为了将一个特定的集合存储在多个分片中，需要为该集合指定一个分片键，例如 {age:1}，分片键可以决定该条记录属于哪个块。Config servers 就是用来存储所有分片节点的配置信息，每个块的分片键范围、块在各分片的分布情况、该集群中所有 DB 和集合的 sharding 配置信息。

route process：这是一个前端路由，客户端由此接入，然后询问 Config servers 需要到哪个分片上查询或保存记录，在连接相应的分片进行操作，最后将结果返回客户端。客户端只需要将原本发给 mongod 的查询或更新请求原封不动地发给 rounting process 而不必关心所操作的记录存储在哪个分片上。

10.4.1　理解分片集群的组件

MongoDB 的分片机制允许你创建一个包含许多台机器（分片）的集群。将数据子集分散在集群中，每个分片维护着一个数据集合的子集。与单个服务器和副本集相比，使用集群架构可以使应用程序具有更大的数据处理能力。

复制是让多台服务器都拥有同样的数据副本，每一台服务器都是其他服务器的镜像，而每一个分片和其他分片拥有不同的数据子集。

为了对应用程序隐藏数据库架构的细节，在分片之前要先执行 mongos 进行一次路由过程。这个路由服务器维护着一个"内容列表"，指明了每个分片包含什么数据内容。应用程序只需要连接到路由服务器，就可以像使用单机服务器一样进行正常的请求了。路由服务器知道哪些数据位于哪个分片，可以将请求转发给相应的分片。每个分片对请求的响应都会发送给路由服务器，路由服务器将所有响应合并在一起，返回给应用程序。对应用程序来说，它只知道自己是连接到了一台单机 mongod 服务器。

10.4.2　集群中的数据分布

在一个 Shard server 内部，MongoDB 还是会把数据分为 chunks，每个 chunk 代表这个 Shard server 内部一部分数据。chunk 的产生，会有以下两个用途：

Splitting：当一个 chunk 的大小超过配置中块的大小时，MongoDB 的后台进程会把这个 chunk 切分成更小的 chunk，从而避免 chunk 过大的情况。

Balancing：在 MongoDB 中，balancer 是一个后台进程，负责 chunk 的迁移，从而均衡各个 Shard server 的负载，系统初始 1 个 chunk，块的大小默认值 64MB，生产库上选择适合业务的块的大小是最好的。MongoDB 会自动拆分和迁移 chunks。

分片集群的数据分布（Shard 节点）需要注意以下几点：

（1）使用 chunk 来存储数据。

（2）进群搭建完成之后，默认开启一个 chunk，大小是 64MB。

（3）存储需求超过 64MB，chunk 会进行分裂，如果单位时间存储需求很大，设置更大的 chunk。

（4）chunk 会被自动均衡迁移。

10.4.3　chunk 分裂及迁移

当新数据不断插入到 MongoDB 的时候，一个个 chunk 是如何产生的呢？MongoDB 是如何保证各个分片之间的 chunk 数量平衡的呢？这里就要提到两个后台进程：splitting 和 balancer。

splitting 是一个用于防止 chunk 过大的后台进程，当 chunk 增大到超过设定的值时，MongoDB 将会把这个 chunk 分裂成两个 chunk。插入、更新操作都可能引起 chunk 分裂。在分裂过程中，MongoDB 只涉及一些元数据的修改，不需要在分片之间移动数据。

当某个集合的各分片的数据分布不平衡时，balancer 后台进程将会从拥有最多 chunk 的分片将 chunk 迁移到拥有最少 chunk 的分片上，直到各个分片上的数据达到平衡。比如一个集合在分片 1 上有 100 个 chunk，分片 2 上有 50 个 chunk，balancer 进程将会从分片 1 上迁移 25 个 chunk 到分片 2 上，以达到两个分片的数据分布平衡。chunk 的移动都是在后台进行的，如果在移动过程中有数据请求，这些请求将会仍然转发到原始分片上。

chunk 迁移过程分为三步：首先目标分片接受来自源分片的集合数据，然后目标分片应用在迁移过程中捕获的对正在迁移的 chunk 的修改，最后目标分片更新 config server 上的元数据。如果迁移过程失败，那么后台进程将会退出迁移过程，继续将 chunk 留在源分片。迁移成功后，MongoDB 才会删除源分片上的 chunk。

10.4.4　元数据

config server 中保存了关于分片的所有元数据，这些元数据反映了分片的状态信息和组织信息。元数据包含了分片列表、chunk 列表以及分片的配置参数设置等，都存放在 config server 中的一个名称为 config 的数据库中。我们不建议大家手工直接维护 config 数据库中的数据，应通过分片相关的命令来维护这些数据。

mongos 实例在启动或者重启时将会从 config server 中读取元数据并保存在自己的内存中。当管理员执行命令修改 config server 中的元数据或者 chunk 完成迁移后时，mongos 实例同时也会在内存中更新相关数据。

在生产环境下，MongoDB 建议应同时启动三个 config server，以提高 config server 的整体可用性。当其中的一个或者两个 config server 不可用时，集群的整个元数据将变成只读状态，这时应用依然能够存取业务数据，但是分裂、平衡等影响元数据的操作将不能进行，直到三个 config server 都可用。

10.4.5　MongoDB 的分片集群的搭建

这里简单介绍一下 Windows 下 MongoDB 的分片设置和集群搭建，其实 Windows 下与 Linux 下思路是一致的，只是绑定时的 IP 与端口号不同，Linux 下可以开三台虚拟机分别设置 IP，然后通过端口号设置分片、集群。Windows 下是通过黑窗口来运行的，当然只有一个本机 IP：127.0.0.1，然后通过端口号的不同进行绑定。

分片涉及到相关内容：首先要知道的是几个名称，路由服务器：分配管理数据，应答客户或者称为mongos。分片服务器：用于存储数据。配置服务器：用于存储路由服务器的信息。分片服务器与配置服务器的信息均存储在内存中。

实现描述：首先要明确是先设置复制集还是分片，这里是先搭建复制集然后将复制集作为分片的分片服务器添加进去，再进行分片的设置。这样就既可以快速读取数据，又可以防止数据丢失。在黑窗口运行时，要保证所要求的不同磁盘下的文件夹存在。

接下来开始搭建 MongoDB 分片集群：

步骤 1：创建配置服务器复制集。

这里部署了两个分片，每个分片包括 3 个复制集，1 个配置服务器复制集，1 个路由服务器，对应的目录如图 10-5 所示。

图 10-5 配置服务器复制集

接着进行分片服务器的配置，跟上一章学习的复制节点配置是一样的。下面是其中一个分片的配置信息，如下所示：

```
dbpath = E:\MongoDB\shard01\data
port = 10066
auth = false
bind_ip = 0.0.0.0
directoryperdb = true
logpath = E:\MongoDB\shard01\log\shard01.log
shardsvr=true
replSet=rs01
oplogSize=2048
```

然后还要对服务器和路由器进行配置，配置信息如下所示：

配置服务器配置实例：

```
dbpath = E:\MongoDB\config\data
port = 30066
auth = false
bind_ip=0.0.0.0
directoryperdb = true
logpath = E:\MongoDB\config\log\config.log
configsvr=true
oplogSize=2048
replSet=confs
```

路由服务器实例：

```
port = 40066
logpath = E:\MongoDB\route\log\route.log
configdb=confs/127.0.0.1:30066
```

在配置路由服务器的时候需要注意：configdb 属性务必与配置服务器对应。

这里区别于生产配置，生产配置时，不允许出现本地 IP 地址，即 127.0.0.1 和 localhost。

步骤 2：配置好以上信息，就可以启动配置服务和路由服务。在 Windows 命令提示符窗口进入 MongoDB 数据库所在根目录的 bin 目录。然后使用以下命令分别启动 Mongo 数据库服务。

```
//分片 1（副本集）
  mongod --config E:\MongoDB\shard01\shard01.conf  --serviceName "shard01" --serviceDisplayName
"shard01" --install
  mongod --config E:\MongoDB\shard02\shard02.conf  --serviceName "shard02" --serviceDisplayName
"shard02" --install
  mongod --config E:\MongoDB\shard03\shard03.conf  --serviceName "shard03" --serviceDisplayName
```

```
"shard03" --install
    //分片2（副本集）
    mongod --config E:\MongoDB\shard011\shard011.conf  --serviceName "shard011" --serviceDisplayName
"shard011" --install
    mongod --config E:\MongoDB\shard012\shard012.conf  --serviceName "shard012" --serviceDisplayName
"shard012" --install
    mongod --config E:\MongoDB\shard013\shard013.conf  --serviceName "shard013" --serviceDisplayName
"shard013" --install
    //配置服务器
    mongod --config E:\MongoDB\config\config.conf  --serviceName "config" --serviceDisplayName
"servesconfig" --install
    //路由服务器
    mongos --config E:\MongoDB\route\route.conf  --serviceName "route" --serviceDisplayName "serverroute"
--install
```

其中一个 Mongo 数据库服务成功启动，如图 10-6 所示。

图 10-6　Mongo 数据库服务成功启动

这样就可以启动服务器了，使用管理员命令进入 cmd，分别输入以下命令启动服务：

```
net start  shard01
net start  shard02
net start  shard03
net start  shard011
net start  shard012
net start  shard013
net start  config
net start  route
```

其中一个服务器成功启动如图 10-7 所示。

图 10-7　服务器成功启动

这里的服务器已经成功启动了，接下来就可以进行初始化副本集，配置 Primary 和 Secondary。新打开一个 DOS 窗口，输入命令：mongo --port 10066，连接其中的一个服务器，进入服务器后输入以下命令：Config={_id:'rs01',members:[{_id:0,host:'127.0.0.1:10066'},{_id:1,host:'127.0.0.1:10067'},{_id:2,host:'127.0.0.1:10068', arbiterOnly:true}]}，在这个 Mongo shell 环境中创建分片复制集配置对象，然后使用 rs.initiate()进行初始化，此实例便成为 Primary，如图 10-8 所示。

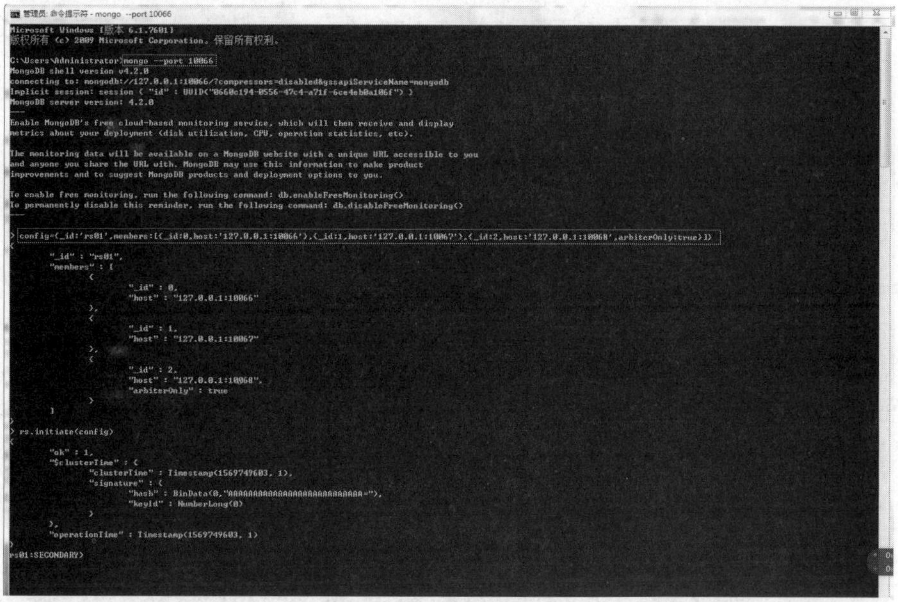

图 10-8　初始化副本集

使用 rs.status()命令来检查分片复制集的状态以便检查它是否被正确配置，如图 10-9 所示。

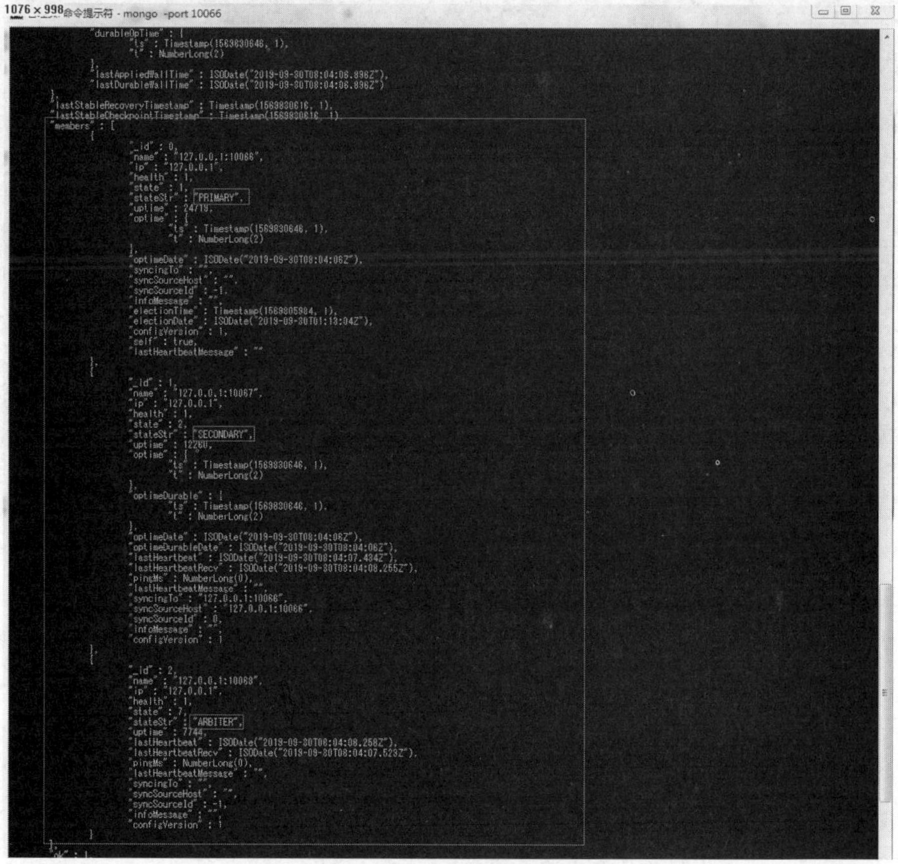

图 10-9　检查分片复制集状态

图 10-9 的结果表明该分片复制集已经被成功配置并初始化了。然后进入另一个副本集和服务器副本集按照同样的步骤配置一遍，配置另一个副本集和服务器副本集的命令如下：

副本集配置变量：

```
config={_id:'rs02',members:[{_id:0,host:'127.0.0.1:20066'},{_id:1,host:'127.0.0.1:20067'},
{_id:2,host:'127.0.0.1:20068',arbiterOnly:true}]}
```

服务器副本集变量：

```
config={_id:'confs',members:[{_id:0,host:'127.0.0.1:30066'}]}
```

注意：其中 10068、20068 地址后面的 arbiterOnly:true 表明这是仲裁服务器的意思。

步骤 3：添加创建的分片，目前搭建了 MongoDB 配置服务器、路由服务器，各个分片服务器，不过应用程序连接到 mongos 路由服务器并不能使用分片机制，还需要在程序里设置分片配置，让分片生效。使用管理员命令启动 cmd，输入 mongo-port 40066 命令进入路由服务器，在路由器服务中我们使用 admin 数据库，执行添加分片的命令 sh.addShard("rs01/127.0.0.1:10066,127.0.0.1:10067,127.0.0.1:10068")，添加成功界面如图 10-10 所示。

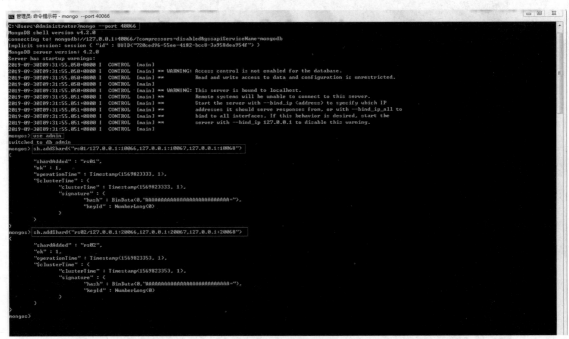

图 10-10 添加分片

然后可以使用 sh.status()查看分片信息，如图 10-11 所示。

步骤 4：为数据库启用分片，在对集合进行切分之前，必须为集合的数据库启用切分。为数据库启用分片不会重新分发数据，但是可以对数据库中的集合进行分片。

为数据库启用分片之后，MongoDB 为数据库分配一个主分片，MongoDB 将所有数据存储在这个数据库中。命令格式如下所示：

```
db.runCommand({enablesharding:"testdb"})
```

然后输入以下命令为数据库启动分片，如下所示：

```
#指定 testdb2 分片生效
```

```
db.runCommand( { enablesharding :"testdb2"});
```

启动分片成功如图 10-12 所示。

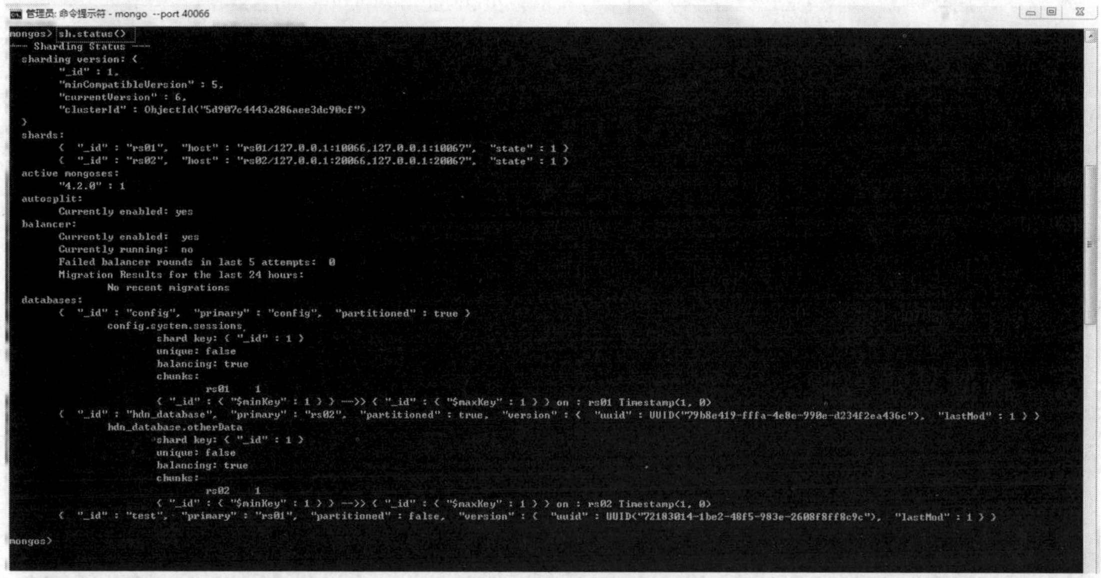

图 10-11　查看分片信息

图 10-12　启动分片成功

步骤 5：对集合进行分片，要分割一个集合，使用 db.runCommand({enablesharding:"testcollect"})方法，必须指定集合的完整名称空间和包含切分键的文档。前提数据库必须启用分片。选择的切分键会影响切分的效率，以及利用某些切分特性的能力。

如果集合已经包含数据，在使用 db.runCommand({enablesharding:"testcollect"})之前，必须使用 db.collection.createIndex()方法在切分键上创建索引。

如果集合为空，MongoDB 将创建索引作为 sh.shardCollection()的一部分。

然后输入以下命令对集合进行分片，代码如下：

```
#指定数据库里需要分片的集合和片键
db.runCommand( { Shard collection : "testdb2.table",key : {_id: "hashed"} } )
```

分片成功如图 10-13 所示。

步骤 6：到这里已经成功部署了一个分片集群，下面测试我们部署的分片集群是否能成功分片，首先进入路由器中，使用 testdb2 数据库，然后插入一个包含 100000 条的数据集，如下所示：

```
use testdb2
#插入测试数据
for (var i = 1; i <= 100000; i++) db.table.save({id:i,"test1":"testval1"});
```

```
#查看分片情况如下,部分无关信息省掉了
db.table.stats();
```

插入成功以后分别进入两个副本集服务器中输入命令 db.table.find().count()查看是否有我们在路由器中插入的数据，如图 10-14、图 10-15 所示。

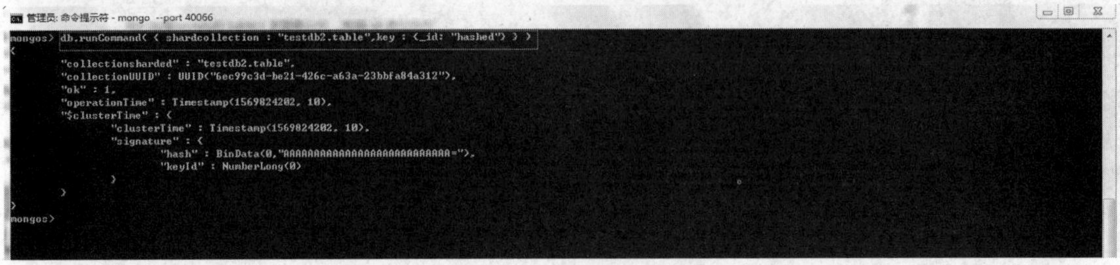

图 10-13　对集合分片成功

图 10-14　查看副本集数据

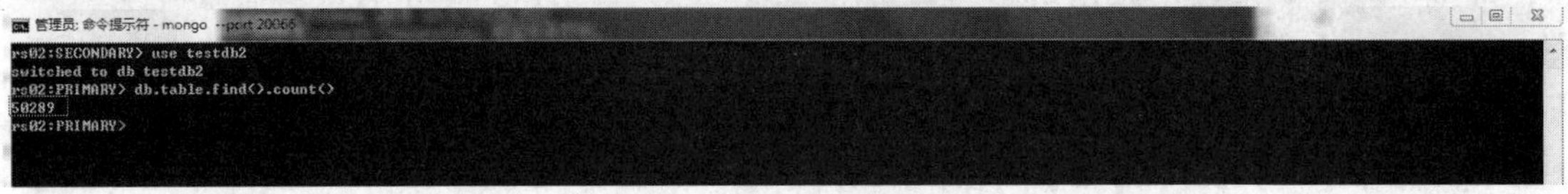

图 10-15　查看副本集数据

图 10-13、图 10-14 中可以看出两个的数据之和正好是我们插入的数据，所以分片部署成功了。

10.5　就业面试技巧与解析

学完本章内容，可以了解到 MongoDB 中的分片是如何实现的，以及一些高级功能。下面对面试过程中出现的问题进行解析，更好帮助读者学习本章内容。

10.5.1　面试技巧与解析（一）

面试官：数据在什么时候才会扩展到多个分片（Shard）里？

应聘者：MongoDB 分片是基于区域（range）的。所以一个集合中的所有的对象都被存放到一个块中。只有当存在多余一个块的时候，才会有多个分片获取数据的选项。现在，每个默认块的大小是 64MB，所以至少需要 64MB 空间才可以实施一个迁移。

10.5.2　面试技巧与解析（二）

面试官：如果一个分片停止或很慢的时候，发起一个查询会怎样？

应聘者：如果一个分片停止了，除非查询设置了 Partial 选项，否则查询会返回一个错误。如果一个分片响应很慢，MongoDB 会等待它的响应。

第 11 章

MongoDB 的应用——MongoDB sharding

 **本章概述**

本章主要讲解了块迁移的主要流程，块的迁移会受 Balancer 策略、块大小等很多因素影响。通过本章内容的学习，读者可以学习到与迁移相关的运维管理，以便大家更好地管理 MongoDB 分片集群。

 **本章要点**

- 数据分布策略
- 负载均衡
- 块迁移流程
- moveChunk 命令
- balancer 运维管理

11.1　MongoDB sharding 介绍

MongoDB 有三大核心优势：灵活模式+高可用性+可扩展性，通过 JSON 文档来实现灵活模式，通过复制集 replica set 保证高可用，通过分片集群来保证可扩展性。下面介绍 MongoDB 分片集群。

11.1.1　为什么需要分片集群

当 MongoDB 复制集遇到下面的业务场景时，就需要考虑使用分片集群：

（1）存储容量需求超过单机的磁盘容量。

（2）读写能力受单机限制（读能力也可以在复制集里加 secondary 节点来扩展），可能是 CPU、内存或者网卡等资源遭遇瓶颈，导致读写能力无法扩展。

分片集群使得集合的数据分散到多个分片（复制集或者单个 MongoDB 节点）存储，使得 MongoDB 具备了横向扩展的能力。

具体的 MongoDB 分片集群的架构如图 11-1 所示。

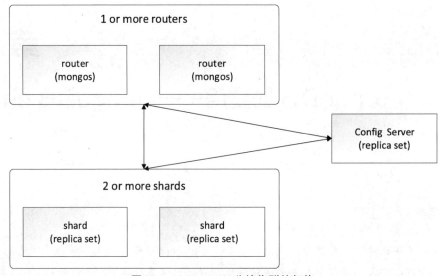

图 11-1　MongoDB 分片集群的架构

[shard]：每个分片是已经分片的数据的子集。从 MongoDB 3.6 版本开始，每个分片必须部署成复制集（replica set，不能是单个 MongoDB 节点）。

[mongos-router]：mongos 是一个查询路由器的角色，提供了 mongo 客户机访问分片集群的接口，为了支持高可用性，可以部署多个 mongos，常见的是一台应用服务器上部署一个 mongos，这样可以减少客户机到路由器之间的网络延时。

[config server]：config server 存储了集群的元数据以及配置数据，从 MongoDB 3.4 版本开始 config server 也必须部署为复制集（replica set）。

11.1.2　数据分布策略

分片集群支持将单个集合的数据分散存储在多个分片上，用户可以指定根据集合内文档的某个字段即分片键来分布数据，目前主要支持两种数据分布的策略，范围分片（Range based sharding）或 hash 分片（hash based sharding）。

范围分片：能够很好地支持基于分片键的范围查询。

hash 分片：通常能够将写入均衡地分布到各个分片。

hash 分片是根据分片键计算 hash 值（64B 整型），根据 hash 值按照范围分片的策略将文档分布到不同的块。

hash 分片与范围分片互补，能将文档随机的分散到各个块，充分扩展写能力，弥补了范围分片的不足，但不能高效地服务范围查询，所有的范围查询要分发到后端所有的分片才能找出满足条件的文档。

11.1.3　如何确定分片、mongos 数量

当你决定要使用分片集群时，问题来了，应该部署多少个分片、多少个 mongos？一般来说，可以先部

署 1000 个分片，然后根据需求逐步扩展。分片、mongos 的数量归根结底是由应用需求决定的，如果你使用 sharding 只是解决海量数据存储的问题，访问量并不多，那么很简单，假设单个分片的存储容量为 MB，而需要的存储总量是 N，那么代码如下所示：

```
numberOfShards = N / M / 0.75  （假设容量水位线为 75%）
numberOfMongos = 2+  （因为对访问要求不高,至少部署 2 个 mongos 即可）
```

如果你使用 sharding 是解决高并发写入（或读取）数据的问题，总的数据量其实很小，这时你部署的分片、mongos 要能满足读写性能需求，而容量则不是考量的重点。假设单个分片最大每秒查询率为 M，单个 mongos 最大 qps 为 Ms，需要总的 qps 为 Q，代码如下所示：

```
numberOfShards = Q / M / 0.75  （假设负载水位线为 75%）
numberOfMongos = Q / Ms / 0.75
```

如果 sharding 要解决上述两个问题，则按需求更高的指标来预估。以上估算是基于分片集群中数据及请求都均匀分布的理想情况，但实际情况下，分布可能并不均衡，这里引入一个不均衡系数 D 的概念，意思是系统里数据（或请求）分布最多的分片是平均值的 D 倍，实际需要的分片、mongos 数量是上述预估值再乘以不均衡系数 D。

而为了让系统的负载分布尽量均匀，就需要合理地选择分片键。

11.1.4　如何选择分片键

MongoDB 分片集群支持两种分片方式，各有优劣：

1）范围分片，通常能很好地支持基于分片键的范围查询。

2）Hash 分片，通常能将写入均衡分布到各个分片。

这两种分片策略都不能解决的问题包括：

（1）分片键取值范围太小（low cardinality），比如将数据中心作为分片键，而数据中心通常不会很多，分片的效果肯定不好。

（2）分片键某个值的文档特别多，这样导致单个块特别大（及特大块），会影响块迁移及负载均衡。

（3）根据非分片键进行查询、更新操作都会变成 scatter-gather 查询，影响效率。

一个好的分片键应该拥有如下特性：

- key 分布足够离散（sufficient cardinality）。
- 写请求均匀分布（evenly distributed write）。
- 尽量避免 scatter-gather 查询（targeted read）。

举一个例子，某物联网应用使用 MongoDB 分片集群存储海量设备的工作日志，假设设备数量在百万级别，设备每 10s 向 MongoDB 汇报一次日志数据，日志包含设备 ID，时间戳信息，应用最常见的查询请求是查询某个设备某个时间内的日志信息。

可以有以下几种方案，但只有最后一种能同时实现分片键的所有特征：

方案 1：时间戳作为分片键，范围分片。

新的写入都是连续的时间戳，都会请求到同一个分片，写分布不均，根据 deviceId 的查询会分散到所有分片上查询，效率低。

方案 2：时间戳作为分片键，hash 分片。

写入能均分到多个分片，根据 deviceId 的查询会分散到所有分片上查询，效率低。

方案 3：deviceId 作为分片键，hash 分片（如果 id 没有明显的规则，范围分片也一样）。

写入能均分到多个分片，同一个 deviceId 对应的数据无法进一步细分，只能分散到同一个块，会造成特大块。

根据 deviceId 的查询只请求到单个分片，不足的时候，请求路由到单个分片后，根据时间戳的范围查询需要全表扫描并排序。

方案 4：deviceId，时间戳组合起来作为分片键，范围分片。

写入能均分到多个分片。

同一个 deviceId 的数据能根据时间戳进一步分散到多个块，根据 deviceId 查询时间范围的数据，能直接利用（deviceId，时间戳）复合索引来完成。

11.1.5　特大块及块大小

特大块的意思是块太大或者文档太多且无法分裂。

MongoDB 默认的块大小为 64MB，如果块超过 64MB 并且不能分裂（比如所有文档的分片键都相同），则会被标记为特大块，balancer 不会迁移这样的块，从而可能导致负载不均衡，应尽量避免。

一旦出现了特大块，如果对负载均衡要求不高，不去关注也没什么影响，并不会影响到数据的读写访问。如果一定要处理，可以尝试如下方法：

（1）对特大块进行分割，一旦分割成功，mongos 会自动清除 jumbo 标记。

（2）对于不可再分的块，如果该块已不再是特大块，可以尝试手动清除块的 jumbo 标记（注意先备份 config 数据库，以免误操作导致 config 库损坏）。

（3）最后的办法，调大块大小，当块大小不再超过块大小时，jumbo 标记最终会被清理，但这个是治标不治本的方法，随着数据的写入仍然会再出现特大块，根本的解决办法还是合理地规划分片键。

关于块大小如何设置的问题，绝大部分情况下，直接使用默认块大小，以下场景可能需要调整块大小（取值在 1～1024）。

（1）迁移时 IO 负载太大，可以尝试设置更小的块大小。

（2）测试时，为了方便验证效果，设置较小的块大小。

（3）初始块大小设置不合适，导致出现大量特大块，影响负载均衡，此时可以尝试调大块大小。

（4）将未分片的集合转换为分片集合，如果集合容量太大，可能需要调大块大小才能转换成功。

11.1.6　负载均衡

MongoDB 分片集群的自动负载均衡目前是由 mongos 的后台线程来做的，并且每个集合同一时刻只能有一个迁移任务，负载均衡主要根据集合在各个分片上块的数量来决定的，相差超过一定阈值（跟块总数量相关）就会触发块迁移。

负载均衡默认是开启的，为了避免块迁移影响到线上业务，可以通过设置迁移执行窗口，比如只允许凌晨 2:00—6:00 期间进行迁移。设置如下所示：

```
use config
db.settings.update(
{ _id: "balancer" },
{ $set: { activeWindow : { start : "02:00", stop : "06:00" } } },
{ upsert: true }
)
```

另外，在进行 sharding 备份时（通过 mongos 或者单独备份 config server 和所有分片），需要停止负载均衡，以免备份出来的数据出现状态不一致问题。停止方法如下：

```
sh.stopBalancer()
```

11.2　MongoDB sharding 块迁移

默认情况下，MongoDB 会开启 balancer，在各个分片间迁移块来让各个分片间负载均衡。用户也可以手动调用 moveChunk 命令在分片之间迁移数据。

balancer 在工作时，会根据分片标签、分片间块数量的差值以及 removeShard 来决定是否需要迁移。

（1）根据分片标签迁移。

MongoDB sharding 支持分片标签特性，用户可以给分片打上标签，然后给集合的某个 range 打上标签，MongoDB 会通过 balancer 的数据迁移来保证拥有 tag 的 range 会分配到具有相同 tag 的分片上。

（2）根据分片间块数量的差值迁移。

针对所有启用分片的集合，如果拥有最多数量块的分片与拥有最少数量块的分片的差值超过某个阈值，就会触发块迁移。有了这个机制，当用户调用 addShard 添加新的分片，或者各个分片上数据写入不均衡时，balancer 就会自动来均衡数据。

（3）removeShard 触发迁移。

还有一种情况会触发迁移，当用户调用 removeShard 命令从集群里移除分片时，balancer 也会自动将这个分片负责的块迁移到其他节点，因 removeShard 过程比较复杂。

11.2.1　为什么要进行块迁移

MongoDB sharding 主要有 3 个场景需要进行块迁移。

场景 1

当多个分片上块数量分布不均时，MongoDB 会自动在分片间迁移块，尽可能让各个分片上的块数量均匀分布，就是大家经常说到的负载均衡。

场景 2

用户调用 removeShard 命令后，被移除分片上的块就需要被迁移到其他的分片上，等该分片上没有数据后，安全下线。

注意：分片上没有分片的集合，需要手动的 movePrimary 来迁移，系统不会自动迁移。

场景 3

MongoDB sharding 支持 shard tag 功能，可以对片及分片键分区打标签，系统会自动将对应 range 的数据迁移到拥有相同 tag 的分片上。例如：

```
mongos> sh.addShardTag("shard-hz", "hangzhou")
mongos> sh.addShardTag("shard-sh", "shanghai")
mongos> sh.addTagRange("shtest.coll", {x: 1}, {x: 1000}, "hangzhou")
mongos> sh.addTagRange("shtest.coll", {x: 2000}, {x: 5000}, "shanghai")
```

对 2 个分片添加了标签，对某个集合的分片键分区也添加了标签，这样该集合里 x 值为[1, 1000]的文档都会分布到 shard-hz，而 x 值为[2000, 5000]的文档则会分布到 shard-sh 里。

11.2.2   balancer 如何工作

在 MongoDB 3.2 版本里，mongos 有个后台的 balancer 任务，该任务不断针对上述 3 种场景来判断是否需要迁移块，如果需要，则发送 moveChunk 命令到源分片上开始迁移，除此之外，MongoDB 也提供了 moveChunk 命令，让用户能主动触发数据迁移。

一个分片集群里可能有很多个 mongos，如果所有 mongos 的 balancer 同时去触发迁移，整个集群就乱了，为了不出乱子，同一时刻只能让一个 balancer 去做负载均衡。

balancer 在开始负载均衡前，会先抢锁，抢到锁的 balancer 继续干活，没抢到锁的则继续等待，一段时间后再尝试抢锁。

这里的锁实际上是 config server 里 config.locks 集合下的一个特殊文档，balancer 使用 findAndModify 命令去更新文档的 state 字段（类似 set state=1 if state==0 的逻辑），更新成功即为抢锁成功。

抢锁成功后，balancer 就开始遍历所有分片的集合，针对每个集合，执行下述步骤，看是否需要进行块迁移。

下面来看一下 balancer 工作过程：

（1）获取集合对应的块分布信息。

获取分片的元信息（draining 代表分片是否正在被移除），如表 11-1 所示。

表 11-1   分片的元信息

分片名	maxSize	draining	tag	host
shard0	100GB	false	tag0	replset0
shard1	100GB	false	tag1	replset1

获取集合的块分布信息，如表 11-2 所示。

表 11-2   集合的块分布信息

分片名	块列表
shard0	chunk(min, -100), chunk(-100, 0)
shard1	chunk(0, 100), chunk(100, max)

获取集合对应的 tag 信息，如表 11-3 所示。

表 11-3　集合对应的 tag 信息

range	tag
(20, 80)	tag0

（2）检查是否需要块分裂。

如果集合没有设置 tag range，这个步骤不需要做任何事情。其主要是检查 tag range 跟块是否存在交叉，如果有，则以 range.min（range 的下限）为分割点，对块进行 split。例如：上面（20，80）的 range 的 tag 为 tag0，跟 chunk（0，100）有交叉的部分，于是就会在 20 这个点进行分裂，分裂为 chunk（0，20）以及 chunk（20，100），接下来就可以将 chunk（20，100）从 shard1 迁移到 shard0，就能满足 tag 分布规则了，这个步骤只是为迁移做准备工作，具体的迁移在 Step4 中完成。

（3）迁移 draining shard 上的块。

当用户使用 removeShard 将某个分片移除时，MongoDB 会将该分片标记为排空状态，blancer 在做迁移时，如果发现某个分片处于排空状态，就会主动将分片上的块迁移到其他分片。blancer 会挑选拥有最少块的分片作为迁移目标，构建迁移任务。

（4）迁移 tag 不匹配的块。

第（2）步时，已经将块根据 tag range 边界进行了 split，这时 balancer 只需要检查哪些块所属分片的 tag 与自身的不匹配，如果不匹配，则构建迁移任务，将块迁移到 tag 匹配的分片上。

（5）负载均衡迁移。

balancer 还会基于各个分片持有的块数量来做负载均衡迁移，如果一个集合在两个分片里的块数量相差超过一定阈值，则会触发迁移。通过对比持有块最多和最少的分片如表 11-4 所示。

表 11-4　块数量迁移对应

集合块数量	迁 移 阈 值
[1, 20]	2
[20, 80]	4
[80, max]	8

（6）执行迁移。

根据第（2）～（5）步构建出的迁移任务，开始真正的迁移。

值得注意的是，第（3）步、第（4）步里的迁移虽然是必须要做的，为了确保系统功能正常运转，但其仍然是由 balancer 来控制的，如果关闭了 balancer，就可能导致 removeShard、分片标签逻辑无法正常工作，所以关闭 balancer 一定要慎重。

11.2.3　moveChunk 命令

块迁移可能是通过 balancer 触发，也可能是用户通过手动向 mongos 发送 moveChunk 命令来触发。先来近距离了解一下 mongos 上的 moveChunk 命令，如果是 balancer 触发，其逻辑也跟 moveChunk 里类似。moveChunk 的主要参数列表如表 11-5 所示。

表 11-5　moveChunk 的主要参数

参　　数	含　　义
moveChunk	指定 namespace（集合名）
find	通过查询条件来指定要迁移的块
bound	通过上下限来指定要迁移的块，上下限必须要跟块的范围完全匹配
to	迁移目标分片名

归根结底就是要指定迁移哪个集合的哪个块，把这个块迁移到哪个分片，选择块时，可以通过 find 或 bound 这两种方式来指定（两者只能选择一个），mongos 就能计算出要迁移哪个块，并知道块所在的源分片。

mongos 接下来会根据上述参数，向源分片发送一个 moveChunk 命令（mongos 和分片都支持 moveChunk 这个命令，但内部的实现逻辑不同），接下来所有的迁移工作就由源分片接收了，等迁移完全结束，向 mongos 反馈执行结果。

块迁移步骤如图 11-2 所示。

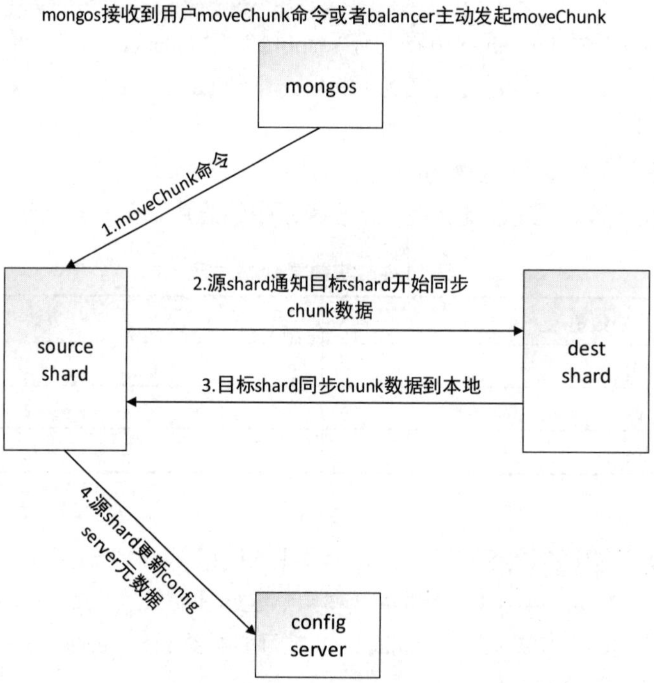

图 11-2　块迁移步骤

步骤 1：mongos 发送 moveChunk 给源分片。

mongos 接收到用户发送的迁移块命令，或者因负载均衡策略需要迁移块，会构建一个 moveChunk 的命令，并发送给源分片。

步骤 2：源分片通知目标分片开始同步块数据。

源分片收到 mongos 发送的 moveChunk 命令后，会向目标分片发送_recvChunkStart 的命令，通知目标分片开始迁移数据（真正的数据迁移由目标分片主动发起）。接下来，源分片会记录该块在迁移过程中的所有增量修改操作。

步骤 3：目标分片同步块数据到本地。

目标分片接收到_recvChunkStart 命令后，就会启动单独的线程来读取块数据并写到本地，主要步骤包括：

（1）目标分片创建集合及索引。如果迁移的集合在目标分片上没有任何块，则需要先在目标分片上创建集合，并创建和源分片上集合相同的索引。

（2）目标分片清理脏数据。如果目标分片上已经存在该块范围内的数据，则肯定为某次迁移失败导致的脏数据，先将这些数据清理掉。

（3）目标分片向源分片发送_migrateClone 命令读取块范围内的所有文档并写入到本地，即迁移块全量数据，迁移完后更新状态为 STEADY（可以理解为全量迁移完成的状态）。

（4）源分片会不断调用查询目标分片上的迁移状态，看是否为 STEADY 状态，如果已经是 STEADY 状态，就会停止源分片上的写操作（通过对集合加互斥写锁实现）。接下来发送_recv chunk Commit 告诉目标分片不会再有新的写入了。

（5）目标分片的迁移线程不断向源分片发送_transferMods 命令，读取迁移过程中的增量修改，并应用到本地，增量迁移完成后，向源分片确认_recv chunk Commit 的结果。

（6）源分片收到_recv chunk Commit 的结果，整个数据迁移的步骤完成。

步骤 4：源分片更新 config server 元数据。

数据迁移完成后，源分片就会向 config server 更新块对应的分片信息，同时也会更新块的版本信息，这样 mongos 发现本地版本更低就会主动的 reload 元数据。

步骤 5：源分片删除块数据。

块迁移到目标分片后，源分片上的块就没有必要再保存了，源分片会将块数据删除，默认情况下源分片会将删除操作加入到队列，异步删除，如果 moveChunk 时，指定了_waitForDelete 参数为 true，则同步删除完再返回。

11.2.4　balancer 运维管理

前面介绍了 MongoDB sharding 的迁移策略以及块迁移的步骤，下面将主要介绍如何管理 balancer，以更好地为业务服务。

每当我们对分片集群进行备份时，需要先关闭 balancer，避免备份出来分片、config server 数据出现不一致以及块迁移对线上服务造成影响。

下面来看一下 balancer 的基本命令，它们都是连接到 sharding cluster 的 mongos 上执行的：

（1）查看 balancer 当前状态：sh.getBalancerState()。

（2）关闭 balancer：sh.stopBalancer()。

（3）开启 balancer：sh.startBalancer()。

1．针对某个集合关闭 balancer

默认情况下，balancer 会针对所有分片的集合做负载均衡，如果针对某些特殊集合，不想 balancer 自动去迁移数据，可以仅针对该集合关闭。方法如下：

针对 students.grades 集合关闭 balancer，如下所示：

```
sh.disableBalancing("students.grades")
```

针对 students.grades 集合开启 balancer，如下所示：

```
sh.enableBalancing("students.grades")
```

2. 设置 balancer 时间窗口

为了尽量避免块迁移影响业务，可以将 balancer 设置为只在某个时间窗口内工作，避开业务高峰期，如下命令设置 balancer 只在凌晨 2:00—6:00 工作。

```
use config
db.settings.update(
{ _id: "balancer" },
{ $set: { activeWindow : { start : "02", stop : "06" } } },
{ upsert: true }
)
```

3. 设置迁移选项

moveChunk 允许用户自定义迁移数据时，数据写到目标上的安全级别（自由地在可靠性和迁移效率间做选择），通过 writeConcern 的方式来指定。

用户可以修改_secondaryThrottle 以及 writeConcern 参数，这两个参数需要组合起来使用，意思是如果 _secondaryThrottle 为 true，则使用 writeConcern 选项来指定迁移时写数据的策略。如果_secondaryThrottle 为 false，则使用{w: 1}，如下命令将 writeConcern 设置为{w: majority}。

```
use config
db.settings.update(
{ "_id" : "balancer" },
{ $set : { "_secondaryThrottle" : true ,
"writeConcern": { "w": "majority" } } },
{ upsert : true }
)
```

如果没有设置，则默认使用{w: 2}，要求至少写到目标 2 个节点（若目标分片是单节点，则退化为 {w: 1}）。

数据迁移完后，源分片需要将迁移完的块移除，默认情况下，源分片会将删除块的任务加到一个后台队列，在后台异步删除，然后 balancer 就可以启动下一次的块迁移。用户可以设置_waitForDelete 为 true（默认为 false），让源分片在块迁移完后同步删除块数据。启动块代码如下：

```
use config
db.settings.update(
{ "_id" : "balancer" },
{ $set : { "_waitForDelete" : true } },
{ upsert : true }
)
```

4. 设置块大小

MognoDB sharding 默认块大小为 64MB，默认设置在绝大多数场景都是合适的，在某些场景下，用户可能需要修改块大小配置。

如下命令将块大小修改为 100MB：

```
use config
db.settings.save( { _id:"chunksize", value: 100 } )
```

注意：

将块改小，后台需要一定时间来对原来的块进行分裂，将块大小降低至新块大小以下（如果是特大块，则无法分裂）。

将块改大，原来的小块不会自动进行合并，只有新的插入或更新操作才能导致块大小逐步增大。

块大小可修改的范围为[1MB,1024MB]区间。

11.3　就业面试技巧与解析

学完本章内容，我们可以了解到 MongoDB sharding 数据分布策略，负载均衡等基础知识，并学习了块的迁移流程、moveChunk 命令的使用方法以及 balancer 运维管理等内容。下面我们对面试过程中出现的问题进行解析，帮助读者学习本章内容。

11.3.1　面试技巧与解析（一）

面试官： 块大小对分裂及迁移的影响有哪些？

应聘者： MongoDB 默认的块大小为 64MB，如无特殊需求，建议保持默认值。块大小会直接影响块分裂、迁移的行为。

（1）块越小，块分裂及迁移越多，数据分布越均衡。反之，块越大，块分裂及迁移会更少，但可能导致数据分布不均。

（2）块太小，容易出现特大块（即分片键的某个取值出现频率很高，这些文档只能放到一个块里，无法再分裂）而无法迁移。块越大，则可能出现块内文档数太多（块内文档数不能超过 250000）而无法迁移。

（3）块自动分裂只会在数据写入时触发，所以如果将块改小，系统需要一定的时间来将块分裂到指定的大小。

（4）块只会分裂，不会合并，所以即使将块改大，现有的块数量不会减少，但块大小会随着写入不断增长，直到达到目标大小。

11.3.2　面试技巧与解析（二）

面试官： 如何减小分裂及迁移的影响？

应聘者： MongoDB sharding 运行过程中，自动的块分裂及迁移如果对服务产生了影响，可以考虑如下措施。

（1）预分片提前分裂。

在使用 shardCollection 对集合进行分片时，如果使用 hash 分片，可以对集合进行预分片，直接创建出指定数量的块，并打散分布到后端的各个分片。

指定 numInitial 块参数在 shardCollection 指定初始化的分片数量，该值不能超过 8192。

如果使用 range 分片，因为 shardKey 的取值不确定，预分片意义不大，很容易出现部分块为空的情况，所以 range 分片只支持 hash 分片。

（2）合理配置 balancer。

MonogDB 的 balancer 能支持非常灵活的配置策略来适应各种需求。

balancer 能动态地开启、关闭。

balancer 能针对指定的集合来开启、关闭。

balancer 支持配置时间窗口，只在指定的时间段内进行迁移。

第 4 篇

高级操作篇

在本篇中，将贯通前面所学的各项知识和技能来学习 MongoDB 数据库在不同开发语言和行业中的应用。通过本篇的学习，读者可以学习到 MongoDB 在 Java、Node.js 和 Python 中是如何进行使用的，学习完本篇内容，读者将具备 MongoDB 在商品管理、教育等行业开发中的应用能力，并为日后进行软件开发积累下行业开发经验。

- 第 12 章　用 Java 操作 MongoDB
- 第 13 章　用 Node.js 操作 MongoDB
- 第 14 章　用 Python 操作 MongoDB

第12章
用 Java 操作 MongoDB

 **本章概述**

本章主要讲解怎么使用 Java 操作 MongoDB 数据库进行增、删、改、查。通过本章内容的学习，读者可以学习到 Java 语言怎么和数据库建立连接以及怎么管理数据库。

 **本章要点**

- Java 连接 MongoDB 操作
- 添加和删除操作
- 基本文档修改操作
- 查询操作
- 分页操作

12.1 Java 连接 MongoDB 操作

Spring Data MongoDB 项目提供与 MongoDB 文档数据库的集成。Spring Data MongoDB 的关键功能区域是一个 POJO 中心模型，用于与 MongoDB 数据库集合交互并轻松编写一个存储式的数据访问层。

要在 Java 中使用 MongoDB，首先需要拥有 Java 连接 MongoDB 的第三方驱动包（jar 包）。maven 项目可通过在 pom.xml 中添加依赖，MongoDB 的 Java 驱动 jar 包在这里有很多的版本，我们下载自己对应的版本就可以了，本文下载使用的是 mongo-java-driver-3.0.4.jar, 代码如下：

```
<dependencies>
<dependency>
<groupId>org.mongodb</groupId>
<artifactId>mongo-java-driver</artifactId>
<version>3.0.4</version>
</dependency>
</dependencies>
```

1）下载 spring 的 spring-data 子项目的两个 jar 包，分别是 spring-data-commons 和 spring-data-mongodb,

本文下载的两个 jar 包分别是：

spring-data-commons-1.7.2.RELEASE.jar

spring-data-mongodb-1.4.2.RELEASE.jar

2）下载 MongoDB 的 Java 驱动 jar 包，这里有很多的版本，我们下载自己对应的版本就可以了，本文下载使用的是：mongo-java-driver-2.9.3.jar。

3）连接数据库。将 MongoDB JDBC 驱动加入到项目之后，就可以对 MongoDB 进行操作了。

（1）不通过认证连接 MongoDB 服务。

```
//连接到 MongoDB 服务
MongoClient mongoClient = new MongoClient("localhost", 27017);
```

这里的 localhost 表示连接的服务器地址，27017 为端口号。可以省略端口号不写，系统将默认端口号为 27017。如：

```
//连接到 MongoDB 服务,默认端口号为 27017
MongoClient mongoClient = new MongoClient("localhost");
```

也可以将服务器地址和端口号都省略，系统默认服务器地址为 localhost，端口号为 27017。如：

```
//连接到 MongoDB 服务,默认连接到 localhost 服务器,端口号为 27017
MongoClient mongoClient = new MongoClient();
```

（2）通过认证连接 MongoDB 服务。

```
List<ServerAddress> adds = new ArrayList<>();
//ServerAddress()两个参数分别为服务器地址和端口
ServerAddress serverAddress = new ServerAddress("localhost",27017);
adds.add(serverAddress);

List<MongoCredential> credentials = new ArrayList<>();
//MongoCredential.createScramSha1Credential()三个参数分别为 用户名 数据库名称 密码
MongoCredential    mongoCredential    =    MongoCredential.createScramSha1Credential("username",
"databaseName", "password".t
oCharArray());
credentials.add(mongoCredential);

//通过连接认证获取 MongoDB 连接
MongoClient mongoClient = new MongoClient(adds, credentials);
```

ServerAddress()两个参数 localhost，27017 分别为服务器地址和端口。

其中 MongoCredential.createScramSha1Credential()三个参数 username、databaseName、password 分别为用户名、数据库名称和密码。

（3）连接到数据库。

```
//连接到数据库
MongoDatabase mongoDatabase = mongoClient.getDatabase("test");
```

这里的 test 表示数据库名，若指定的数据库不存在，MongoDB 将会在第一次插入文档时创建数据库。

（4）封装成工具类。

由于所有连接数据库操作都需要执行这两步操作，所以可以将这两步操作封装成工具类。

```
import com.mongodb.MongoClient;
import com.mongodb.client.MongoDatabase;

//MongoDB 连接数据库工具类
public class MongoDBUtil {
```

```
//不通过认证获取连接数据库对象
public static MongoDatabase getConnect(){
    //连接到 MongoDB 服务
    MongoClient mongoClient = new MongoClient("localhost", 27017);

    //连接到数据库
    MongoDatabase mongoDatabase = mongoClient.getDatabase("test");

    //返回连接数据库对象
    return mongoDatabase;
}

//需要密码认证方式连接
public static MongoDatabase getConnect2(){
    List<ServerAddress> adds = new ArrayList<>();
    //ServerAddress()两个参数分别为服务器地址和端口
    ServerAddress serverAddress = new ServerAddress("localhost", 27017);
    adds.add(serverAddress);

    List<MongoCredential> credentials = new ArrayList<>();
    //MongoCredential.createScramSha1Credential()三个参数分别为用户名数据库名称密码
    MongoCredential mongoCredential = MongoCredential.createScramSha1Credential("username",
"databaseName", "password".toCharArray());
    credentials.add(mongoCredential);

    //通过连接认证获取 MongoDB 连接
    MongoClient mongoClient = new MongoClient(adds, credentials);

    //连接到数据库
    MongoDatabase mongoDatabase = mongoClient.getDatabase("test");

    //返回连接数据库对象
    return mongoDatabase;
    }
}
```

4）用 Java 测试一下 MongoDB 是否能正常连接

首先在 Eclipse 中新建 Java 项目 NewMongoDB，右击：Build Path→Add external Archives … →将你下载的 jar 包导入。然后编写 Java 连接 MongoDB 的简要测试程序代码如下：

```
public class TestMongodb {
    @Test
    public void testMongodb()
    {
        try{
            //连接到 MongoDB 服务
            Mongo mongo = new Mongo("127.0.0.1", 27017);
            //根据 MongoDB 数据库的名称获取 MongoDB 对象
            DB db = mongo.getDB( "test" );
            Set<String> collectionNames = db.getCollectionNames();
            //打印出 test 中的集合
            for (String name : collectionNames) {
                System.out.println("collectionName==="+name);
            }
        }catch(Exception e){
            e.printStackTrace();
        }
```

运行能获取 test 数据库下的集合，说明能正常连接数据库。

5）对数据库进行增加、检索、更新和删除

MongoDB 中的数据都是通过文档（对应于关系型数据库表中的一行）保存的，而文档又保存在集合（对应于关系型数据库的表）中。

（1）获取集合。

要对数据进行增加、检索、更新和删除操作首先要获取到操作的集合。代码如下：

```
//获取集合
MongoCollection<Document> collection = MongoDBUtil.getConnect().getCollection("user");
```

这里的 user 表示集合的名字，如果指定的集合不存在，MongoDB 将会在你第一次插入文档时创建集合。

（2）创建文档。

要插入文档首先需要创建文档对象，例如插入一个张三的文档，代码如下：

```
//创建文档
Document document = new Document("name","张三")
.append("sex", "男")
.append("age", 18);
```

（3）插入文档。

插入一个文档，使用 MongoCollection 对象的 insertOne()方法，该方法接收一个 Document 对象作为要插入的数据，代码如下：

```
//插入一个文档
@Test
public void insertOneTest(){
    //获取数据库连接对象
    MongoDatabase mongoDatabase = MongoDBUtil.getConnect();
    //获取集合
    MongoCollection<Document> collection = mongoDatabase.getCollection("user");
    //要插入的数据
    Document document = new Document("name","张三")
    .append("sex", "男")
    .append("age", 18);
    //插入一个文档
    collection.insertOne(document);
}
```

插入多个文档，使用 MongoCollection 对象的 insertMany()方法，该方法接收一个数据类型为 Document 的 List 对象作为要插入的数据，代码如下：

```
//插入多个文档
@Test
public void insertManyTest(){
    //获取数据库连接对象
    MongoDatabase mongoDatabase = MongoDBUtil.getConnect();
    //获取集合
    MongoCollection<Document> collection = mongoDatabase.getCollection("user");
    //要插入的数据
    List<Document> list = new ArrayList<>();
    for(int i = 1; i <= 3; i++) {
        Document document = new Document("name", "张三")
        .append("sex", "男")
        .append("age", 18);
```

```
        list.add(document);
    }
    //插入多个文档
    collection.insertMany(list);
}
```

（4）删除文档。

删除与筛选器匹配的单个文档，使用 MongoCollection 对象的 deleteOne()方法，该方法接收一个数据类型为 BSON 的对象作为过滤器筛选出需要删除的文档。然后删除第一个。为了便于创建过滤器对象，JDBC 驱动程序提供了 Filters 类。代码如下：

```
//删除与筛选器匹配的单个文档
@Test
public void deleteOneTest(){
    //获取数据库连接对象
    MongoDatabase mongoDatabase = MongoDBUtil.getConnect();
    //获取集合
    MongoCollection<Document> collection = mongoDatabase.getCollection("user");
    //申明删除条件
    Bson filter = Filters.eq("age",18);
    //删除与筛选器匹配的单个文档
    collection.deleteOne(filter);
}
```

删除与筛选器匹配的所有文档，使用 MongoCollection 对象的 deleteMany()方法，该方法接收一个数据类型为 BSON 的对象作为过滤器筛选出需要删除的文档。然后删除所有筛选出的文档。代码如下：

```
//删除与筛选器匹配的所有文档
@Test
public void deleteManyTest(){
    //获取数据库连接对象
    MongoDatabase mongoDatabase = MongoDBUtil.getConnect();
    //获取集合
    MongoCollection<Document> collection = mongoDatabase.getCollection("user");
    //申明删除条件
    Bson filter = Filters.eq("age",18);
    //删除与筛选器匹配的所有文档
    collection.deleteMany(filter);
}
```

（5）修改文档。

修改单个文档，使用 MongoCollection 对象的 updateOne()方法，该方法接收两个参数，第一个数据类型为 BSON 的过滤器筛选出需要修改的文档，第二个参数数据类型为 BSON 指定如何修改筛选出的文档。然后修改过滤器筛选出的第一个文档。如下所示：

```
//修改单个文档
@Test
public void updateOneTest(){
    //获取数据库连接对象
    MongoDatabase mongoDatabase = MongoDBUtil.getConnect();
    //获取集合
    MongoCollection<Document> collection = mongoDatabase.getCollection("user");
    //修改过滤器
    Bson filter = Filters.eq("name", "张三");
    //指定修改的更新文档
    Document document = new Document("$set", new Document("age", 100));
```

```
    //修改单个文档
    collection.updateOne(filter, document);
}
```

修改多个文档，使用 **MongoCollection** 对象的 **updateMany()** 方法，该方法接收两个参数，第一个参数数据类型为 **BSON** 的过滤器筛选出需要修改的文档，第二个参数数据类型为 **BSON** 指定如何修改筛选出的文档。然后修改过滤器筛选出的所有文档。如下所示：

```
//修改多个文档
@Test
public void updateManyTest(){
    //获取数据库连接对象
    MongoDatabase mongoDatabase = MongoDBUtil.getConnect();
    //获取集合
    MongoCollection<Document> collection = mongoDatabase.getCollection("user");
    //修改过滤器
    Bson filter = Filters.eq("name", "张三");
    //指定修改的更新文档
    Document document = new Document("$set", new Document("age", 100));
    //修改多个文档
    collection.updateMany(filter, document);
}
```

（6）查询文档。

使用 **MongoCollection** 对象的 **find()** 方法，该方法有多个重载方法，可以使用不带参数的 **find()** 方法查询集合中的所有文档，也可以通过传递一个 **BSON** 类型的过滤器查询符合条件的文档。这几个重载方法均返回一个 **FindIterable** 类型的对象，可通过该对象遍历出查询到的所有文档。

查找集合中的所有文档，如下所示：

```
//查找集合中的所有文档
@Test
public void findTest(){
    //获取数据库连接对象
    MongoDatabase mongoDatabase = MongoDBUtil.getConnect();
    //获取集合
    MongoCollection<Document> collection = mongoDatabase.getCollection("user");
    //查找集合中的所有文档
    FindIterable findIterable = collection.find();
    MongoCursor cursor = findIterable.iterator();
    while (cursor.hasNext()) {
        System.out.println(cursor.next());
    }
}
```

指定查询过滤器查询，代码如下：

```
//指定查询过滤器查询
@Test
public void FilterfindTest(){
    //获取数据库连接对象
    MongoDatabase mongoDatabase = MongoDBUtil.getConnect();
    //获取集合
    MongoCollection<Document> collection = mongoDatabase.getCollection("user");
    //指定查询过滤器
    Bson filter = Filters.eq("name", "张三");
    //指定查询过滤器查询
    FindIterable findIterable = collection.find(filter);
```

```
    MongoCursor cursor = findIterable.iterator();
    while (cursor.hasNext()) {
        System.out.println(cursor.next());
    }
}
```

也可以通过 first() 方法取出查询到的第一个文档，如下所示：

```
//取出查询到的第一个文档
@Test
public void findTest(){
    //获取数据库连接对象
    MongoDatabase mongoDatabase = MongoDBUtil.getConnect();
    //获取集合
    MongoCollection<Document> collection = mongoDatabase.getCollection("user");
    //查找集合中的所有文档
    FindIterable findIterable = collection.find();
    //取出查询到的第一个文档
    Document document = (Document) findIterable.first();
    //打印输出
    System.out.println(document);
}
```

到这里，Java 对 MongoDB 的一些基本操作就介绍完了。实现的步骤为：添加驱动→连接到服务→连接到数据库→选择集合→对集合进行增加、检索、更新和删除操作。

12.2　认识 Spring Data MongoDB

Spring Data 其实是一个高级别的 Spring Source 项目，而 Spring Data MongoDB 仅仅是其中的一个子项目。Spring Data 旨在为关系型数据库、非关系型数据库、Map-Reduce 框架、云数据服务等提供统一的数据访问 API。

无论是哪种持久化存储，数据访问对象（或称作为 DAO，即 Data Access Objects）通常都会提供对单一域对象的增加、检索、更新和删除操作、查询方法、排序和分页方法等。Spring Data 则提供了基于这些层面的统一接口（Crud Repository，Paging And Sorting Repository）以及对持久化存储的实现。

Spring Data 包含多个子项目：

Commons——提供共享的基础框架，适合各个子项目使用，支持跨数据库持久化。

Hadoop——基于 Spring 的 Hadoop 作业配置和一个 POJO 编程模型的 MapReduce 作业。

Key-Value——集成了 Redis 和 Riak，提供多个常用场景下的简单封装。

Document——集成文档数据库（CouchDB 和 MongoDB）并提供基本的配置映射和资料库支持。

Graph——集成 Neo4j，提供强大的基于 POJO 的编程模型。

Graph Roo AddOn——Roo 支持高性能的非关系图形数据库。

JDBC Extensions——支持 Oracle RAD、高级队列和高级数据类型。

JPA——简化创建 JPA 数据访问层和跨存储的持久层功能。

Mapping——基于 Grails 的提供对象映射框架，支持不同的数据库。

Examples——实例程序、文档和图数据库。

Guidance——高级文档。

12.3　添加和删除操作

Spring Data MongoDB 项目提供与 MongoDB 文档数据库的集成，Spring 与 Hibernate 集成时，Spring 提供了 org.springframework.orm.hibernate3.HibernateTemplate，实现了对数据的增加、检索、更新和删除操作，Spring Data MongoDB 提供了 org.springframework.data.mongodb.core.MongoTemplate 对 MongoDB 的增加、检索、更新和删除的操作，包括对集成的对象映射文件和 POJO 之间的增加、检索、更新和删除的操作。

下面来介绍一下 Java 代码如何实现对 MongoDB 的添加和删除操作。

12.3.1　添加

Spring Data MongoDB 的数据库模板提供了两种存储文档方式，分别是 save 和 insert，这两种的区别是：

- save：在新增文档时，如果有一个相同_ID 的文档时，会覆盖原来的。
- insert：在新增文档时，如果有一个相同_ID 的文档时，就会新增失败。

下面分别介绍这两种方式的具体语法使用格式。

1）save 方式用法如下：

（1）保存文档到默认的集合：void save (Object objectToSave)。

（2）对指定的集合进行保存：void save(Object objectToSave, String collectionName)。

2）insert 方式用法如下：

（1）保存文档到默认的集合：void insert(Object objectToSave)。

（2）批量添加到默认的集合：void insertAll(Object objectsToSave)。

（3）对指定的集合进行保存：void insert(Object objectToSave, String collectionName)。

Spring 实现 MongoDB 的添加操作：

1）介绍接口以及实现方法

步骤 1：首先实现一个基础接口，是我们比较常用的 MongoBase.java 类，代码如下：

```java
public interface MongoBase<T> {
    //insert 添加
    public void insert(T object,String collectionName);
    //save 添加
    public void save(T object,String collectionName);
    //批量添加
    public void insertAll(List<T> object);
}
```

步骤 2：实现文档的结构，也是实体类。

这里有两个实体类，订单类（Orders.java）和对应订单详情类（Item.java），这里实现内嵌文档。如果没有内嵌文档的结构，只要对一个实体类的操作就可以了。

Orders.java 代码如下：

```java
/**
 * 订单
 * @author zhengcy
 */
public class Orders implements Serializable {
    private static final long serialVersionUID = 1L;
```

```java
    //ID
    private String id;
    //订单号
    private String onumber;
    //日期
    private Date date;
    //客户名称
    private String cname;
    //订单
    private List<Item> items;

    public String getId() {
        return id;
    }
    public void setId(String id) {
        this.id = id;
    }
    public Date getDate() {
        return date;
    }
    public void setDate(Date date) {
        this.date = date;
    }
    public String getCname() {
        return cname;
    }
    public void setCname(String cname) {
        this.cname = cname;
    }
    public String getOnumber() {
        return onumber;
    }
    public void setOnumber(String onumber) {
        this.onumber = onumber;
    }
    public List<Item> getItems() {
        return items;
    }
    public void setItems(List<Item> items) {
        this.items = items;
    }
}
```

Item.java 代码如下：

```java
/**
*产品订购表
*@author zhengcy
*/
public class Item {
    //数量
    private Integer quantity;
    //单价
    private Double price;
    //产品编码
    private String pnumber;
    public Integer getQuantity() {
        return quantity;
    }
    public void setQuantity(Integer quantity) {
        this.quantity = quantity;
    }
```

```
        public Double getPrice() {
            return price;
        }
        public void setPrice(Double price) {
            this.price = price;
        }
        public String getPnumber() {
            return pnumber;
        }
        public void setPnumber(String pnumber) {
            this.pnumber = pnumber;
        }
}
```

步骤 3：实现 OrdersDao 类，就是实现 Orders 自己操作数据库的接口，这个 OrdersDao 也继承了 MongoBase 接口，这里的 OrdersDao 没实现其他额外的接口。

```
/**
*订单 Dao
*@author zhengcy
*/
public interface OrdersDao extends MongoBase<Orders> {
}
```

步骤 4：实现 OrdersDaoImpl 具体类，这边是实际操作数据库。

```
/**
*订单实现
*@author zhengcy
*/
@Repository("ordersDao")
public class OrdersDaoImpl implements OrdersDao {
    @Resource
    private MongoTemplate mongoTemplate;
    @Override
    public void insert(Orders object, String collectionName) {
        mongoTemplate.insert(object, collectionName);
    }
    @Override
    public void save(Orders object, String collectionName) {
        mongoTemplate.save(object, collectionName);
    }
    @Override
    public void insertAll(List<Orders> objects) {
    mongoTemplate.insertAll(objects);
    }
}
```

2）实现测试类，我们进行测试。

这里进行简单的测试，直接调用 OrdersDao 就可以了，实现了 TestOrders.java 类。

```
/**
*测试订单
*@author zhengcy
*/
public class TestOrders {
    private static OrdersDao ordersDao;
    private static ClassPathXmlApplicationContext app;
    private static String collectionName;
    @BeforeClass
    public static void initSpring() {
        try {
```

```
            app = new ClassPathXmlApplicationContext(new String[] { "classpath:application
Context-mongo. xml",
            "classpath:spring-dispatcher.xml" });
            ordersDao = (OrdersDao) app.getBean("ordersDao");
        collectionName ="orders";
        } catch (Exception e) {
            e.printStackTrace();
        }
    }


    //测试 Save 方法添加
    @Test
    public void testSave() throws ParseException{
    }
    //测试 Insert 方法添加
    @Test
    public void testInsert() throws ParseException{
    }
    //测试 InsertAll 方法添加
    @Test
    public void testInsertAll() throws ParseException{
    }
}
```

（1）测试 Save 方法添加：

```
//测试 Save 方法添加
@Test
public void testSave() throws ParseException
{
    SimpleDateFormat form=new SimpleDateFormat("yyyy-mm-dd");
    //订单
    Orders order =new Orders();
    order.setOnumber("001");
    order.setDate(form.parse("2019-10-25"));
    order.setCname("fnn");
    //订单详情
    List<Item> items=new ArrayList<Item>();
    Item item1=new Item();
    item1.setPnumber("p001");
    item1.setPrice(4.0);
    item1.setQuantity(5);
    items.add(item1);
    Item item2=new Item();
    item2.setPnumber("p002");
    item2.setPrice(8.0);
    item2.setQuantity(6);
    items.add(item2);
    order.setItems(items);
    ordersDao.insert(order,collectionName);
}
```

到 MongoDB 查询时，订单内嵌订单详情的文档，说明成功新增文档。关于测试 Insert 方法添加，这边就不做详情介绍，跟测试 Save 方法一样。

（2）测试 InsertALL 方法添加：

```
//测试 InsertAll 方法添加
@Test
public void testInsertAll() throws ParseException
{
    List<Orders> orders=new ArrayList<Orders>();
    for(int i=1;i<=10;i++){
```

```
                SimpleDateFormat form=new SimpleDateFormat("yyyy-mm-dd");
                //订单
                Orders order =new Orders();
                order.setOnumber("00"+i);
                order.setDate(form.parse("2019-10-25"));
                order.setCname("fnn"+i);
                //订单详情
                List<Item> items=new ArrayList<Item>();
                Item item1=new Item();
                item1.setPnumber("p00"+i);
                item1.setPrice(4.0+i);
                item1.setQuantity(5+i);
                items.add(item1);
                Item item2=new Item();
                item2.setPnumber("p00"+(i+1));
                item2.setPrice(8.0+i);
                item2.setQuantity(6+i);
                items.add(item2);
                order.setItems(items);
                orders.add(order);
        }
    ordersDao.insertAll(orders);
}<span style="font-family: Arial, Helvetica, sans-serif; background-color: rgb(255, 255,
255);"></span>
```

批量添加 10 条订单内嵌订单详情的文档，在 MongoDB 查询时，有查到数据，说明插入成功。代码如下：

```
> db.orders.find()
{ "_id" : ObjectId("55b387ebee10f907f1c9d461"), "_class" : "com.mongo.model.Orders", "onumber" :
"001", "date" : ISODate("2019-10-25T17:07:00Z"), "cname" : "fnn1", "items" : [ { "quantity" : 6,
"price" : 5, "pnumber" : "p001" }, { "quantity" : 7, "price" : 9, "pnumber" : "p002" } ] }
{ "_id" : ObjectId("55b387ebee10f907f1c9d462"), "_class" : "com.mongo.model.Orders", "onumber" :
"002", "date" : ISODate("2019-10-25T17:07:00Z"), "cname" : "fnn2", "items" : [ { "quantity" : 7,
"price" : 6, "pnumber" : "p002" }, { "quantity" : 8, "price" : 10, "pnumber" : "p003" } ] }
{ "_id" : ObjectId("55b387ebee10f907f1c9d463"), "_class" : "com.mongo.model.Orders", "onumber" :
"003", "date" : ISODate("2019-10-25T17:07:00Z"), "cname" : "fnn3", "items" : [ { "quantity" : 8,
"price" : 7, "pnumber" : "p003" }, { "quantity" : 9, "price" : 11, "pnumber" : "p004" } ] }
{ "_id" : ObjectId("55b387ebee10f907f1c9d464"), "_class" : "com.mongo.model.Orders", "onumber" :
"004", "date" : ISODate("2019-10-25T17:07:00Z"), "cname" : "fnn4", "items" : [ { "quantity" : 9,
"price" : 8, "pnumber" : "p004" }, { "quantity" : 10, "price" : 12, "pnumber" : "p005" } ] }
{ "_id" : ObjectId("55b387ebee10f907f1c9d465"), "_class" : "com.mongo.model.Orders", "onumber" :
"005", "date" : ISODate("2019-10-25T17:07:00Z"), "cname" : "fnn5", "items" : [ { "quantity" : 10,
"price" : 9, "pnumber" : "p005" }, { "quantity" : 11, "price" : 13, "pnumber" : "p006" } ] }
    ...........
>
```

（3）如果面对相同的_ID 时，在使用 save 和 insert 时，会像前面介绍的那样吗？测试一下就知道了。

在新增文档时，如果不设置_ID 属性值，文档添加到 MongoDB 时，对于 ObjectID 的 ID 属性/字段自动生成一个字符串，带有索引和唯一性。如果指定_ID 属性值时，速度会很慢，因为_ID 默认是有索引的。结果如下所示：

```
> db.orders.find()
{ "_id" : "1", "_class" : "com.mongo.model.Orders", "onumber" : "001", "date" :ISODate("2019-10-
25T17:07:00Z"), "cname" : "fnn1", "items" : [ { "quantity" : 5,"price" : 4, "pnumber" : "p001" },{ "quantity" :
6, "price" : 8, "pnumber" : "p002" } ] }
```

ObjectId 值"_id": "1"已经存在，分别用 save 和 insert 新增文档时，指定已经存在"_id": "1"。

测试 Insert 方法的添加，代码如下：

```
//测试 Insert 方法添加
```

```
@Test
public void testInsert() throws ParseException
{
    SimpleDateFormat form=new SimpleDateFormat("yyyy-mm-dd");
    //订单
    Orders order =new Orders();
    order.setId("1");
    order.setOnumber("002");
    order.setDate(form.parse("2019-10-25"));
    order.setCname("fnn2");
    //订单详情
    List<Item> items=new ArrayList<Item>();
    Item item1=new Item();
    item1.setPnumber("p003");
    item1.setPrice(4.0);
    item1.setQuantity(5);
    items.add(item1);
    Item item2=new Item();
    item2.setPnumber("p003");
    item2.setPrice(8.0);
    item2.setQuantity(6);
    items.add(item2);
    order.setItems(items);
    ordersDao.insert(order,collectionName);
}
```

添加相同的 ID 时，执行添加文档时，添加出现错误，如下所示：

```
org.springframework.dao.DuplicateKeyException:insertDocument :: caused by :: 11000 E11000
duplicate key error index:test.orders.$_id_ dup key: { :"1" }; nested exception is
com.mongodb.MongoException$DuplicateKey:insertDocument :: caused by :: 11000 E11000 duplicate key
error index:test.orders.$_id_ dup key: { :"1" }
```

调用持久层类进行保存域更新的时候，主键或唯一性约束冲突。

测试 Save 方法的添加，代码如下：

```
//测试 Save 方法添加
@Test
public void testSave() throws ParseException
{
    SimpleDateFormat form=new SimpleDateFormat("yyyy-mm-dd");
    //订单
    Orders order =new Orders();
    order.setId("1");
    order.setOnumber("002");
    order.setDate(form.parse("2019-10-25"));
    order.setCname("fnn2");
    //订单详情
    List<Item> items=new ArrayList<Item>();
    Item item1=new Item();
    item1.setPnumber("p003");
    item1.setPrice(4.0);
    item1.setQuantity(5);
    items.add(item1);
    Item item2=new Item();
    item2.setPnumber("p003");
    item2.setPrice(8.0);
    item2.setQuantity(6);
    items.add(item2);
    order.setItems(items);
    ordersDao.save(order,collectionName);
}
```

添加相同的 ID 时，如果已经存在，会对相对应的文档进行更新，调用 update 更新里面的文档。

```
> db.orders.find()
{ "_id" : "1", "_class" :"com.mongo.model.Orders", "onumber" : "002","date" :ISODate("2019-10-25
T17:07:00Z"),"cname" : "fnn2", "items" : [ {"quantity" : 5,"price": 4, "pnumber" : "p003" },
{ "quantity" : 6,"price" : 8, "pnumber" : "p003" } ] }
```

通过以上测试，可以得出下列结论：

（1）save：在新增文档时，如果有一个相同_ID 的文档时，会覆盖原来的。

（2）insert：在新增文档时，如果有一个相同_ID 的文档时，就会新增失败。

（3）MongoDB 提供了 InsertAll 批量添加，可以一次性插入一个列表，效率比较高，save 则需要一个一个插入文档，效率比较低。

12.3.2　删除文档、删除集合

1. 删除文档

Spring Data MongoDB 的 MongoTemplate 提供删除文档如下几个方法：

remove(Object object):void - MongoTemplate

remove(Object object,String collection):void - MongoTemplate

remove(Query query,Class<?> entityClass) : void - MongoTemplate

remove(Query query,String collectionName) :void - MongoTemplate

remove(Query query,Class<?> entityClass, String collectionName) : void - MongoTemplate

1）这边重点根据条件删除文档

步骤 1：在基础接口 MongoBase.java 类新增一个根据条件删除文档的接口。

```
//根据条件删除
public void remove(String field,String value,String collectionName);
```

步骤 2：在 OrdersDaoImpl 类添加一个具体根据条件删除文档的实现方法。

```
@Override
public void remove(Map<String, Object> params,String collectionName) {
    mongoTemplate.remove(new    Query(Criteria.where("id").is(params.get("id"))),User.class,
collectionName);
    }
```

现在查询 MongoDB 有两条文档，如下所示：

```
> db.orders.find()
{ "_id" : "1", "_class" : "com.mongo.model.Orders", "onumber" : "001", "date" :ISODate("2019-10-
25T17:07:00Z"), "cname" : "fnn1", "items" : [ { "quantity" : 5,"price" : 4, "pnumber" : "p001" },
{ "quantity" : 6, "price" : 8, "pnumber" : "p002" } ] }
{ "_id" : "2", "_class" : "com.mongo.model.Orders", "onumber" : "002", "date" :ISODate("2019-10-
25T17:07:00Z"), "cname" : "fnn2", "items" : [ { "quantity" : 5,"price" : 4, "pnumber" : "p003" },
{ "quantity" : 6, "price" : 8, "pnumber" : "p004" } ] }
 >
```

2）实现测试类

```
@Test
public void testRemove() throws ParseException
{
    ordersDao.remove("onumber","002", collectionName);
}
```

根据 onumber=002 条件删除文档，结果如下所示：

```
> db.orders.find()
{ "_id" : "1", "_class" : "com.mongo.model.Orders", "onumber" : "001", "date" :ISODate("2019-10-
25T17:07:00Z"), "cname" : "fnn1", "items" : [ { "quantity" : 5,"price" : 4, "pnumber" : "p001" },
{ "quantity" : 6, "price" : 8, "pnumber" : "p002" } ] }
```

只剩下 onumber=001 的文档。删除 orders 的数据，集合还存在，索引都还存在，相当于 SQL 中的 truncate
命令。

2. 删除集合

步骤 1：在基础接口 MongoBase.java 类新增一个根据条件删除集合的接口。

```
//删除集合
public void dropCollection(String collectionName);
```

步骤 2：在 OrdersDaoImpl 类添加一个具体根据条件删除集合的实现方法。

```
@Override
public void dropCollection(String collectionName) {
    mongoTemplate.dropCollection(collectionName);
}
```

最后集合、索引都不存在了，类似 SQL 的 drop。

12.4　MongoDB 的基本文档修改

Spring Data MongoDB 提供了 org.springframework.data.mongodb.core.MongoTemplate 对 MongoDB 的
update 的操作，可以对存储的数据进行修改，键-值对的集合键是字符串，值可以是数据类型集合里的任意
类型。今天介绍修改基本文档的方法和参数。

下面对 MongoDB 的基本文档修改，MongoDB 的查询语法如下所示：

```
>db.collection.update(
<query>,
<update>,
upsert:<boolean>,
multi:<boolean>
```

其中参数所代表的类型和描述如表 12-1 所示。

表 12-1　MongoDB 查询语法参数

参　　数	类　　型	描　　述
query	document	要修改哪些文档的查询条件，类似于 SQL 的 where
update	document	要修改的字段对应的值
upsert	boolean	可选的，默认值是 false。如果根据查询条件没找到对应的文档，如果设置为 true，相当于执行 insert，如果设置为 false，不做任何的操作
multi	boolean	可选的，默认值是 false。如果根据查询条件找到对应的多条记录，如果设置为 false 时，只修改第一条，如果设置为 true，全部更新

在这里 Spring Data MongoDB 提供的对应的修改方法：

（1）mongoTemplate. updateFirst 修改符合条件的第一条记录，它的用法如下所示：

updateFirst(Query query, Update update, Class<?> entityClass) : WriteResult - MongoTemplate

updateFirst(Query query, Update update, String collectionName) : WriteResult - MongoTemplate

updateFirst(Query query, Update update, Class<?> entityClass,String collectionName) : WriteResult - MongoTemplate

（2）mongoTemplate. updateMulti 修改符合条件的所有记录，它的用法如下所示：

updateMulti(Query query, Update update, Class<?> entityClass) : WriteResult - MongoTemplate

updateMulti(Query query, Update update, String collectionName) : WriteResult - MongoTemplate

updateMulti(Query query, Update update, Class<?> entityClass,String collectionName) : WriteResult - MongoTemplate

（3）mongoTemplate. Upsert 修改符合条件时如果记录不存在则添加该记录，它的用法如下所示：

upsert(Query query, Update update, Class<?> entityClass) : WriteResult - MongoTemplate

upsert(Query query, Update update, String collectionName) : WriteResult - MongoTemplate

upsert(Query query, Update update, Class<?> entityClass,String collectionName) : WriteResult - MongoTemplate

12.4.1　mongoTemplate.Upsert 操作

mongoTemplate.Upsert 修改符合条件时如果记录不存在则添加该记录。

1. 修改符合条件时记录不存在的情况

步骤 1：对查询条件 onumber=001 的 cname 进行修改，Spring Data MongoDB 代码如下。

```
mongoTemplate.upsert(newQuery(Criteria.where("onumber").is("001")),newUpdate().set("cname",
"fnn"), collectionName);
```

步骤 2：先查询 MongoDB 数据。

```
>db.orders.find({"onumber":"001"})
>
```

步骤 3：执行 mongoTemplate.upsert 操作。

步骤 4：查询 MongoDB 数据。

```
>db.orders.find({"onumber":"001"})
{ "_id" : ObjectId("55c5673e28121ca9e1dd397f"),"onumber" : "001", "cname" : "fnn" }
```

修改符合条件时如果记录不存在则添加该记录，相当于执行了 insert 命令。

2. 当符合条件的记录存在时，修改该记录的情况

步骤 1：Spring Data MongoDB 代码没改变。

步骤 2：先查询 MongoDB 数据。

```
> db.orders.find({"onumber":"001"})
{ "_id" : ObjectId("55c5689727e0a66301f9bb51"),"onumber" : "001" }
```

步骤 3：执行 mongoTemplate.upsert 操作。

步骤 4：查询 MongoDB 数据。

```
>db.orders.find({"onumber":"001"})
{ "_id" : ObjectId("55c5689727e0a66301f9bb51"),"onumber" : "001", "cname" : "fnn"}
```

相当于执行了 MongoDB 的 update：

```
>db.orders.update(
{"onumber" :"001"},
{$set: { "cname " : "fnn2"} },
true,
    true
)
```

12.4.2　mongoTemplate.updateFirst 操作

mongoTemplate. updateFirst 修改符合条件的第一条记录。对修改符合条件时多条记录的操作。

步骤 1：对查询条件 cname=fnn 的 date 进行修改，Spring Data MongoDB 代码如下：

```
mongoTemplate. updateFirst (newQuery(Criteria.where("cname").is("fnn")), newUpdate().set ("date",
"2019-08-08"), collectionName);
```

步骤 2：查询 MongoDB 数据，如图 12-1 所示。

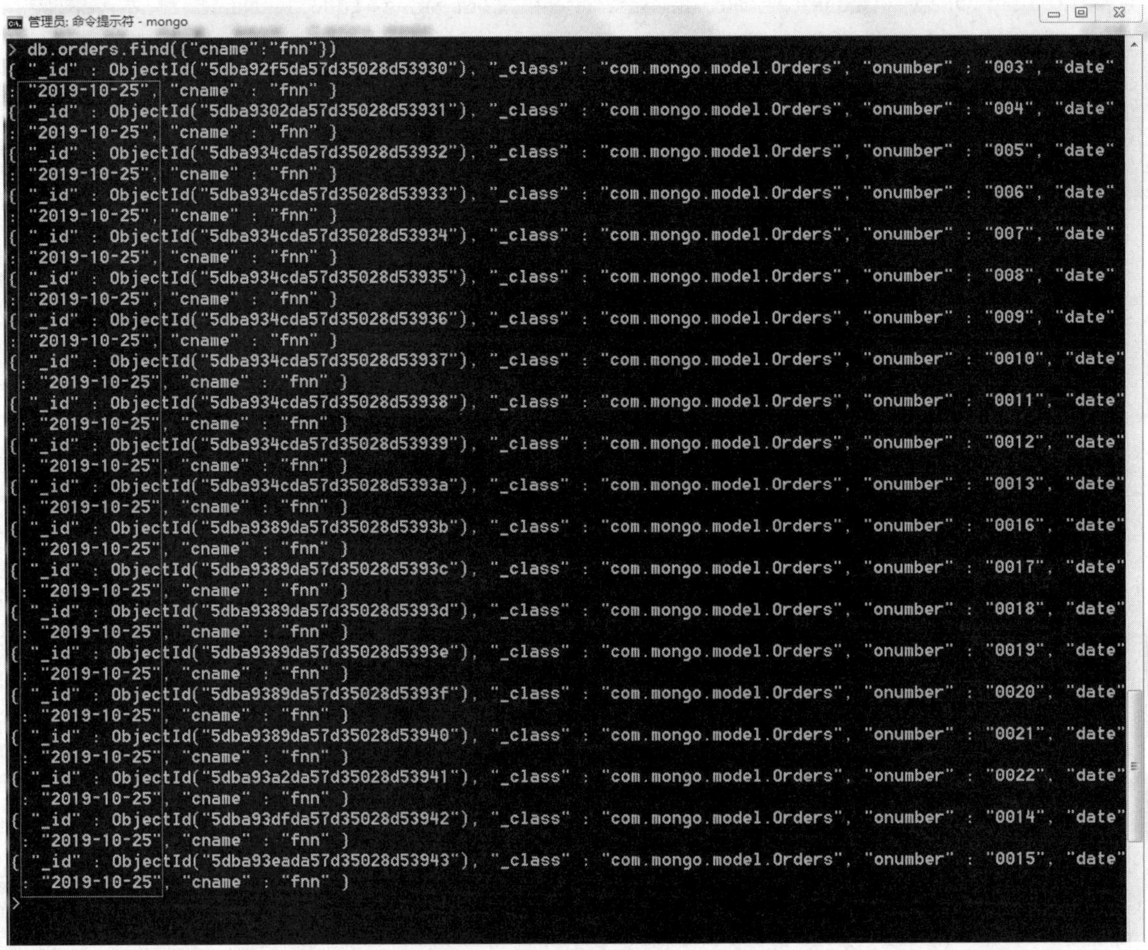

图 12-1　MongoDB 数据表 1

步骤 3：输入命令执行 mongoTemplate. updateFirst 操作。

步骤 4：查看 MongoDB 数据，发现 MongoDB 数据的第一条数据中的日期发生了改变，如图 12-2 所示。

```
管理员：命令提示符 - mongo
> db.orders.find({"cname":"fnn"})
{ "_id" : ObjectId("5dba9ae2da57d35028d53963"), "_class" : "com.mongo.model.Orders", "onumber" : "003", "date"
 "2019-08-08", "cname" : "fnn" }
{ "_id" : ObjectId("5dba9ae2da57d35028d53964"), "_class" : "com.mongo.model.Orders", "onumber" : "004", "date"
 "2019-10-25", "cname" : "fnn" }
{ "_id" : ObjectId("5dba9ae2da57d35028d53965"), "_class" : "com.mongo.model.Orders", "onumber" : "005", "date"
 "2019-10-25", "cname" : "fnn" }
{ "_id" : ObjectId("5dba9ae2da57d35028d53966"), "_class" : "com.mongo.model.Orders", "onumber" : "006", "date"
 "2019-10-25", "cname" : "fnn" }
{ "_id" : ObjectId("5dba9ae2da57d35028d53967"), "_class" : "com.mongo.model.Orders", "onumber" : "007", "date"
 "2019-10-25", "cname" : "fnn" }
{ "_id" : ObjectId("5dba9ae2da57d35028d53968"), "_class" : "com.mongo.model.Orders", "onumber" : "008", "date"
 "2019-10-25", "cname" : "fnn" }
{ "_id" : ObjectId("5dba9ae2da57d35028d53969"), "_class" : "com.mongo.model.Orders", "onumber" : "009", "date"
 "2019-10-25", "cname" : "fnn" }
{ "_id" : ObjectId("5dba9ae2da57d35028d5396a"), "_class" : "com.mongo.model.Orders", "onumber" : "0010", "date"
 : "2019-10-25", "cname" : "fnn" }
{ "_id" : ObjectId("5dba9ae2da57d35028d5396b"), "_class" : "com.mongo.model.Orders", "onumber" : "0011", "date"
 : "2019-10-25", "cname" : "fnn" }
{ "_id" : ObjectId("5dba9ae2da57d35028d5396c"), "_class" : "com.mongo.model.Orders", "onumber" : "0012", "date"
 : "2019-10-25", "cname" : "fnn" }
{ "_id" : ObjectId("5dba9ae2da57d35028d5396d"), "_class" : "com.mongo.model.Orders", "onumber" : "0013", "date"
 : "2019-10-25", "cname" : "fnn" }
{ "_id" : ObjectId("5dba9ae2da57d35028d5396e"), "_class" : "com.mongo.model.Orders", "onumber" : "0014", "date"
 : "2019-10-25", "cname" : "fnn" }
{ "_id" : ObjectId("5dba9ae2da57d35028d5396f"), "_class" : "com.mongo.model.Orders", "onumber" : "0015", "date"
 : "2019-10-25", "cname" : "fnn" }
{ "_id" : ObjectId("5dba9ae2da57d35028d53970"), "_class" : "com.mongo.model.Orders", "onumber" : "0016", "date"
 : "2019-10-25", "cname" : "fnn" }
{ "_id" : ObjectId("5dba9ae2da57d35028d53971"), "_class" : "com.mongo.model.Orders", "onumber" : "0017", "date"
 : "2019-10-25", "cname" : "fnn" }
{ "_id" : ObjectId("5dba9ae2da57d35028d53972"), "_class" : "com.mongo.model.Orders", "onumber" : "0018", "date"
 : "2019-10-25", "cname" : "fnn" }
{ "_id" : ObjectId("5dba9ae2da57d35028d53973"), "_class" : "com.mongo.model.Orders", "onumber" : "0019", "date"
 : "2019-10-25", "cname" : "fnn" }
{ "_id" : ObjectId("5dba9ae2da57d35028d53974"), "_class" : "com.mongo.model.Orders", "onumber" : "0020", "date"
 : "2019-10-25", "cname" : "fnn" }
{ "_id" : ObjectId("5dba9ae2da57d35028d53975"), "_class" : "com.mongo.model.Orders", "onumber" : "0021", "date"
 : "2019-10-25", "cname" : "fnn" }
{ "_id" : ObjectId("5dba9ae5da57d35028d53976"), "_class" : "com.mongo.model.Orders", "onumber" : "0022", "date"
 : "2019-10-25", "cname" : "fnn" }
>
```

图 12-2　MongoDB 数据表 2

12.4.3　mongoTemplate.updateMulti 操作

mongoTemplate.updateMulti 修改符合条件的所有记录。

步骤 1：对查询条件 cname=fnn 的 date 进行修改，Spring Data MongoDB 代码如下：

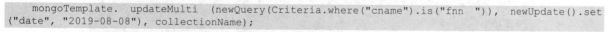

```
mongoTemplate. updateMulti (newQuery(Criteria.where("cname").is("fnn ")), newUpdate().set
("date", "2019-08-08"), collectionName);
```

步骤 2：先查询 MongoDB 中数据，如图 12-3 所示。

步骤 3：接着执行 mongoTemplate. updateMulti 操作，修改符合条件的所有数据文档。

步骤 4：然后再查询 MongoDB 数据，可以看出数据中的日期全部发生了改变，如图 12-4 所示。

图 12-3　MongoDB 数据表 3

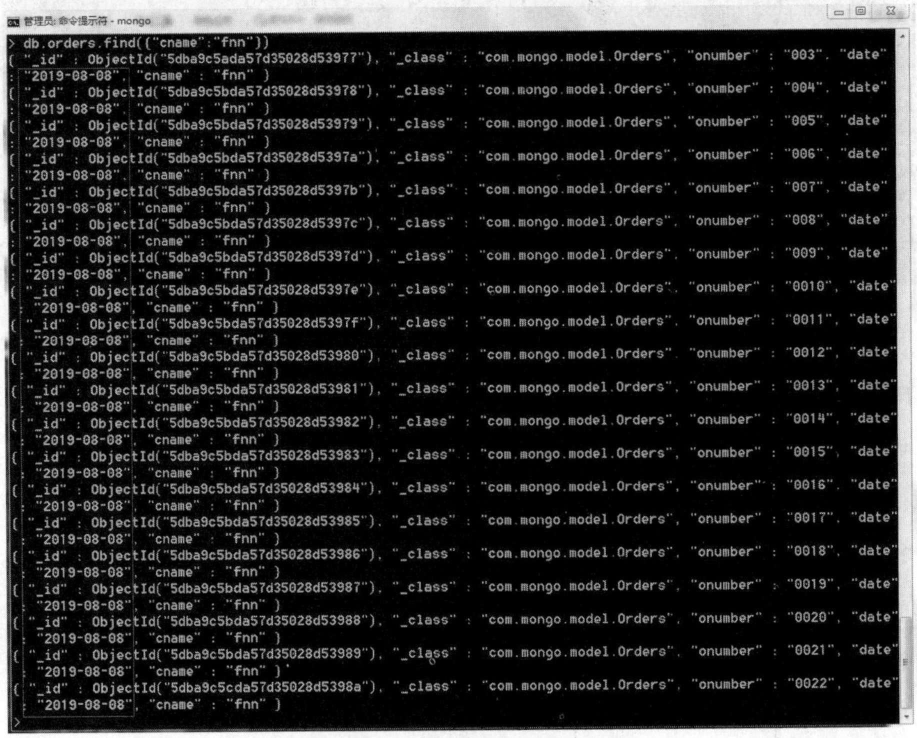

图 12-4　MongoDB 数据表 4

12.4.4　BasicUpdate 操作

BasicUpdate JSON 格式，需要自己实现 update 语句，BasicUpdate 需要手动实现$set 等操作符 SQL 语句，也可以使用 Update 的一些修改文档的操作方法，因为继承了 Update 类。

mongoTemplate.updateFirst 表示修改符合条件的第一条记录。

步骤 1：修改符合条件的多条记录时，对查询条件 cname=fnn 的 date 进行修改，Spring Data MongoDB 代码如下：

```
BasicDBObject basicDBObject=new BasicDBObject();
basicDBObject.put("$set", new BasicDBObject("date","2019-08-09"));
Updateupdate=newBasicUpdate(basicDBObject);
mongoTemplate.updateFirst(new Query(Criteria.where("cname").is("fnn")), update,collectionName);
```

步骤 2：查询 MongoDB 的数据，如图 12-5 所示。

```
管理员：命令提示符 - mongo
> db.orders.find({"cname":"fnn"})
{ "_id" : ObjectId("5dba9c5ada57d35028d53977"), "_class" : "com.mongo.model.Orders", "onumber" : "003", "date"
: "2019-08-08", "cname" : "fnn" }
{ "_id" : ObjectId("5dba9c5bda57d35028d53978"), "_class" : "com.mongo.model.Orders", "onumber" : "004", "date"
: "2019-08-08", "cname" : "fnn" }
{ "_id" : ObjectId("5dba9c5bda57d35028d53979"), "_class" : "com.mongo.model.Orders", "onumber" : "005", "date"
: "2019-08-08", "cname" : "fnn" }
{ "_id" : ObjectId("5dba9c5bda57d35028d5397a"), "_class" : "com.mongo.model.Orders", "onumber" : "006", "date"
: "2019-08-08", "cname" : "fnn" }
{ "_id" : ObjectId("5dba9c5bda57d35028d5397b"), "_class" : "com.mongo.model.Orders", "onumber" : "007", "date"
: "2019-08-08", "cname" : "fnn" }
{ "_id" : ObjectId("5dba9c5bda57d35028d5397c"), "_class" : "com.mongo.model.Orders", "onumber" : "008", "date"
: "2019-08-08", "cname" : "fnn" }
{ "_id" : ObjectId("5dba9c5bda57d35028d5397d"), "_class" : "com.mongo.model.Orders", "onumber" : "009", "date"
: "2019-08-08", "cname" : "fnn" }
{ "_id" : ObjectId("5dba9c5bda57d35028d5397e"), "_class" : "com.mongo.model.Orders", "onumber" : "0010", "date"
: "2019-08-08", "cname" : "fnn" }
{ "_id" : ObjectId("5dba9c5bda57d35028d5397f"), "_class" : "com.mongo.model.Orders", "onumber" : "0011", "date"
: "2019-08-08", "cname" : "fnn" }
{ "_id" : ObjectId("5dba9c5bda57d35028d53980"), "_class" : "com.mongo.model.Orders", "onumber" : "0012", "date"
: "2019-08-08", "cname" : "fnn" }
{ "_id" : ObjectId("5dba9c5bda57d35028d53981"), "_class" : "com.mongo.model.Orders", "onumber" : "0013", "date"
: "2019-08-08", "cname" : "fnn" }
{ "_id" : ObjectId("5dba9c5bda57d35028d53982"), "_class" : "com.mongo.model.Orders", "onumber" : "0014", "date"
: "2019-08-08", "cname" : "fnn" }
{ "_id" : ObjectId("5dba9c5bda57d35028d53983"), "_class" : "com.mongo.model.Orders", "onumber" : "0015", "date"
: "2019-08-08", "cname" : "fnn" }
{ "_id" : ObjectId("5dba9c5bda57d35028d53984"), "_class" : "com.mongo.model.Orders", "onumber" : "0016", "date"
: "2019-08-08", "cname" : "fnn" }
{ "_id" : ObjectId("5dba9c5bda57d35028d53985"), "_class" : "com.mongo.model.Orders", "onumber" : "0017", "date"
: "2019-08-08", "cname" : "fnn" }
{ "_id" : ObjectId("5dba9c5bda57d35028d53986"), "_class" : "com.mongo.model.Orders", "onumber" : "0018", "date"
: "2019-08-08", "cname" : "fnn" }
{ "_id" : ObjectId("5dba9c5bda57d35028d53987"), "_class" : "com.mongo.model.Orders", "onumber" : "0019", "date"
: "2019-08-08", "cname" : "fnn" }
{ "_id" : ObjectId("5dba9c5bda57d35028d53988"), "_class" : "com.mongo.model.Orders", "onumber" : "0020", "date"
: "2019-08-08", "cname" : "fnn" }
{ "_id" : ObjectId("5dba9c5bda57d35028d53989"), "_class" : "com.mongo.model.Orders", "onumber" : "0021", "date"
: "2019-08-08", "cname" : "fnn" }
{ "_id" : ObjectId("5dba9c5cda57d35028d5398a"), "_class" : "com.mongo.model.Orders", "onumber" : "0022", "date"
: "2019-08-08", "cname" : "fnn" }
>
```

图 12-5　MongoDB 数据表 5

步骤 3：执行 mongoTemplate.updateFirst 操作。

步骤 4：查询 MongoDB 数据，结果如图 12-6 所示。

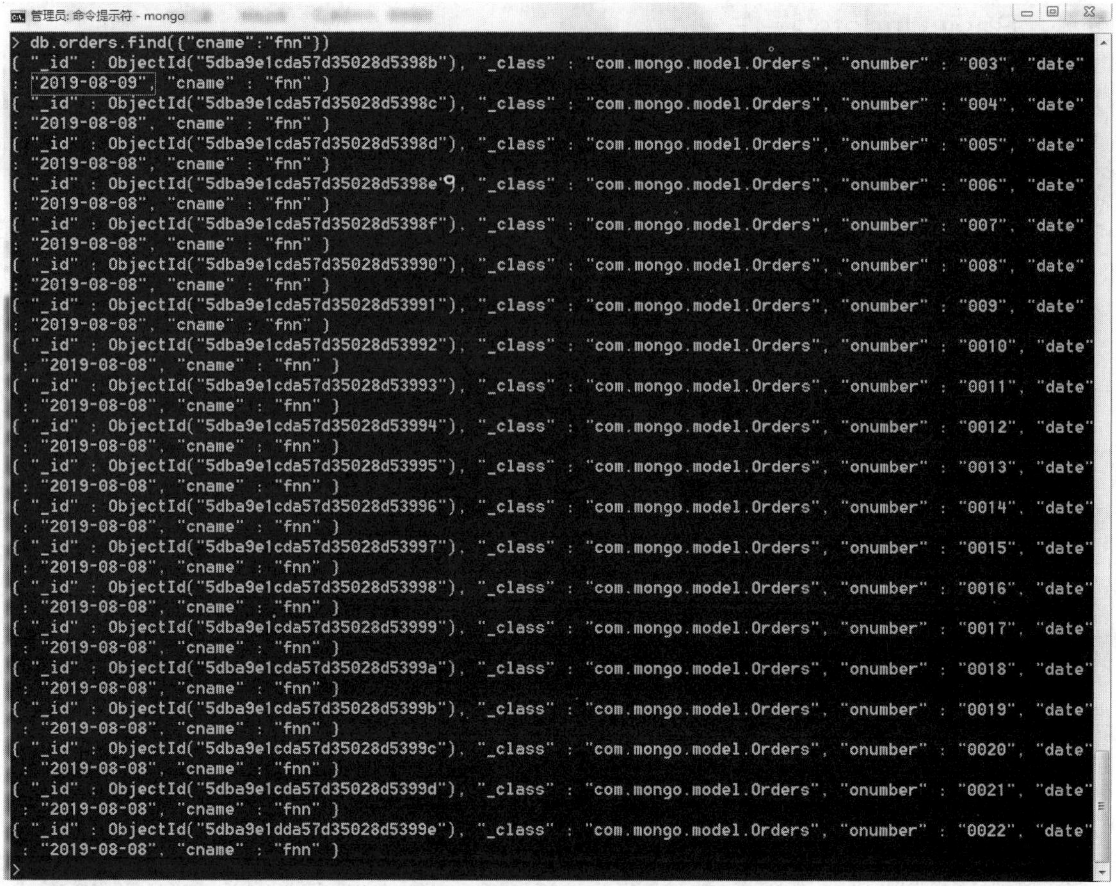

图 12-6　MongoDB 数据表 6

其中，BasicDBObject 可以同时对多个字段进行修改。

12.5　查询操作

上面介绍了对 MongoDB 的添加和删除操作，接着继续介绍通过 Java 代码实现对 MongoDB 的查询操作。

回顾一下，在之前介绍的 MongoDB 的基本文档查询，MongoDB 的查询语法如下：

```
db.orders.find({{<field1>:<value1>,<field2>: <value2>, … } },{field1:<boolean>, field2:<boolean>…})
```

下面来介绍 Spring Data MongoDB 提供的 find()方法，方便通过 Java 代码实现对 MongoDB 的查询操作：

```
mongoTemplate.find (query, entityClass)
```

其中，entityClass 表示实体类，也就是要把文档转换成对应的实体。

实现 query 的查询语句的方式有两种：

1. org.springframework.data.mongodb.core.query

构造函数：Query (Criteria criteria)

接受的参数是 org.springframework.data.mongodb.core.query.Criteria

Criteria 是标准查询的接口，可以引用静态的 Criteria.where 把多个条件组合在一起，就可以轻松地将多个方法标准和查询连接起来，方便我们操作查询语句。

当查询一个条件时，例如：onumber="002"。

```
mongoTemplate.find (new Query(Criteria.where("onumber").is("002")),entityClass)
```

当多个条件组合查询时，例如，onumber="002" and cname="fnn"。

```
mongoTemplate.find (new Query(Criteria.where("onumber").is("002").and("cname").is("fnn")),
entityClass)
```

例如，onumber="002" or cname="fnn"。

```
mongoTemplate.findOne(newQuery(newCriteria().orOperator(Criteria.where("onumber").is("002"),
Criteria.where("cname").is("fnn"))),entityClass);
```

通过 Criteria 的 and 方法，将多个条件组合查询。

Criteria 提供了很多方法，下面先介绍基本文档的查询操作符，如表 12-2 所示。

表 12-2　文档查询操作符

Criteria	MongoDB	说　　明
Criteria and (String key)	$and	并且
Criteria andOperator (Criteria··· criteria)	$and	并且
Criteria orOperator (Criteria··· criteria)	$or	或者
Criteria gt (Object o)	$gt	大于
Criteria gte (Object o)	$gte	大于或等于
Criteria in (Object··· o)	$in	包含
Criteria is (Object o)	$is	等于
Criteria lt (Object o)	$it	小于
Criteria lte (Object o)	$ite	小于或等于
Criteria nin (Object··· o)	$nin	不包含

2. 子类 org.springframework.data.mongodb.core.query.BasicQuery

它有以下几种构造方法：

```
BasicQuery(DBObject queryObject)
BasicQuery(DBObject queryObject, DBObject fieldsObject)
BasicQuery(java.lang.String query)
BasicQuery(java.lang.String query, java.lang.String fields)
```

其中，DBObject 是接口，提供了几个子类。比较常用的是底层子类，既继承父类又扩展了自己的方法，所以功能会比较多。

1）BasicDBObject

```
BasicBSONObject extendsLinkedHashMap<String,Object> implements BSONObject
BasicDBObject extends BasicBSONObject implementsDBObject
```

例如，当查询条件 onumber="002"时，查询如下：

```
DBObject obj = new BasicDBObject();
obj.put( "onumber","002" );
```

它相当于在 MongoDB shell 中这样查询：

```
db.collect.find({"onumber":"002"})
```

2）BasicDBList

```
BasicBSONList extendsArrayList<Object> implements BSONObject
BasicDBList extends BasicBSONList implements DBObject
```

BasicDBList 可以存放多个 BasicDBObject 条件。

例如，当查询 onumber="002" OR cname="fnn1"时，查询如下：

```
BasicDBList basicDBList=new BasicDBList();
basicDBList.add(new BasicDBObject("onumber","002"));
basicDBList.add(new BasicDBObject("cname","fnn1"));
DBObjectobj =newBasicDBObject();
obj.put("$or", basicDBList);
Query query=new BasicQuery(obj);
```

它相当于在 MongoDB shell 中这样查询：

```
db.orders.find({$or:[{"onumber":"002"},{"cname":"fnn1"}]})
```

BasicDBList.add 方法表示添加一个文档的查询条件。

3）com.MongoDB.QueryBuilder

QueryBuilder 默认构造函数，是初始化 BasicDBObject，QueryBuilder 多个方法标准和查询连接起来，方便我们操作查询语句。跟 Criteria 是标准查询的接口一样。

QueryBuilder 和 BasicDBObject 配合使用，QueryBuilder 帮我们实现了 $and 等操作符，查看部分的源代码如下所示：

```
publicclassQueryBuilder {
    /**
    * Creates a builder with an empty query
    */
    publicQueryBuilder() {
        _query = new BasicDBObject();
    }
    publicQueryBuilder or( DBObject … ors ){
        List l = (List)_query.get( "$or" );
        l = new ArrayList();
        _query.put( "$or" , l );
    }
    for ( DBObject o : ors )
    l.add( o );
    return this;
}
/**
* Equivalent to an $and operand
* @param ands
* @return
*/
@SuppressWarnings("unchecked")
publicQueryBuilder and( DBObject … ands ){
    List l = (List)_query.get( "$and" );
    if ( l == null ){
        l = new ArrayList();
```

```
        _query.put( "$and" , l );
    }
    for ( DBObject o : ands )
    l.add( o );
    return this;
}
```

接下来介绍查询的实现，Criteria 提供了很多方法。

12.5.1 findOne 查询

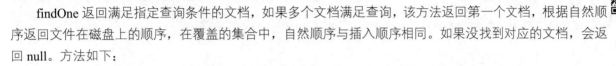

findOne 返回满足指定查询条件的文档，如果多个文档满足查询，该方法返回第一个文档，根据自然顺序返回文件在磁盘上的顺序，在覆盖的集合中，自然顺序与插入顺序相同。如果没找到对应的文档，会返回 null。方法如下：

```
mongoTemplate.findOne(query,entityClass)
```

在上一篇介绍了基本添加的实现，这边就不再介绍了，直接介绍往里面添加的方法。

步骤 1：在基础接口 MongoBase.java 类新增一个 findOne 的接口。

```
//根据条件查询
blic T findOne(Query query,String collectionName);
```

步骤 2：在 OrdersDaoImpl 类添加一个具体 findOne 的实现方法。

```
@Override
ublic Orders findOne(Query query, String collectionName) {
return mongoTemplate.findOne(query, Orders.class, collectionName);
```

步骤 3：实现测试方法。

```
//测试 testFindOne 方法添加
@Test
public void testFindOne() throws ParseException
{
    Queryquery=newQuery(Criteria.where("onumber").is("002"));
    Ordersorder=ordersDao.findOne(query,collectionName);
    System.out.println(JSONObject.fromObject(order));

}
```

当使用 MongoDB 查询时，里面有两条 onumber 值相同的文档，如下所示：

```
{ "_id" : ObjectId("55b3ae9bee10ded9390d0b97"),"_class" : "com.mongo.model.Orders", "onumber" :
"002", "date" :ISODate("2019-10-25T16:07:00Z"), "cname" : "fnn1", "items" : [ { "quantity" : 5,"price" :
4, "pnumber" : "p001" }, {"quantity" : 6, "price" : 8, "pnumber" :"p002" } ] }
{ "_id" : ObjectId("55b3aea5ee10f970a2da7017"),"_class" : "com.mongo.model.Orders", "onumber" :
"002", "date" :ISODate("2019-10-25T16:07:00Z"), "cname" : "fnn2", "items" : [ { "quantity" : 5,"price" :
4, "pnumber" : "p003" }, { "quantity" : 6, "price" : 8, "pnumber" :"p004" } ] }
```

执行 findOne 时查询条件为 onumber=002，返回第一个记录。

```
{"cname":"fnn1","date"{"date":25,"day":0,"hours":0,"minutes":7,"month":0,"seconds":0,"time":
1422115620000,"timezoneOffset":-480,"year":115},"id":"55b3ae9bee10ded9390d0b97","items":[{"pnumb
er":"p001","price":4,"quantity":5},{"pnumber":"p002","price":8,"quantity":6}],"onumber":"002"}
```

12.5.2 find 查询

1. org.springframework.data.mongodb.core.query

构造函数：Query (Criteria criteria)

接受的参数是 org.springframework.data.mongodb.core.query.Criteria

例如：查询 onumber="002"并且 cname="fnn"

OrdersDaoImpl 类实现了 find 的方法，代码如下所示：

```
@Override
publicList<Orders> find(org.springframework.data.mongodb.core.query.Queryquery, String collection
Name) {
    return mongoTemplate.find(query, Orders.class, collectionName);
}
```

然后实现测试方法：

```
Query query=new Query(Criteria.where("onumber").is("002").and("cname").is("fnn1"));
@Test
public void testFind() throws ParseException
{
    Queryquery=newQuery(Criteria.where("onumber").is("002").and("cname").is("zcy1"));
    List<Orders>orders=ordersDao.find(query,collectionName);
    System.out.println(JSONArray.fromObject(orders));
}
```

我们查询的结果如下：

```
[{"cname":"fnn1","datse":{"date":25,"day":0,"hours":0,"minutes":7,"month":0,"seconds":0,"tim
e":1422115620000,"timezoneOffset":-480,"year":115},"id":"55b3ae9bee10ded9390d0b97","items":[{"
pnumber":"p001","price":4,"quantity":5},{"pnumber":"p002","price":8,"quantity":6}],"onumber":"
002"}]
```

它相当于在 MongoDB 中这样来表示：

```
b.orders.find({"onumber" : "002" ,"cname" : "fnn1"})
```

此外还有另外一种写法 Criteria andOperator(Criteria… criteria)，代码如下所示：

```
Queryquery=newQuery(Criteria.where("onumber").is("002").andOperator(Criteria.where("cname").
is("fnn1")));
```

注意：一个 Criteria 中只能有一个 andOperator，and 可以有多个，我们查询并列条件时，比较建议使用 and 方法。

2. org.springframework.data.mongodb.core.query.BasicQuery

它有以下几种构造方法：

```
BasicQuery(DBObject queryObject)
BasicQuery(DBObject queryObject, DBObject fieldsObject)
BasicQuery(java.lang.String query)
BasicQuery(java.lang.String query, java.lang.String fields)
```

例如：查询 onumber="002" or cname="fnn"的结果

OrdersDaoImpl 类实现了 find 的方法，如下所示：

```
@Override
publicList<Orders> find(org.springframework.data.mongodb.core.query.BasicQueryquery,  String
collectionName) {
    returnmongoTemplate.find(query, Orders.class, collectionName);
}
```

接着实现测试方法：

```
public voidtestFind() throwsParseException
{
    BasicDBListbasicDBList=newBasicDBList();

    basicDBList.add(new BasicDBObject("onumber","002"));
    basicDBList.add(new BasicDBObject("cname","fnn1"));
    DBObjectobj = newBasicDBObject();
    obj.put("$or", basicDBList);
    Queryquery=newBasicQuery(obj);
    List<Orders>orders=ordersDao.find(query,collectionName);
    System.out.println(JSONArray.fromObject(orders));
}
```

查询结果如下所示：

```
[{"cname":"fnn1","date":{"date":25,"day":0,"hours":0,"minutes":7,"month":0,"seconds":0,"time
":1422115620000,"timezoneOffset":-480,"year":115},"id":"55bb9a3c27547f55fef9a10f","items":[{"pnumb
er":"p001","price":5,"quantity":6},{"pnumber":"p002","price":9,"quantity":7}],"onumber":"001"},
    {"cname":"fnn1","date":{"date":25,"day":0,"hours":0,"minutes":7,"month":0,"seconds":0,"time
":1422115620000,"timezoneOffset":-480,"year":115},"id":"55bb9a2727544d40b95156e1","items":[{"pnumb
er":"p001","price":5,"quantity":6},{"pnumber":"p002","price":9,"quantity":7}],"onumber":"001"}]
```

在 MongoDB 中它相当于这样表示：

```
{ "$or" : [ { "onumber" :"002"} , { "cname" : "fnn1"}]}
```

也可以 QueryBuilder 和 BasicDBObject 配合使用，如下所示：

```
QueryBuilder queryBuilder= newQueryBuilder();
queryBuilder.or(new BasicDBObject("onumber","002"),newBasicDBObject("cname","fnn1"));
Query query=new BasicQuery(queryBuilder.get());
```

12.5.3　find 查询时指定返回需要的字段

org.springframework.data.mongodb.core.query.BasicQuery 提供了两种构造方法：

```
BasicQuery(DBObject queryObject, DBObject fieldsObject)
BasicQuery(java.lang.String query, java.lang.String fields)
```

BasicQuery 查询语句可以指定返回字段构造函数。

```
BasicQuery(DBObject queryObject, DBObject fieldsObject)
```

fieldsObject 这个字段可以指定返回字段。

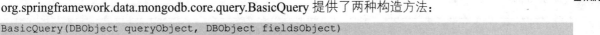
```
fieldsObject.put(key,value)
```

（1）key：字段。

（2）value 返回说明：1 或者 true 表示返回该字段，0 或者 false 表示不返回该字段。

_id：默认是 1，没指定，默认返回 1，设置为 0 时，就不会返回该字段。

指定返回字段，有时文档字段多而且数据大时，指定返回我们需要的字段，这样既节省传输数据量，减少了内存消耗，提高了性能。

```
QueryBuilder queryBuilder = new QueryBuilder();
queryBuilder.or(new BasicDBObject("onumber", "002"), new BasicDBObject("cname","fnn1"));
BasicDBObject fieldsObject=new BasicDBObject();
fieldsObject.put("onumber", 1);
fieldsObject.put("cname", 1);
uery query=new BasicQuery(queryBuilder.get(),fieldsObject);
```

返回结果：

[{"cname":"fnn1","date":null,"id":"55bb9a3c27547f55fef9a10f","items":[],"onumber":"001"},{"c
name":"fnn1","date":null,"id":"55bb9a2727544d40b95156e1","items":[],"onumber":"001"}]

相当于在 MongoDB 中这样来表示：

```
db.orders.find({"$or" : [ { "onumber" : "002"} , {"cname" : "fnn1"}]},{"onumber":1,"cname":1})
```

经常使用的是 org.springframework.data.mongodb.core.query.BasicQuery，首先提供了 4 个构造函数，在构造查询语句时，使用的是文档形式，方便构造复杂的查询语句，而且还提供了指定使用投影运算符返回的字段省略此参数返回匹配文档中的所有字段。

12.6　分页

分页查询是返回到匹配文档的游标，可以随意修改查询限制、跳跃和排序顺序的功能。

在查询时 find()方法接受 Query 类型有 org.springframework.data.mongodb.core.query 和 org. springframework.data.mongodb.core.query.BasicQuery，Query 类的提供方法有 limit、skip、sort 查询，分别有限制、跳跃和排序顺序的功能，BasicQuery 继承了 Query 类，如表 12-3 所示。

表 12-3　Query 提供的方法

Query	MongoDB	说明
Query limit (int limit)	limit	用此方法可以限制游标返回结果的数量
Query skip (int skip)	skip	用此方法可以跳过指定值的条数，返回剩下的条数的结果，可以跟 limit()方法进行组合来实现分页的效果
query.with(sort)	sort	用此方法来对数据进行排序,根据指定的字段，并使用 1 或-1 来指定排序方式是升序或降序，类似于 SQL 的 order by

12.6.1　基本分页

Query 类提供的方法有 limit、skip、sort，用来实现 Query 查询分页。

步骤 1：实现分页工具类，代码如下：

```
/**
*分页
* @param<T>
*/
public classPageModel<T>{
    //结果集
    privateList<T> datas;
    //查询记录数
    privateintrowCount;
    //每页多少条数据
    privateintpageSize=20;
    //第几页
    privateintpageNo=1;
    //跳过几条数
    privateintskip=0;
```

```
/**
*总页数
* @return
*/
publicintgetTotalPages(){
    return(rowCount+pageSize-1)/pageSize;
}
public List<T>getDatas() {
    return datas;
}
public void setDatas(List<T>datas) {
    this.datas = datas;
}
public int getRowCount() {
    return rowCount;
}
public void setRowCount(int rowCount) {
    this.rowCount = rowCount;
}
public int getPageSize() {
    return pageSize;
}
public void setPageSize(int pageSize) {
    this.pageSize = pageSize;
}
public int getSkip() {
    skip=(pageNo-1)*pageSize;
    return skip;
}
public void setSkip(int skip) {
    this.skip = skip;
}
public int getPageNo() {
    return pageNo;
}
public void setPageNo(int pageNo) {
    this.pageNo = pageNo;
}
}
```

步骤 2：实现分页，代码如下。

```
@Override
public PageModel<Orders>getOrders(PageModel<Orders> page, DBObject queryObject,Stringcollec
tionName) {
    Queryquery=newBasicQuery(queryObject);
    //查询总数
    int count=(int) mongoTemplate.count(query,Orders.class);
    page.setRowCount(count);
    //排序
    query.with(new Sort(Direction.ASC, "onumber"));
    query.skip(page.getSkip()).limit(page.getPageSize());
    List<Orders>datas=mongoTemplate.find(query,Orders.class);
    page.setDatas(datas);
    return page;
}
```

query.with(sort)，with 参数是 sort 类。

Sort 提供了几种构造函数，分别如下：

- Sort(List<Order> orders) - org.springframework.data.domain.Sort。

- Sort(Order…orders) - org.springframework.data.domain.Sort。

- Sort(String…properties) - org.springframework.data.domain.Sort。
- Sort(Direction arg0,List<String> arg1) - org.springframework.data.domain.Sort。
- Sort(Direction direction,String…properties) - org.springframework.data.domain.Sort。
- Sort - org.springframework.data.domain。

下面对方法进行描述：

（1）一个字段的排序，例如 onumber 字段升序：

```
query.with(new Sort(Direction.ASC,"onumber"));
```

（2）如果是多个字段同时升序或者降序时：

```
query.with(new Sort(Direction.ASC,"a","b","c"));
```

（3）不同的字段按照不同的排序，a 升序，b 降序：

```
List<Sort.Order>orders=new ArrayList<Sort.Order>();
orders.add(newSort.Order(Direction.ASC, "a"));
orders.add(newSort.Order(Direction.DESC, "b"));
query.with(newSort(orders ));
```

步骤 3：实现测试类，查询条件是 cname=fnn，代码如下。

```
@Test
public void testList() throws ParseException
{
    PageModel<Orders>page=newPageModel<Orders>();
    page.setPageNo(1);
    page=ordersDao.getOrders(page, new BasicDBObject("cname","fnn"),collectionName);
    System.out.println("总数: "+page.getRowCount());
    System.out.println("返回条数: "+page.getDatas().size());
    System.out.println(JSONArray.fromObject(page.getDatas()));
}
```

skip 方法是跳过条数，而且是一条一条跳过，如果集合比较大时（如书页数很多）skip 会越来越慢，需要更多的处理器（CPU），这会影响性能。

12.6.2　进阶的查询分页

Morphia 是一个开放源代码的对象关系映射框架，它对 MongoDB 数据库 Java 版驱动进行了非常轻量级的对象封装。需要通过 DBCurosr 获取的 DBObject 转换成对应的实体对象，方便操作实体。

DBCurosr 是 DBCollection 的 find 方法返回的对象，可以设置 skip、limit、sort 等属性执行分页查询，代码如下：

```
importcom.google.code.morphia.annotations.Id;
@Id
privateString id;
```

@Id 注释指示 Morphia 哪个字段用作文档 ID，如果没加的话，会出现下面这样的错误：

```
…27 more
Caused by: com.google.code.morphia.mapping.validation.ConstraintViolationException: Number of
violations: 1
NoId complained aboutcom.mongo.model.Orders. : No field is annotated with @Id; but it is required
atcom.google.code.morphia.mapping.validation.MappingValidator.validate(MappingValidator.java
:66)
atcom.google.code.morphia.mapping.validation.MappingValidator.validate(MappingValidator.java
:155)
```

```
atcom.google.code.morphia.mapping.MappedClass.validate(MappedClass.java:259)
atcom.google.code.morphia.mapping.Mapper.addMappedClass(Mapper.java:154)
atcom.google.code.morphia.mapping.Mapper.addMappedClass(Mapper.java:142)
atcom.google.code.morphia.Morphia.map(Morphia.java:55)
atcom.mongo.dao.impl.OrdersDaoImpl.<init>(OrdersDaoImpl.java:37)
atsun.reflect.NativeConstructorAccessorImpl.newInstance0(Native Method)
atsun.reflect.NativeConstructorAccessorImpl.newInstance(Unknown Source)
atsun.reflect.DelegatingConstructorAccessorImpl.newInstance(Unknown Source)
atjava.lang.reflect.Constructor.newInstance(Unknown Source)
atorg.springframework.beans.BeanUtils.instantiateClass(BeanUtils.java:148)
…29more
```

接着来实现分页操作：

```
privateMorphia morphia;
public OrdersDaoImpl(){
    morphia= new Morphia();
    morphia.map(Orders.class);
}
@Override
public PageModel<Orders>getOrders(PageModel<Orders> page, DBObject queryObject,Stringcollection
Name) {
    DBObjectfilterDBObject=newBasicDBObject();
    filterDBObject.put("_id", 0);
    filterDBObject.put("cname",1);
    filterDBObject.put("onumber",1);

    DBCursordbCursor=mongoTemplate.getCollection(collectionName).find(queryObject,filterDBObject);
    //排序
    DBObjectsortDBObject=newBasicDBObject();
    sortDBObject.put("onumber",1);
    dbCursor.sort(sortDBObject);
    //分页查询
    dbCursor.skip(page.getSkip()).limit(page.getPageSize());
    //总数
    int count=dbCursor.count();
    //循环指针
    List<Orders>datas=newArrayList<Orders>();
    while (dbCursor.hasNext()) {
        datas.add(morphia.fromDBObject(Orders.class, dbCursor.next()));
    }
    page.setRowCount(count);
    page.setDatas(datas);
    return page;
}
```

开始执行 DAO 时，先初始化 Morphia，并往里面添加需要转换的实体类 class。

```
morphia=new Morphia();
morphia.map(Orders.class);
```

dbCursor.hasNext()判断是否还有下一个文档（DBObject），dbCursor.Next()获取 DBObject 时，通过 Morphia 获取 DBObject 对应的实体类。查询时通过 filterDBObject 设置返回需要的字段。

MongoDB 服务器返回的查询结果，当调用 dbCursor.hasNext()时，MongoDB 批量的大小不会超过最大 BSON 文档大小，然而对于大多数查询，第一批返回 101 文档或足够的文件超过 1MB，后续的批大小为 4MB。

如果第一批是返回 101 个文档，遍历完时，执行 hasNext，会到数据库查询结果，直到所有结果都被返回，游标才会关闭。

12.6.3 其他的查询方法

除了上面介绍的几种方法外，还要一些其他的方法，例如下面 3 种：

（1）mongoTemplate.findAll：查询集合所有的文档，相当于 MongoDB 的 db.collect.find()。

（2）mongoTemplate.findById：根据文档_ID 查询对应的文档。

（3）mongoTemplate.findAndRemove：根据查询条件，查询匹配的文档返回，并从数据库中删除。

在查询时，这边默认是有使用到索引，对于数据量大的文档，需要建立合适的索引，加快查询效率。

12.7　就业面试技巧与解析

学完本章内容，可以了解到 Spring Data MongoDB 驱动的常用操作的基础知识，并且学会了如何搜索、存储、更新和删除数据。下面对面试过程中出现的问题进行解析，更好帮助读者学习本章内容。

12.7.1 面试技巧与解析（一）

面试官：MongoDB 适合用来存储哪种类型的数据？还有数据规模达到多大时才建议使用？

应聘者：

MongoDB 理论优势是：①数据模型灵活；②高性能；③易于伸缩搭建集群。

MongoDB 没有数据大小限制，比较适合存储灵活多变需求的互联网或者物联网数据。

搭建容易，而且如果以后出现增加字段的情况，或者增加导航的数据，都可以在 MongoDB 存储。

如果是大文件数据，建议使用分布式文件系统。一般的数据只要不是特别强调关系，都可以使用 MongoDB。

12.7.2 面试技巧与解析（二）

面试官：MongoDB 集群没有主服务器但有从服务器时连接不上且不能读数据怎么办？

应聘者：

（1）使用 MongoDB 集群 3.0 以后的版本应该都可以支持高可用，自动选举新主节点。

（2）客户端调用的时候驱动可以指定集群的数据库节点信息。

（3）出现主节点宕机，从节点会选择成为新的主节点，客户端驱动也会检查集群状态，向新主节点写入数据。

第13章

用 Node.js 操作 MongoDB

 本章概述

本章主要讲解怎么使用 Node.js 对 MongoDB 数据库进行增、删、改、查操作。Node.js 是较易于学习和掌握的编程语言之一。对于编程新手来说，它是一门很棒的语言。如果已经非常熟悉编程，就可以很快地掌握它。通过本章内容的学习，读者可以学习到 Node.js 语言是怎么和数据库建立连接的以及数据库是怎么管理的。

 本章要点

- Node.js 对于 MongoDB 的基本操作
- Node.js 操作 MongoDB 的常用函数的封装
- MongoDB 与 Mongoose
- 对集合进行操作（Model）

13.1 Node.js 对于 MongoDB 的基本操作

Node.js 通常使用 MongoDB 作为其数据库，这是由于它具有高性能、易使用、存储数据方便等特点，完全使用 JavaScript 语法即可操作。

13.1.1 连接数据库

MongoDB Node.js 驱动程序是被官方所支持的原生 Node.js 驱动程序，它是至今为止最好的实现，并且得到了 MongoDB 官方的支持。MongoDB 团队已经采用 MongoDB Node.js 驱动程序作为标准方法。

从 Node.js 连接 MongoDB 数据库，有两种方法可选择：

1）通过实例化 MongoDB 模块中提供的 MongoClient 类，然后使用这个实例化的对象来创建和管理 MongoDB 连接。

2）使用字符串进行连接。

（1）通过 client 对象连接到 MongoDB：通过实例化一个 MongoClient 对象连接 MongoDB 数据库是最常用也是最佳的方式。

创建 MongoClient 对象实例的语法格式如下：

```
MongoClient( server, options );
```

其中，server 表示一个 server 对象，options 表示数据库连接选项。

举一个例子，MongoClient 连接利用了后台的 server 对象。这个对象的功能就是定义了 MongoDB 驱动程序怎么连接到服务器，如图 13-1 所示。

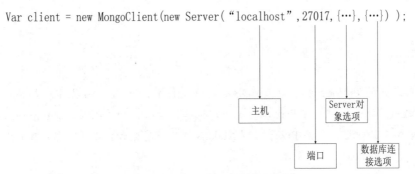

图 13-1　MongoClient 连接服务器

下面来演示一下通过 MongoClient 对象连接到 MongoDB 的具体实例：

```
var MongoClient = require('mongodb').MongoClient,
Server  = require('mongodb').server;

//创建客户端连接对象
var client = new MongoClient( new Server('localhost', 27017, {
        socketOpations: { connectTimeoutMS: 500 },
        poolSize: 5,
        auto_reconnect: true
        }, {
            numberOfRetries: 3,
            retryMilliSeconds: 500
        }));

//打开对服务器端 MongoDB 数据库的连接
client.open(function(err, client) {
    if ( err ) {
        console.log('连接失败！');
    } else {
        var db = client.db('blogdb');                      //建立到数据库 blogdb 的连接
        if ( db ) {
        console.log('连接成功');
        db.authenticate('username', 'pwd', function(err, result) {  //对用户数据库身份进行验证
            if ( err ) {
                console.log('数据库用户身份验证失败');
                client.close();                            //关闭对 MongoDB 的连接
                console.log('连接已关闭……');
            } else {
                console.log('用户身份验证通过');
                db.logout(function (err, result) {         //关闭对数据库的连接，即退出数据库
```

```
                    if ( !err ) {
                        console.log('退出数据库出错');
                    }
                    client.close();                    //关闭对 MongoDB 的连接
                    console.log('已关闭连接……');
                });
            }
        });
    }
});
```

注意：当注销数据库时，一定要使用数据库对象上的 logout()方法。因为这将关闭到该数据库上的连接，你不再可以使用 db 对象。例如：db.logout()。而要关闭到 MongoDB 的连接，要在客户端连接上调用 close()方法，例如：client.close()。

（2）通过一个连接字符串连接到 MongoDB：这种方式要调用 MongoClient 类的 connect()方法。connect 使用语法如下所示：

```
MongoClient.connect(connString, options, callback)
```

connString 字符串的语法如下：

```
mongodb://username:password@host:port/database?options
```

MongoClient 连接字符串组件如表 13-1 所示。

表 13-1　MongoClient 连接字符串组件

选　　项	说　　明
mongodb	指定字符串使用 mongodb 的连接格式
username	验证时使用的用户名
password	身份验证时使用的密码 MongoDB 服务器主机名或者域名。它可以是多个 host:port 组合来连接多个
host	MongoDB 服务器。例如：mongodb://host1:270017,host2://270017, host3:270017/testDB
port	连接 MongoDB 服务器时使用的端口，默认值是 27017
database	要连接的数据库的名字，默认为 admin
options	连接时所使用的选项的键值对，可以在 dbOpt 和 serverOpt 参数上指定这些选项

下面看一个使用连接字符串方法连接 MongoDB 数据库的实例：

```
var MongoClient = require('mongodb').MongoClient;
MongoClient.connect('mongodb://mongodb:test@localhost:27017/blogdb', {
    db: { w: 1, native_parser: false },
    server: {
        poolSize: 5,
        socketOpations: { connectTimeoutMS: 500 },
        auto_reconnect: true
    },
    replSet: {},
    mongos: {}
}, function(err, db) {
    if ( err ) {
        console.log('连接失败! ');
    } else {
        console.log('连接成功! ');
```

```
        //注销数据库
        db.logout(function(err, result) {
            if ( err ) {
                console.log('注销失败…');
            }
            db.close(); //关闭连接
            console.log('连接已经关闭! ');
        });
    }
});
```

13.1.2   插入数据

数据插入操作，指的是对数据库的某个指定集合进行文档对象的插入。同样是在完成数据库连接的回调函数当中对 **db** 这个对象进行操作。实例代码如下：

```
const MongoClient = require('mongodb').MongoClient;
var dburl = "mongodb://127.0.0.1:27017/test";
MongoClient.connect(dburl,(err,db)=>{
    if(err){
    console.log('数据库连接失败! ');
    return;
};
db.collection('student').insertOne({"name":"qianqian"},(err,result)=>{
    if(err){
        console.log('数据插入失败! ');
        db.close();
        return;
    };
    console.log(result);
    db.close();
    });
});
```

在用 node 命令运行该文件之后，可以在控制台或在可视化工具当中查看插入结果。

在 db 对象的 collection 方法当中写入集合的名字，若该集合不存在则自动完成新建，使用方法 insertOne() 来完成一条文档的插入，第一个参数为一个 JSON 对象，即插入的那一条文档数据。当完成插入操作之后触发执行其回调函数，result 表示对插入结果的反馈。由于数据库不能进行长连接，一般都在完成数据库操作的回调函数的最后加上 db.close() 来关闭数据库。下一次数据库操作时需要重新连接数据库。

13.1.3   删除数据

数据删除操作，指的是对数据库的某个指定集合当中匹配筛选条件的文档进行删除。同样是在完成数据库连接的回调函数当中对 **db** 这个对象进行操作。实例代码如下：

```
const MongoClient = require('mongodb').MongoClient;
var dburl = "mongodb://127.0.0.1:27017/test";
MongoClient.connect(dburl,(err,db)=>{
    if(err){
        console.log('数据库连接失败! ');
        return;
    };
    db.collection('student').deleteMany({"name":"qianqian"},(err,result)=>{
        if(err){
```

```
            console.log('数据删除失败! ');
            db.close();
            return;
        };
        console.log(result);
        db.close();
    });
});
```

使用方法 deleteMany()来对该集合当中所有符合筛选条件的文档全部进行删除，第一个参数为一个 JSON 对象，即筛选条件。当完成删除操作之后触发执行其回调函数，result 表示对删除结果的反馈。

13.1.4 修改数据

数据修改操作，指的是对数据库的某个指定集合当中匹配筛选条件的所有文档进行修改。同样是在完成数据库连接的回调函数当中对 db 这个对象进行操作。实例代码如下：

```
const MongoClient = require('mongodb').MongoClient;
var dburl = "mongodb://127.0.0.1:27017/test";
MongoClient.connect(dburl,(err,db)=>{
    if(err){
        console.log('数据库连接失败! ');
        return;
    };
    db.collection('student').updateMany({"name":"qianqian"},{$set:{"age":18}},(err,result)=>{
        if(err){
            console.log('数据修改失败! ');
            db.close();
            return;
        };
        console.log(result);
        db.close();
    });
});
```

使用方法 updateMany()来对该集合当中所有符合筛选条件的文档全部进行修改，第一个参数为一个 JSON 对象，即筛选条件。第二个参数为一个 JSON 对象，即修改条件，语法如上所示。当没有写$set 这个关键字时，即{"age":18}代表把匹配上的文档进行替换。当完成修改操作之后触发执行其回调函数时，result 表示对修改结果的反馈。

13.1.5 查找数据

数据查找操作，指的是对数据库的某个指定集合当中匹配筛选条件的所有文档进行查找。同样是在完成数据库连接的回调函数当中对 db 这个对象进行操作。实例代码如下：

```
const MongoClient = require('mongodb').MongoClient;
var dburl = "mongodb://127.0.0.1:27017/test";
MongoClient.connect(dburl,(err,db)=>{
    if(err){
        console.log('数据库连接失败! ');
        return;
    };
    var cursor = db.collection("student").find({"name":"qianqian"});
    var result = [];
    cursor.each((err,doc)=>{
```

```
        if(err){
            console.log('数据查找失败！');
            db.close();
            return;
        };
        if(doc!=null){
            result.push(doc);
        }else{
            console.log(result);
            db.close();
        };
    });
});
```

使用方法 find() 来对该集合当中所有符合筛选条件的文档进行查找，第一个参数为一个 JSON 对象，即筛选条件。先定义一个空数组，用于存放符合条件的文档对象，当完成查找操作之后触发执行其回调函数，这里的 result 表示符合条件的文档对象的数组。查询结果如下所示：

```
[{_id:59d336434eb99f0d6c8671bf,name:'qianqian',age:18},
{_id:59d33866763f5c295c2cda70,name:'qianqian',age:24}]
```

在 find() 方法后面继续加上 sort() 方法可以实现对查找的文档对象的排序操作，参数同样是一个 JSON 对象。此外 MongoDB 模块还提供了两个函数，limit() 表示限制读取的条数，skip() 表示略过的条数。其参数均为 number 类型。如把上述代码修改为：

```
var cursor = db.collection("student").find({"name":"qianqian"}).sort({"age": -1}).skip(0).limit(2);
```

查找结果如下：

```
[{_id:59d33866763f5c295c2cda70,name:'qianqian',age:24},
{_id:59d336434eb99f0d6c8671bf,name:'qianqian',age:18}]
```

13.1.6　获取该集合当中文档对象的总数

同样是在完成数据库连接的回调函数当中对 db 这个对象进行操作。实例代码如下：

```
const MongoClient = require('mongodb').MongoClient;
var dburl = "mongodb://127.0.0.1:27017/test";
MongoClient.connect(dburl,(err,db)=>{
    if(err){
        console.log('数据库连接失败！');
        return;
    };
    db.collection("student").count({}).then(function(count){
        console.log(count);
        db.close();
    });
});
```

在回调函数当中的 count 即代表数据库的 student 这个集合当中数据文档的数目。

13.2　Node.js 操作 MongoDB 的常用函数的封装

根据 Node.js 当中模块化开发的基本流程写一个 db.js 模块，在该模块当中封装对数据库的一些基本操作函数。其中 **db.js** 的实例代码如下：

```
const MongoClient = require('mongodb').MongoClient;
var dburl = "mongodb://127.0.0.1:27017/test";
//连接数据库操作
function _connectDB(callback){
    MongoClient.connect(dburl,(err,db)=>{
        callback(err,db);
    });
};
//插入函数的封装
module.exports.insertOne = function(collection,json,callback){
    _connectDB(function(err,db){
        if(err){
            console.log('数据库连接失败！');
            return;
        };
        db.collection(collection).insertOne(json,(err,result)=>{
            callback(err,result);
            db.close();
        })
    })
};
//删除函数的封装
module.exports.deleteMany = function(collection,json,callback){
    _connectDB(function(err,db){
        if(err){
            console.log('数据库连接失败！');
            return;
        };
        db.collection(collection).deleteMany(json,(err,result)=>{
            callback(err,result);
            db.close();
        });
    });
};
//修改函数的封装
module.exports.updateMany = function(collection,json1,json2,callback){
    _connectDB(function(err,db){
        if(err){
            console.log('数据库连接失败！');
            return;
        };
        db.collection(collection).updateMany(json1,json2,(err,result)=>{
            callback(err,result);
            db.close();
        });
    });
};
//获取集合当中文档的总条数
module.exports.getAllCount = function(collection,callback){
    _connectDB(function(err,db){
        if(err){
            console.log('数据库连接失败！');
            return;
```

```
        };
        db.collection(collection).count({}).then(function(count){
            callback(count);
            db.close();
        });
    });
};
//查找函数的封装
module.exports.find = function(collection,json,C,D){
    if(arguments.length == 3){
        var callback = C;
        var skipnumber = 0;
        var limit = 0;
        var sort = {};
    }else if(arguments.length == 4){
        var callback = D;
        var args = C;
        var skipnumber = args.pageamount * args.page;
        var limit = args.pageamount;
        var sort = args.sort;
    }else{
        throw new Error('find 函数参数个数不正确! ');
        return;
    }
    var result = [];
    _connectDB(function(err,db){
        if(err){
            console.log('数据库连接失败! ');
            return;
        };
        var cursor = db.collection(collection).find(json).sort(sort).limit(limit)
        .skip(skipnumber);
        cursor.each((err,doc)=>{
            if(err){
                callback(err,null);
                db.close();
                return;
            };
            if(doc!=null){
                result.push(doc);
            }else{
                callback(null,result);
                db.close();
            }
        })
    });
};
```

　　每次在使用该模块之前，先对本机上的 MongoDB 数据库进行开机操作，然后在项目文件夹下下载 MongoDB 这个第三方模块包，然后修改 db.js 当中的 dburl 的值，接下去只要在自己的主文件用 require 的方式进行引入即可。如主文件 1.js 与 db.js 处于同一目录下，则在 1.js 当中使用 const db = require('./db.js');对该模块进行引入即可。下面给出主文件的实例代码，作为该模块的使用示范：

```
const db = require('./db.js');
```

```
db.insertOne('student',{'name':'qianqiang'},(err,result)=>{
    if(err){
        console.log('数据插入失败！');
        db.close();
        return;
    };
    console.log(result);
});
db.deleteMany('student',{'age':11},(err,result)=>{
    if(err){
        console.log('数据删除失败！');
        db.close();
        return;
    };
    console.log(result);
});
db.updateMany('student',{'age':18},{$set:{'age':25}},(err,result)=>{
    if(err){
        console.log('数据修改失败！');
        db.close();
        return;
    };
    console.log(result);
});
db.find('student',{},{'pageamount':2,'page':4,'sort':{}},(err,result)=>{
    if(err){
        console.log('数据查找失败！');
        db.close();
        return;
    };
    console.log(result);
});
db.getAllCount('student',function(count){
    console.log(count);
});
```

其中，find 函数当中的 pageamount 表示每页显示的文档对象的条数，page 表示显示第几页的内容（从第 0
页开始计数）。以此来实现对查找数据分页显示的功能。

13.3　MongoDB 与 Mongoose

为了保存网站的用户数据和业务数据，通常需要一个数据库。MongoDB 和 Node.js 特别般配，因为
MongoDB 是基于文档的非关系型数据库，文档是按 BSON（JSON 的轻量化二进制格式）存储的，增、删、
改、查等管理数据库的命令和 JavaScript 语法很像。如果在 Node.js 里访问 MongoDB 的数据，会有是一家
人的感觉，特别亲切。

MongoDB 使用集合和文档来描述和存储数据，集合就相当于表，文档相当于行，不过 MySQL 之类的
关系型数据库，表结构是固定的，比如某一行由若干列组成，行行都一样，而 MongoDB 不同，一个集合
里的多个文档可以有不同的结构，更灵活一些。

13.3.1　Mongoose 简介

在 Node.js 中使用 Mongoose 模块来操作 MongoDB 数据库。它可以为文档创建一个模式对象（Schema），也可以对模型中的对象/文档进行验证。其中数据可以通过类型转换变成对象模型，可以使用中间件来与业务逻辑挂钩，比 Node.js 原生的 MongoDB 驱动更容易。

Mongoose 提供了几个新的对象：

（1）Schema（模式对象）：Schema 对象定义约束了数据库中的文档结构。

（2）Model：Model 对象作为集合中的所有文档的表示，相当于集合。

（3）Document：表示集合中的一个具体文档。

13.3.2　使用 Mongoose 管理数据库

Node.js 有针对 MongoDB 的数据库驱动：MongoDB。你可以使用"npm install MongoDB"来安装。不过直接使用 MongoDB 模块虽然强大而灵活，但有些烦琐，所以可以使用 Mongoose。

Mongoose 构建在 MongoDB 之上，提供了 Schema、Model 和 Document 对象，用起来更为方便。

可以用 Schema 对象定义文档的结构（类似表结构），可以定义字段和类型、唯一性、索引和验证。Model 对象表示集合中的所有文档。Document 对象作为集合中的单个文档的表示。Mongoose 还有 Query 和 Aggregate 对象，Query 实现查询，Aggregate 实现聚合。

下面先来安装 Mongoose，然后介绍怎么使用 Mongoose：

1. 安装 Mongoose

使用 express 准备一个 TestMongoDB 项目，命令序列如下：

```
express TestMongoDB
cd TestMongoDB
npm install
```

执行完上面的命令后，使用下面的命令安装 Mongoose：

```
npm install mongoose --save
```

这个命令会安装 Mongoose 并将其作为项目的依赖，而 Mongoose 依赖的 MongoDB driver 以及 regexp 等模块也会被自动安装。

2. 使用 Mongoose

使用 Mongoose 可以新建数据库、新建集合、对集合内的文档进行增加、检索、更新和删除操作，在写代码时，可以对照着 MongoDB shell 验证结果是否符合预期。

首先在 TestMongoDB 下新建一个 mongo.js 文件，内容如下：

```
var mongoose = require('mongoose');
mongoose.connect('mongodb://localhost/accounts');
var db = mongoose.connection;
db.on('error', console.error.bind(console, 'connection error:'));
db.once('open', function() {
    console.log('mongoose opened!');
    var userSchema = new mongoose.Schema({
        name:{type: String, unique: true},
        password:String
    },
    {collection: "accounts"}
```

```
    );
    var User = mongoose.model('accounts', userSchema);

    User.findOne({name:"WangEr"}, function(err, doc){
        if(err) console.log(err);
        else console.log(doc.name + ", password - " + doc.password);
    });

    var lisi = new User({name:"LiSi", password:"123456"});
    lisi.save(function(err, doc){
        if(err)console.log(err);
        else console.log(doc.name + ' saved');
    });
});
```

直接执行 node mongo.js 命令即可查看效果。要使用 Mongoose，需要先请求，然后再使用 connect 方法连接数据库。connect 原型如下：

```
connect(uri, options, [callback])
```

Mongoose 的 connection 对象定义了一些事件，比如 connected、open、close、error 等，可以监听这些事件。

在实例代码中，监听了 open 事件，在回调函数中，定义了 Schema，调用 mongoose.model 来编译 Schema 得到 Model 对象。需要注意的是，定义 Schema 时指定的集合名字与 mongoose.model 的第一参数要保持一致。

得到 Model 对象，就可以执行增、删、改、查等操作了。Model 对象有 find()、findOne()、update()、remove() 等方法，和在 MongoDB shell 里的用法类似。这些方法都有一个可选的回调函数，当你提供这些回调函数时，执行的结果会通过这个回调函数返回给你。如果你不提供，这些方法会返回一个 Query 对象，你可以再通过 Query 组装新的选项，然后调用 Query 的 exec(callback)来提交查询。

在代码里查找 WangEr 的档案时用了回调函数，没用 Query。

Model 对象有个 Model(doc)方法，用来构造一个文档（Document）。创建 Lisi 的文档时就是这种 Document 对象的 save()方法可以将文档保存到数据库。

13.3.3　对数据库进行映射

数据库连接成功后，就可以对数据库中的集合进行映射并操作了。首先给 mongoose.Schema 赋值一个变量，代码如下：

```
var Schema = mongoose.Schema;
```

接着创建 Schema（模式）对象，如下：

```
var stuSchema = new Schema({
    name:String,
    age:Number,
    //和 gender:String 类似,只是多设置了默认值
    gender:{
        type:String,
        default:"female"
    },
    address:String
});
```

然后再通过 Schema 来创建 Model，其中 Model 代表数据库中的集合，通过 Model 来对数据库进行操作。

```
var StuModel = mongoose.model("student", stuSchema);
```

注意：Mongoose 会自动将集合名变为复数，student——>students。

最后，向数据库中插入一个文档 StuModel.create(doc, function(err){})，如下所示：

```
tuModel.create({
    name:"Tom",
    age:18,
    gender:"male",
    address:"China"
},function(err){
    if(!err){
        console.log("插入成功");
    }
});
```

下面来看看怎么对集合进行操作（Model）。

13.3.4 对集合进行操作（Model）

当调用了 mongoose.model()方法后，就可以使用 Model 来对数据库进行增、删、改、查操作，相当于在集合的层面操作数据。

1. 插入：Model.create(doc(s), [callback])

插入是用来创建一个或多个文档并添加到数据库中。其中 doc(s)可以是一个文档对象，也可以是一个文档对象的数组，callback 是当操作完成以后调用的回调函数。

举一个例子，代码如下：

```
stuModel.create([
    {
        name:'Alice',
        age:20,
        gender:"female",
        address:"USA"
    }
],function(err){
    if(!err){
    //这里会传入两个参数,第一个是错误信息,第二个是插入的文档对象数组
    console.log(arguments);
    }
})
```

2. 查询：Model.find(conditions,[projection],[options],[callback])

查询是用来查询所有符合条件的文档。下面看一下其中的参数所代表的含义：

conditions——查询的条件。

projection——投影，需要获取到的字段。

options——查询选项（skip、limit）。

callback——回调函数，必须传入，查询结果通过回调函数返回。

接着再介绍几种相关的方法：

（1）根据 ID 属性查询文档：Model.findById(id,[projection],[options],[callback])。

（2）查询符合条件的第一个文档，总会返回一个具体的文档对象：Model.findOne([conditions],[projection],[options],[callback])。

（3）统计符合条件的文档的数量：Model.count(conditions, [callback])。

下面通过一个例子来演示一下，代码如下：

```
stuModel.find({}, {name:1, _id:0}, function(err, docs){
    if(!err){
        console.log(docs);
    }
})

stuModel.findById("59c4c3cf4e5483191467d392", function(err, doc){
    if(!err){
        console.log(doc);
        //通过find()查询的结果,返回的对象就是Document
        //Document是Model的实例
        console.log(doc instanceof stuModel);//true
    }
})

stuModel.count({}, function(err, count){
    if(!err){
        console.log(count);
    }
});
```

3. 修改：Model.update(conditions, doc, [options], [callback])

修改是用来修改一个或多个文档。它的参数表示如下：

conditions——查询条件。

doc——修改后的对象。

options——配置参数，如{multi:true}代表修改多个。

callback——回调函数。

它包含有以下几种方法：

（1）Model.updateOne(conditions, doc, [options], [callback])。

（2）Model.updateMany(conditions, doc, [options], [callback])。

（3）Model.replaceOne(conditions, doc, [options], [callback])。

在 MongoDB 中，update 如果不使用$set 操作符，则默认是对整个文档进行替换。而 Mongoose 为防止意外重写，会自动将{oldEnough:true}转换为{$set:{oldEnough:true}}再进行操作，所以应该养成好的习惯，加上$set。如果确实要整个替换，将 overwrite option 设置为 true。例如下面一个例子：

```
stuModel.update({age:{$gt:18}}, {oldEnough:true}, function(err,raw){
    if(err) return handlerError(err);
    console.log('The raw response from mongo was ', raw);
});
```

也可以使用$pull 来删除嵌套数组中的数据。例如，删除用户 id 为 10001 的购物车列表数据中的 id 为21 的商品：

```
UserModel.update({userId:"10001"}, {$pull:{'cartList':{'productId':"21"}}}, function(err,raw){
    if(err) return handlerError(err);
    console.log('The raw response from mongo was ', raw);
});
```

除此还可以对指定的嵌套数据进行匹配和修改，代码如下：

```
User.update({"userId":"10001","cartList.productId":"21"},{
    "cartList.$.productNum":10,
    "cartList.$.checked":1
},function(){});
```

4. 删除：Model.remove(conditions, [callback])

删除是用来删除符合指定条件的文档。它有下面两种方法：

（1）Model.deleteOne(conditions, [callback])。

（2）Model.deleteMany(conditions, [callback])。

举一个例子：

```
stuModel.remove({name:'Tom'}, function(err){
    if(!err){
        console.log("success");
    }
})
```

5. 对文档进行操作

上面从 Model（集合）的层面来对数据库增、删、改、查，操作数据。而 Document（具体的某条文档）是 Model 的实例，它也提供一些属性与方法，让我们可以方便地操作数据。下面来看它的属性和方法：

save([options], [fn])——直接对文档的属性进行修改后，需要用 save 来保存修改。

update(update, [options], [callback])——修改一个 Document 对象。

用 findOne 获取的是单个文档，即 Document 对象。例如：

```
stuModel.findOne({}, function(err, doc){
    if(!err){
        //Document 的 update 方法
        doc.update({$set:{age:28}}, function(err){
            if(!err){
                console.log("修改成功");
            }
        });
    }
});
```

其中，也可以用 Document 属性直接操作，再用 save 保存修改，如下：

```
doc.age = 28;
doc.save();
```

remove([callback])用来删除一个文档对象。例如：

```
doc.remove(function(err){
    if(!err){
        console.log("删除成功");
    }
});
```

get(name)——获取文档中的指定属性值。例如：doc.get("age")，和直接读取属性值 doc.age 效果一样。

set(name, value)——设置文档的指定属性值。例如：doc.set("name", "Tom")，和直接设置属性值 doc.name = 'Tom'效果一样。

id——Document 的属性，可直接获取文档的_id 值：doc.id。

toObject()——将 Document 对象转换为普通的 Object 对象，方便做一些对象操作。

当 Document 对象转换为普通的 Object 对象后，就没有了 Document 对象的属性和方法，如下：

```
doc = doc.toObject();
```

6. Mongoose 的模块化

在项目中对 MongoDB 数据库操作前都需要连接，一次连接后，无须断开，一直保持着，进行操作即可。

连接数据库后，只需要定义好 Schema 并关联集合形成 Model，即可通过 Model 来操控数据。

这些操作都属于项目一次性的准备工作。为了提高复用性，降低耦合度，更好地分离业务逻辑，需要进行模块化。可以将连接 MongoDB 数据库的代码单独设置成一个模块，放到 tools 目录下。如：tools 中的 conn_mongo.js：

```
var mongoose = require('mongoose');
mongoose.connect('mongodb://127.0.0.1/mongoose_test');
mongoose.connection.once('open',function(){
    console.log('数据库连接成功');
});
```

后面对 MongoDB 进行操作前只需要请求该模块即可直接连接。

再创建一些模块，专门用来定义某个集合的 Model，统一放到 models 目录下。例如：models 中的 student.js：

```
//定义 Student 模型的模块
var mongoose = require('mongoose');
var Schema = mongoose.Schema;
var stuSchema = new Schema({
    name:String,
    age:Number,
    gender:{
        type:String,
        default:"male"
    },
    address:String
});
var stuModel = mongoose.model("student", stuSchema);
module.exports = stuModel;
```

接下来就可以在 index.js 中直接引入模块并进行数据库的操作了，代码如下：

```
//连接数据库
require('./tools/conn_mongo');

//导入 Model
var Student = require('./models/student');

//对集合进行数据操作
Student.find({}, function(err, docs){
    if(!err){
        console.log(docs);
    }
});
```

13.4　就业面试技巧与解析

学完本章内容，可以了解到 MongoDB Node.js 驱动的常用操作的基础知识，并且可以学习到如何搜索、存储、更新和删除数据。下面对面试过程中出现的问题进行解析，更好帮助读者学习本章内容。

13.4.1　面试技巧与解析（一）

面试官：MongoDB 文件操作步骤有哪些？

应聘者：

（1）MongoDB 导出 CVS 格式的文件。

（2）MongoDB 导入 JSON 数据。

（3）MongoDB 导入 CSV 数据。

（4）MongoDB 数据备份./mongodump -d my_mongodb。

（5）MongoDB 数据还原./mongorestore -d my_mongodb my_mongodb_dump/*。

13.4.2　面试技巧与解析（二）

面试官：读取或写入操作是否会产生锁定？

应聘者：在某些情况下，读写操作可以产生锁定。

长时间运行的读写操作（例如查询，更新和删除）在许多条件下都会产生。MongoDB 操作还可以在写入操作中的单个文档修改之间产生锁定，这些修改会影响多个文档，例如使用 multi 参数的 update()方法。

对于支持文档级并发控制的存储引擎，例如 WiredTiger，在访问存储时不需要屈服，因为意图锁保存在全局，数据库和集合级别，不会阻止其他读者和编写者。但是，操作会定期产生，例如：

（1）避免长期存储事务，因为这些可能需要在内存中保存大量数据。

（2）作为中断点，以便你可以中断长时间运行。

（3）允许需要对集合进行独占访问的操作，例如索引/集合删除和创建。

MongoDB 的 MMAPv1 存储引擎使用基于其访问模式的启发式方法来预测在执行读取之前数据是否可能存在于物理内存中。如果 MongoDB 预测数据不在物理内存中，则当 MongoDB 将数据加载到内存中时，操作将产生锁定。一旦数据在内存中可用，操作将重新获取锁以完成操作。

第14章

用 Python 操作 MongoDB

 **本章概述**

本章主要讲解了 Connection()函数，通过它可以建立与数据库的连接。然后学习如何编写文档或词典，以及如何插入它们。接着学习如何使用 Python 驱动中的 find()或 find_one()命令获取文档。这两个命令都可以接受一组丰富的查询修改操作符，用于缩小搜索范围，使查询更加容易实现。接下来学习执行更新时可使用的许多操作符。最后学习如何使用 PyMongo 在文档甚至数据库级别删除数据。对于编程新手来说，它是一门很棒的语言。如果读者已经非常熟悉编程，就可以很快地掌握它。

本章要点

- Python 使用 PyMongo 的简单 CURD 操作
- 使用 PyMongo 插入数据
- 使用 PyMongo 查询数据
- 使用 PyMongo 更新数据
- 使用 PyMongo 删除数据
- 使用 PyMongo 进行数据聚合

14.1 Python 使用 PyMongo 的简单 CURD 操作

MongoDB 是由 C++语言编写的非关系型数据库，是一个基于分布式文件存储的开源数据库系统，其内容存储形式类似 JSON 对象，它的字段值可以包含其他文档、数组及文档数组，非常灵活。在本节中，来看看 Python 下 MongoDB 的存储操作。

PyMongo 是 Python 访问 MongoDB 的模块，使用该模块，定义了一个操作 MongoDB 的类 PyMongo Client，它包含了连接管理、集合管理、索引管理、增、删、改、查、文件操作、聚合操作等方法。

PyMongo 是 Python 中用来操作 MongoDB 的一个库。而 MongoDB 是一个基于分布式文件存储的数据库，其文件存储格式类似于 JSON，叫 BSON。

下面看一下如何使用 PyMongo 进行操作。

1. 连接数据库

使用 PyMongo 的第一步是创建一个 MongoClient 来运行 MongoDB 实例。代码如下：

```
>>>from pymongo import MongoClient
>>>client = MongoClient()
```

上面的代码将会连接到默认的主机和端口。当然，也可以指定主机和端口，就像下面这样：

```
>>>client = MongoClient('localhost', 27017)
```

或者也可以使用 MongoDB URI 格式，代码如下：

```
>>>client = MongoClient('mongodb://localhost:27017/')
```

2. 取得数据库（DataBase）

单个 MongoDB 实例可以支持多个独立的数据库。当使用 PyMongo 取得数据库时，你可以使用 MongoClient 实例的属性形式，代码如下：

```
>>> db = client.test_database
```

如果你的数据库名称不适合用属性形式来获取（例如 test-DataBase），你也可以使用字典的形式来替代：

```
>>> db = client['test-database']
```

3. 取得 Collection

一个 Collection 是一组存储在 MongoDB 的文档（Document），可以理解为关系型数据库中的表（Table）。获取一个 Collection 和获取一个数据库的方式是一样的，代码如下：

```
>>>collection = db.test_collection
```

或者使用字典形式来获取，代码如下：

```
>>>collection = db['test-collection']
```

需要注意的是，MongoDB 中的 Collection（和数据库）是惰性创建的，也就是说上述的指令并没有在 MongoDB 执行任何操作。Collection 和数据库只有当第一个 Document 插入时才是真正的创建成功。

4. Documents

MongoDB 中的数据是使用 JSON 格式的文档体现（和存储）的。在 PyMongo 中，使用字典来体现文档（Document）。例如下面的字典用来表示一个博客信息提交：

```
>>>import datetime
>>>post = {"author": "Mike",
"text": "My first blog post!",
"tags": ["mongodb", "python", "pymongo"],
"date": datetime.datetime.utcnow()}
```

注意：文档（Document）可以包含本地 Python 类型（像 datetime.datetime 实例）。这些类型会被转换成合适的 BSON 类型。

5. 插入 Document

向 Collection 中插入一个 Document，可以使用 insert_one()方法，代码如下：

```
>>>posts = db.posts
>>>post_id = posts.insert_one(post).inserted_id
>>>post_id

ObjectId('…')
```

当一个 Document 被插入了一个特殊的 Key（键）时，_id 会被自动添加（如果 Document 中没有已经存在的_id）。_id 的值必须在整个 Collection 中是唯一的。insert_one()方法会返回一个 InsertOneResult 的实例。

在插入第一个 Document 之后，这个 posts Collection 才真的在服务器上被创建。可以列举数据库中所有的 Collection 来进行确认，代码如下：

```
>>>db.collection_names(include_system_collections=False)
[u'posts']
```

6. 通过 find_one()方法获取一个 Document

在 MongoDB 中，最基本的查询可以通过使用 find_one()方法来实现。这个方法会返回一个满足查询条件的 Document（如果没有查询到，则返回 None）。如果你已经知道查询结果只有一个或者你只对第一个查询结果感兴趣，这个方法是很有用的。用法如下所示：

```
>>>import pprint
>>>pprint.pprint(posts.find_one())
{u'_id': ObjectId('…'),
    u'author': u'Mike',
    u'date': datetime.datetime(…),
    u'tags': [u'mongodb', u'python', u'pymongo'],
    u'text': u'My first blog post!'}
```

注意：返回的 Document 中包含了_id字段，它是在插入时自动添加的。

find_one()也支持根据制定的元素来查找符合的 Document。如果要限制结果中包含作者 Mike，可以这样操作：

```
>>>pprint.pprint(posts.find_one({"author": "Mike"}))
{u'_id': ObjectId('…'),
    u'author': u'Mike',
    u'date': datetime.datetime(…),
    u'tags': [u'mongodb', u'python', u'pymongo'],
    u'text': u'My first blog post!'}
```

如果尝试用不同的作者，例如 Eliot，不会获得任何的结果。

7. 通过 ObjectId 来查询

也能够通过_id 来查找 post，在例子中使用了 ObjectId：

```
>>>post_id
ObjectId(…)
>>>pprint.pprint(posts.find_one({"_id": post_id}))
{u'_id': ObjectId('…'),
    u'author': u'Mike',
    u'date': datetime.datetime(…),
    u'tags': [u'mongodb', u'python', u'pymongo'],
    u'text': u'My first blog post!'}
```

注意：一个 ObjectId 和 ObjectId 的字符串表达是不同的，如下输出是没有结果的：

```
>>>post_id_as_str = str(post_id)
>>>posts.find_one({"_id": post_id_as_str})
>>>
```

在 Web 应用中一个常见的任务是从请求 URL 获得的 ObjectId 来查找对应的 Document。在这种情况下才需要将字符串转换为 ObjectId，然后再作为参数传递给 find_one()，如下所示：

```
from bson.objectid import ObjectId

def get(post_id):
```

```
document = client.db.collection.find_one({'_id': ObjectId(post_id)})
```

8. 批量插入

为了让查询变得更有趣一点，再插入一些 Document。除了插入单个 Document，通过传递一个 list（列表）到 insert_many() 的第一个参数，也可以执行批量插入操作。这将会插入 list 中的每个 Document，只需要发送一条指令到服务器，如下所示：

```
>>>new_posts = [{"author": "Mike",
    "text": "Another post!",
    "tags": ["bulk", "insert"],
    "date": datetime.datetime(2009, 11, 12, 11, 14)},
{"author": "Eliot",
    "title": "MongoDB is fun",
    "text": "and pretty easy too!",
    "date": datetime.datetime(2009, 11, 10, 10, 45)}]
    >>>result = posts.insert_many(new_posts)
    >>>result.inserted_ids
    [ObjectId('…'), ObjectId('…')]
```

注意：

insert_many() 现在返回两个 ObjectId 实例，每个对应一条插入的 Document。

new_posts[1] 与其他 posts 相比有一个不同的"形状"——没有 tags 字段，但添加了一个新的字段 title。所以说 MongoDB 是模式自由的。

9. 查询多个 Document

想要获取查询的多个结果，可以使用 find() 方法。find() 方法返回一个 Cursor 实例，用来遍历结果中的 Document。例如，可以遍历 posts collection 中的每个 Document：

```
>>> for post in posts.find():
pprint.pprint(post)
…
{u'_id': ObjectId('…'),
    u'author': u'Mike',
    u'date': datetime.datetime(…),
    u'tags': [u'mongodb', u'python', u'pymongo'],
    u'text': u'My first blog post!'}
{u'_id': ObjectId('…'),
    u'author': u'Mike',
    u'date': datetime.datetime(…),
    u'tags': [u'bulk', u'insert'],
    u'text': u'Another post!'}
{u'_id': ObjectId('…'),
    u'author': u'Eliot',
    u'date': datetime.datetime(…),
    u'text': u'and pretty easy too!',
    u'title': u'MongoDB is fun'}
```

就像使用 find_one() 方法一样，可以传递一个 Document 给 find() 方法来限制返回结果。在这，只获取那些作者为 Mike 的 Documents。代码如下：

```
>>> for post in posts.find({"author": "Mike"}):
pprint.pprint(post)
…
{u'_id': ObjectId('…'),
    u'author': u'Mike',
    u'date': datetime.datetime(…),
    u'tags': [u'mongodb', u'python', u'pymongo'],
    u'text': u'My first blog post!'}
```

```
{u'_id': ObjectId('…'),
    u'author': u'Mike',
    u'date': datetime.datetime(…),
    u'tags': [u'bulk', u'insert'],
    u'text': u'Another post!'}
```

10. 计数

如果只是想知道有多少个 Document 满足一次查询，可以调用 count()方法，而不是使用完整查询。可以获得一个 Collection 中所有 Document 的数量，方法如下：

```
>>> posts.count()
3
```

或者那些满足特定查询结果的 Document 数量，方法如下：

```
>>> posts.find({"author": "Mike"}).count()
2
```

11. 范围查询

MongoDB 支持多种不同类型的高级查询。例如，可以查询在指定日期之后的 posts（但以 author 作为排序字段），方法如下所示：

```
>>> d = datetime.datetime(2009, 11, 12, 12)
>>> for post in posts.find({"date": {"$lt": d}}).sort("author"):
pprint.pprint(post)
…
{u'_id': ObjectId('…'),
    u'author': u'Eliot',
    u'date': datetime.datetime(…),
    u'text': u'and pretty easy too!',
    u'title': u'MongoDB is fun'}
{u'_id': ObjectId('…'),
    u'author': u'Mike',
    u'date': datetime.datetime(…),
    u'tags': [u'bulk', u'insert'],
    u'text': u'Another post!'}
```

在这里使用特殊的$it 操作符来执行范围查询，同时调用 sort()方法来对结果进行排序（以 author 为排序字段）。

14.2　使用 PyMongo 插入数据

你可以使用 insert_one()方法和 insert_many()方法来向 MongoDB 的集合中插入文档。如果你所插入的集合在 MongoDB 中不存在，MongoDB 将为你自动创建一个集合。

首先要在 Python 命令行或者集成开发环境中，使用 MongoClient 连接一个正在运行的 MongoDB 实例，且已经打开 test 数据库。打开方式如下：

```
from pymongo import MongoClient

client = MongoClient()
db = client.test
```

向集合 restaurants 中插入一个文档。如果集合不存在，这个操作将创建一个新的集合。插入文档如下所示：

```
from datetime import datetime
result = db.restaurants.insert_one(
```

```
{
    "address": {
        "street": "2 Avenue",
        "zipcode": "10075",
        "building": "1480",
        "coord": [-73.9557413, 40.7720266]
    },
    "borough": "Manhattan",
    "cuisine": "Italian",
    "grades": [
        {
            "date": datetime.strptime("2019-10-01", "%Y-%m-%d"),
            "grade": "A",
            "score": 11
        },
        {
            "date": datetime.strptime("2019-01-16", "%Y-%m-%d"),
            "grade": "B",
            "score": 17
        }
    ],
    "name": "Vella",
    "restaurant_id": "41704620"
    }
)
```

这个操作返回了一个 InsertOneResult 对象，它包括了 insert_id 属性表示被插入的文档的_id。访问 insert_id 的方式如下：

```
result.inserted_id
```

你插入的文档的 ObjectId 将和如下所示的不同。

```
ObjectId("54c1478ec2341ddf130f62b7")
```

如果你传递给 insert_one()方法的参数不包含_id 字段，MongoClient 将自动添加这个字段并且生成一个 ObjectId 设置为这个字段的值。

14.3　使用 PyMongo 查询数据

你可以通过 find()方法产生一个查询来从 MongoDB 的集合中查询到数据。MongoDB 中所有的查询条件在一个集合中都有一个范围。

查询可以返回在集合中的所有数据或者只返回符合筛选条件（filter）或者标准（criteria）的文档。你可以在文档中指定过滤器或者标准，并作为参数传递给 find()方法。

find()方法返回一个查询结果的游标，这是一个产生文档的迭代对象。

14.3.1　PyMongo 的 find_one()和 find()

为了方便演示，在 test_DataBase 数据库中创建一个 users 的集合，并向其中添加三条文档记录。代码如下：

```
users = test_database.users
joe = {'name': 'joe', 'age': 26}
mike = {'name': 'mike', 'age': 28}
jake = {'name': 'jake', 'age': 26}
```

```
#使用 insert_many()可以一次添加多个文档记录
users.insert_many([joe, mike, jake])
for data in users.find():
print(data)
{'_id': ObjectId('5acb225729561f64220f6fa1'), 'name': 'joe', 'age': 26}
{'_id': ObjectId('5acb225729561f64220f6fa2'), 'name': 'mike', 'age': 28}
{'_id': ObjectId('5acb225729561f64220f6fa3'), 'name': 'jake', 'age': 26}
```

1. find()的使用方法

使用 find()方法，如果不传入任何参数，将返回该集合中的所有数据的一个游标，然后可以通过 for 来遍历游标来打印查询结果。

如果需要查找特定的数据，比如年龄为 28 的用户，那么可以给 find()方法传入一个匹配的规则。如下所示：

```
result = users.find({'age': 28})
result.count()
>> 1
result.next()
>> {'_id': ObjectId('5acb225729561f64220f6fa2'), 'age': 28, 'name': 'mike'}
```

find()的返回值是一个查询游标，在 Python 中的数据类型为一个迭代器，可以使用 count()查看查询结果数量。

还可以通过传入多个查询条件进行查询。方法如下：

```
result = users.find({'age': 26, 'name': 'jake'})
result.count()
>> 1
result.next()
>> {'_id': ObjectId('5acb225729561f64220f6fa3'), 'age': 26, 'name': 'jake'}
```

注意：上面表达式有多个条件会被解释为 AND 关系。

2. find_one()的使用方法

上面演示了 find()的用法，接下来将会演示 find_one()的用法。find_one()与 find()方法差别不大，它们的区别是使用 find_one()最多只会返回一条文档记录，而 find()则返回查询游标。下面是代码演示：

```
user.find_one()
>> {'_id': ObjectId('5acb225729561f64220f6fa1'), 'age': 26, 'name': 'joe'}
#find_one()如果没有查询条件,会返回第一条记录

type(users.find_one({'name': 'kate'}))
>> NoneType
#如果传入查询条件,没有查询结果,则会返回一个 NoneType

users.find_one({'age': 26})
>> '_id': ObjectId('5acb225729561f64220f6fa1'), 'age': 26, 'name': 'joe'}
#如果查询匹配多个结果,find_one() 只会返回第一条匹配记录
```

在查询时，可能并不需要文档中的所有字段，这是因为可以在查询条件之后再传入一个参数来指定返回的字段。查询方法如下所示：

```
#不要_id字段
users.find_one({}, {'_id': 0})
>> {'age': 26, 'name': 'joe'}
#只输出_id字段
users.find_one({}, {'_id': 1})
>> {'_id': ObjectId('5acb225729561f64220f6fa1')}
```

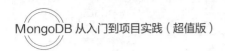

14.3.2　PyMongo 条件查询操作

1. 比较操作符

在查询中，会经常用到比较字段值的大小来查询数据，实现这一功能会用到比较操作符，PyMongo 常用的比较操作符有以下几个：

-lt：小于。

-lte：小于或等于。

-gt：大于。

-gte：大于或等于。

-$ne：不等于。

下面使用上面的 users 集合来演示这几个比较操作符。

首先遍历打印 users 集合中的数据，如下所示：

```
for data in users.find():
print(data)
>> {'_id': ObjectId('5acb225729561f64220f6fa1'), 'name': 'joe', 'age': 26}
{'_id': ObjectId('5acb225729561f64220f6fa2'), 'name': 'mike', 'age': 28}
{'_id': ObjectId('5acb225729561f64220f6fa3'), 'name': 'jake', 'age': 26}
```

然后做查询操作，查询条件方法如下所示：

```
#查询大于 26 岁的用户
for data in user.find({'age': {'$gt': 26}}):
print(data)
>> {'_id': ObjectId('5acb225729561f64220f6fa2'), 'name': 'mike', 'age': 28}
#查询大于等于 26 岁的用户
for data in user.find({'age': {'$gte': 26}}):
print(data)
>> {'_id': ObjectId('5acb225729561f64220f6fa1'), 'name': 'joe', 'age': 26}
{'_id': ObjectId('5acb225729561f64220f6fa2'), 'name': 'mike', 'age': 28}
{'_id': ObjectId('5acb225729561f64220f6fa3'), 'name': 'jake', 'age': 26}
#查询小于 28 岁的用户
for data in user.find({'age': {'$lt': 28}}):
print(data)
>> {'_id': ObjectId('5acb225729561f64220f6fa1'), 'name': 'joe', 'age': 26}
{'_id': ObjectId('5acb225729561f64220f6fa3'), 'name': 'jake', 'age': 26}
#查询小于等于 28 岁的用户
for data in user.find({'age': {'$lte': 28}}):
print(data)
>> {'_id': ObjectId('5acb225729561f64220f6fa1'), 'name': 'joe', 'age': 26}
{'_id': ObjectId('5acb225729561f64220f6fa2'), 'name': 'mike', 'age': 28}
{'_id': ObjectId('5acb225729561f64220f6fa3'), 'name': 'jake', 'age': 26}
#查询不等于 28 岁的用户
for data in user.find({'name': {'$ne': 'mike'}}):
print(data)
>> {'_id': ObjectId('5acb225729561f64220f6fa1'), 'name': 'joe', 'age': 26}
{'_id': ObjectId('5acb225729561f64220f6fa3'), 'name': 'jake', 'age': 26}
```

2. in 和 nin 的用法

可以使用$in 和$nin 操作符来匹配一个键的多个值，具体用法实例如下：

```
#匹配 users 集合中用户名为 joe 和 mike 的文档记录
for data in users.find({'name': {'$in': ['joe', 'mike']}}):
print(data)
>> {'_id': ObjectId('5acb225729561f64220f6fa1'), 'name': 'joe', 'age': 26}
{'_id': ObjectId('5acb225729561f64220f6fa2'), 'name': 'mike', 'age': 28}
```

```
#匹配用户名不是 mike 的用户 注意：$in 和$nin 条件必须是一个数组
for data in users.find({'name': {'$nin': ['mike']}}):
print(data)
>> {'_id': ObjectId('5acb225729561f64220f6fa1'), 'name': 'joe', 'age': 26}
{'_id': ObjectId('5acb225729561f64220f6fa3'), 'name': 'jake', 'age': 26}
```

3. $or 的用法

如果需要查询两个条件中其中一个为真的查询结果，可以使用$or 操作符。具体实例如下，为方便演示，先插入多一条文档记录：

```
kate = {'name': 'kate', 'age': 30}
users.insert_one(kate)
for data in users.find({'$or': [{'name': 'mike'}, {'age': 30}]}):
print(data)
{'_id': ObjectId('5acb225729561f64220f6fa2'), 'name': 'mike', 'age': 28}
{'_id': ObjectId('5acb6cfc29561f64220f6fa4'), 'name': 'kate', 'age': 30}
```

4. null 值查询和$exists 条件判定

在 Python 中，MongoDB 中的 null 值以 None 表示。但在查询 null 值中，会出现比较奇怪的情况，以下为演示案例，为方便演示，创建一个 c 集合，并向里面添加 3 条记录：

```
c = test_database.c
c.insert_many({'y': None}, {'y': 1}, {'y': 2})
for data in c.find():
print(data)
>> {'_id': ObjectId('5acb738029561f64220f6fa5'), 'y': None}
{'_id': ObjectId('5acb741029561f64220f6fa6'), 'y': 1}
{'_id': ObjectId('5acb741029561f64220f6fa7'), 'y': 2}
#查询 null 值
for data in c.find({'y': None}):
print(data)
>> {'_id': ObjectId('5acb738029561f64220f6fa5'), 'y': None}
#查询一个不存在的键,查询条件为 null
for data in c.find({'z': None}):
print(data)
>> {'_id': ObjectId('5acb738029561f64220f6fa5'), 'y': None}
{'_id': ObjectId('5acb741029561f64220f6fa6'), 'y': 1}
{'_id': ObjectId('5acb741029561f64220f6fa7'), 'y': 2}
```

可以看到，当查找{'z': None}时，会把所有不包含这个条件的文档都查询出来，这样明显和我们的意图不一致，因此需要增加一个限定条件，具体代码如下所示：

```
for data in c.find({'z': {'$in': [None], '$exists': 1}}):
print(data)
>>
```

通过加上$exists 的限定，可以看到代码执行完之后并没有查询结果输出，符合我们的查询意图。

5. 查询数组

在实际使用当中，还可能会存在文档中有数组形式的字段值，因此需要一些特定的操作来查询匹配这些数组，同样的，MongoDB 提供了相关的操作符可以使用，常用的数组操作符有以下几个：

-$all：匹配多个元素数组。

-$size：匹配特定长度的数组。

-$slice：返回匹配数组的一个子集。

下面用代码来演示上面三个操作符的用法。为方便演示，会先创建一个 food 的集合用来存放水果的文档记录。代码如下所示：

```
food = test_database.food
```

```
food.insert_one({'_id': 1, 'fruit': ['apple', 'banana', 'peach']})
food.insert_one({'_id': 2, 'fruit': ['apple', 'kumquat', 'orange']})
food.insert_one({'_id': 3, 'fruit': ['cherry', 'banana', 'apple']})
for data in food.find():
print(data)
>> {'_id': 1, 'fruit': ['apple', 'banana', 'peach']}
{'_id': 2, 'fruit': ['apple', 'kumquat', 'orange']}
{'_id': 3, 'fruit': ['cherry', 'banana', 'apple']}
```

（1）$all 的用法实例：

代码如下：

```
result = food.find({'fruit': {'$all': ['apple', 'banana']}})
for data in result:
print(data)
>> {'_id': 1, 'fruit': ['apple', 'banana', 'peach']}
{'_id': 3, 'fruit': ['cherry', 'banana', 'apple']}
#也可以使用位置定位匹配
result = food.find({'fruit.1': 'banana'})
for data in result:
print(data)
>> {'_id': 1, 'fruit': ['apple', 'banana', 'peach']}
{'_id': 3, 'fruit': ['cherry', 'banana', 'apple']}
```

（2）$size 的用法。

为了方便演示，会向 food 集合中的第二个文档多添加一个水果。

```
food.update_one({'_id': 2}, {'$push': {'fruit': 'strawberry'}})
for data in food.find():
print(data)
>> {'_id': 1, 'fruit': ['apple', 'banana', 'peach']}
{'_id': 2, 'fruit': ['apple', 'kumquat', 'orange', 'strawberry']}
{'_id': 3, 'fruit': ['cherry', 'banana', 'apple']}
#查找数组 size 为 3 的结果
result = food.find({'fruit': {'$size': 3}})
for data in result:
print(data)
>> {'_id': 1, 'fruit': ['apple', 'banana', 'peach']}
{'_id': 3, 'fruit': ['cherry', 'banana', 'apple']}
```

（3）$slice 的用法。

slice 可以返回某个键匹配的数组的一个子集，将会用 blog 集合来演示使用 slice 操作符获取特定数量的评论记录。

```
blog.find_one()
>> {'_id': ObjectId('5aca17cf29561f64220f6fa0'),
'comments': [{'author': 'Jim', 'comment': 'good post', 'votes': 1},
{'author': 'Claire', 'comment': 'i thought it was too short', 'votes': 3},
{'author': 'Alice', 'comment': 'free watches', 'votes': -1}],
'content': '…'}
#获取前两条评论记录
blog.find_one({}, {'comments': {'$slice': 2}})
>> {'_id': ObjectId('5aca17cf29561f64220f6fa0'),
'comments': [{'author': 'Jim', 'comment': 'good post', 'votes': 1},
{'author': 'Claire', 'comment': 'i thought it was too short', 'votes': 3}],
'content': '…'}
#获取最后一条评论记录
blog.find_one({}, {'comments': {'$slice': -1}})
>> {'_id': ObjectId('5aca17cf29561f64220f6fa0'),
'comments': [{'author': 'Alice', 'comment': 'free watches', 'votes': -1}],
'content': '…'}
```

6. min()和 max()的使用

如果以某个区间值作为查询条件，可以使用比较操作符来实现，但是，如果文档中存在值以及值组成的数组时，查询结果往往与我们的意图不一致，这时就需要用到$elemMatch 来匹配非数组元素，或者使用min()和 max()方法。

首先先清空 c 集合，并加入新的文档记录，如下所示：

```
c.drop()
c.count()
>> 0
c.insert_many([{'x':  5}, {'x': 15}, {'x': 25}, {'x': [5, 25]}])
c.count()
>> 4
for data in c.find():
print(data)
>> {'_id': ObjectId('5acc31c729561f64220f6fa8'), 'x': 5}
{'_id': ObjectId('5acc31c729561f64220f6fa9'), 'x': 15}
{'_id': ObjectId('5acc31c729561f64220f6faa'), 'x': 25}
{'_id': ObjectId('5acc31c729561f64220f6fab'), 'x': [5, 25]}
```

查询方法如下：

```
#假设查询 [10, 20] 区间内的记录
result = c.find({'x': {'$gt': 10. '$lt': 20}})
for data in result:
print(data)
>> {'_id': ObjectId('5acc31c729561f64220f6fa9'), 'x': 15}
{'_id': ObjectId('5acc31c729561f64220f6fab'), 'x': [5, 25]}
#这里看到[5, 25]这条记录其实是不符合查询预期的
#可以使用 $elemMatch 匹配非数组元素
result = c.find({'x': {'$elemMatch': {'$gt': 10, '$lt': 20}}})
for data in result:
print(data)
>> //没有输出结果
#通过添加 $elemMatch 可以剔除 [5, 25] 这一记录,但正确的查询结果 {'x': 15} 却不能匹配
#下面使用 min() 以及 max() 方法
#为使用这个方法,需要先给 c 集合的 x 字段建立索引
c.create_index('x')
>> 'x_1'
result = c.find({'x': {'$gt': 10, '$lt': 20}}).min([('x', 10)]).max([('x', 20)])
for data in result:
print(data)
>> {'_id': ObjectId('5acc31c729561f64220f6fa9'), 'x': 15}
```

关于 min()和 max()两个方法，这里有两点需要注意：

（1）使用这两个方法前，必须先要为查询的字段建立索引，否则会报错。

（2）这两个方法和在 MongoDB 中的写法有一些不一样，在 MongoDB 中，同样操作写作：min({'x': 10})但在 PyMongo 中，应写成 min([('x', 10)])，注意区别，否则同样会报错。

7. $where 查询

针对一些比较复杂的查询，可以使用$where 操作符。然而，由于$where 操作符可以在查询中执行任意的 JavaScript 语句，因此可能会产生出一些不安全的操作，因此，在实际生产环境中，尽可能不用或者禁用$where 操作符。以下代码演示$where 操作符的基本用法，为方便演示，会再次用到 foo 集合：

```
foo.drop()
#向 foo 集合中添加两条文档记录
foo.insert_one({'apple': 1, 'banana': 6, 'peach': 3})
```

```
foo.insert_one({'apple': 8, 'spinach': 4, 'watermelon': 4})

for data in foo:
print(data)
>> {'_id': ObjectId('5acdbf4729561f64220f6fac'), 'apple': 1, 'banana': 6, 'peach': 3}
{'_id': ObjectId('5acdbf6a29561f64220f6fad'), 'apple': 8, 'spinach': 4, 'watermelon': 4}

#接下来,需要查找存在两个水果数量相等的文档
result = foo.find({'$where':
    """
    function() {
        for (var current in this) {
            for (var other in this) {
                if (current != other && this[current] == this[other]){
                    return true;
                }
            }
        }
        return false;
    }
"""})

for data in result:
print(data)
>> {'_id': ObjectId('5acdbf6a29561f64220f6fad'), 'apple': 8, 'spinach': 4, 'watermelon': 4}
```

8. 游标

当进行查询操作时，程序执行查询指令后，返回的不是查询结果，而是一个游标，在 PyMongo 库中，指定 find() 方法后，返回的是一个 pymongo.cursor.Cursor 的对象，这个对象可以简单理解成一个迭代器，因此就可以像上文一样，使用 for 循环来遍历所有查询结果。

```
type(foo.find())
>> pymongo.cursor.Cursor
```

以下再次演示使用 for 遍历输出查询结果，为方便演示，再次清空 foo 集合：

```
foo.drop()
#创建一系列文档
import random
for i in range(20):
foo.insert_one({'x': random.randint(0, 20)})
for data in foo.find():
print(data)
>> {'_id': ObjectId('5acdc47d29561f64220f6fc2'), 'x': 15}
{'_id': ObjectId('5acdc47d29561f64220f6fc3'), 'x': 17}
{'_id': ObjectId('5acdc47d29561f64220f6fc4'), 'x': 0}
{'_id': ObjectId('5acdc47d29561f64220f6fc5'), 'x': 10}
{'_id': ObjectId('5acdc47d29561f64220f6fc6'), 'x': 7}
{'_id': ObjectId('5acdc47d29561f64220f6fc7'), 'x': 17}
{'_id': ObjectId('5acdc47d29561f64220f6fc8'), 'x': 8}
{'_id': ObjectId('5acdc47d29561f64220f6fc9'), 'x': 17}
{'_id': ObjectId('5acdc47d29561f64220f6fca'), 'x': 13}
{'_id': ObjectId('5acdc47d29561f64220f6fcb'), 'x': 6}
{'_id': ObjectId('5acdc47d29561f64220f6fcc'), 'x': 2}
{'_id': ObjectId('5acdc47d29561f64220f6fcd'), 'x': 2}
{'_id': ObjectId('5acdc47d29561f64220f6fce'), 'x': 14}
```

```
{'_id': ObjectId('5acdc47d29561f64220f6fcf'), 'x': 18}
{'_id': ObjectId('5acdc47d29561f64220f6fd0'), 'x': 5}
{'_id': ObjectId('5acdc47d29561f64220f6fd1'), 'x': 1}
{'_id': ObjectId('5acdc47d29561f64220f6fd2'), 'x': 0}
{'_id': ObjectId('5acdc47d29561f64220f6fd3'), 'x': 6}
{'_id': ObjectId('5acdc47d29561f64220f6fd4'), 'x': 4}
{'_id': ObjectId('5acdc47d29561f64220f6fd5'), 'x': 5}
```

（1）sort()排序的用法。

基于上面的集合数据，对 x 进行一个排序操作，可以使用 sort()方法，具体操作如下：

```
import pymongo
result = foo.find()
#升序
result.sort([('x', pymongo.ASCENDING)])
for data in result:
print(data)
>> {'_id': ObjectId('5acdc47d29561f64220f6fc4'), 'x': 0}
{'_id': ObjectId('5acdc47d29561f64220f6fd2'), 'x': 0}
{'_id': ObjectId('5acdc47d29561f64220f6fd1'), 'x': 1}
{'_id': ObjectId('5acdc47d29561f64220f6fcc'), 'x': 2}
{'_id': ObjectId('5acdc47d29561f64220f6fcd'), 'x': 2}
{'_id': ObjectId('5acdc47d29561f64220f6fd4'), 'x': 4}
{'_id': ObjectId('5acdc47d29561f64220f6fd0'), 'x': 5}
{'_id': ObjectId('5acdc47d29561f64220f6fd5'), 'x': 5}
{'_id': ObjectId('5acdc47d29561f64220f6fcb'), 'x': 6}
{'_id': ObjectId('5acdc47d29561f64220f6fd3'), 'x': 6}
{'_id': ObjectId('5acdc47d29561f64220f6fc6'), 'x': 7}
{'_id': ObjectId('5acdc47d29561f64220f6fc8'), 'x': 8}
{'_id': ObjectId('5acdc47d29561f64220f6fc5'), 'x': 10}
{'_id': ObjectId('5acdc47d29561f64220f6fca'), 'x': 13}
{'_id': ObjectId('5acdc47d29561f64220f6fce'), 'x': 14}
{'_id': ObjectId('5acdc47d29561f64220f6fc2'), 'x': 15}
{'_id': ObjectId('5acdc47d29561f64220f6fc3'), 'x': 17}
{'_id': ObjectId('5acdc47d29561f64220f6fc7'), 'x': 17}
{'_id': ObjectId('5acdc47d29561f64220f6fc9'), 'x': 17}
{'_id': ObjectId('5acdc47d29561f64220f6fcf'), 'x': 18}
#降序
for data in foo.find().sort([('x', pymongo.DESCENDING)]):
print(data)
>> {'_id': ObjectId('5acdc47d29561f64220f6fcf'), 'x': 18}
{'_id': ObjectId('5acdc47d29561f64220f6fc3'), 'x': 17}
{'_id': ObjectId('5acdc47d29561f64220f6fc7'), 'x': 17}
{'_id': ObjectId('5acdc47d29561f64220f6fc9'), 'x': 17}
{'_id': ObjectId('5acdc47d29561f64220f6fc2'), 'x': 15}
{'_id': ObjectId('5acdc47d29561f64220f6fce'), 'x': 14}
{'_id': ObjectId('5acdc47d29561f64220f6fca'), 'x': 13}
{'_id': ObjectId('5acdc47d29561f64220f6fc5'), 'x': 10}
{'_id': ObjectId('5acdc47d29561f64220f6fc8'), 'x': 8}
{'_id': ObjectId('5acdc47d29561f64220f6fc6'), 'x': 7}
{'_id': ObjectId('5acdc47d29561f64220f6fcb'), 'x': 6}
{'_id': ObjectId('5acdc47d29561f64220f6fd3'), 'x': 6}
{'_id': ObjectId('5acdc47d29561f64220f6fd0'), 'x': 5}
{'_id': ObjectId('5acdc47d29561f64220f6fd5'), 'x': 5}
{'_id': ObjectId('5acdc47d29561f64220f6fd4'), 'x': 4}
{'_id': ObjectId('5acdc47d29561f64220f6fcc'), 'x': 2}
{'_id': ObjectId('5acdc47d29561f64220f6fcd'), 'x': 2}
{'_id': ObjectId('5acdc47d29561f64220f6fd1'), 'x': 1}
{'_id': ObjectId('5acdc47d29561f64220f6fc4'), 'x': 0}
{'_id': ObjectId('5acdc47d29561f64220f6fd2'), 'x': 0}
```

（2）limit()方法的使用。

上面 foo 文档中有 20 条文档记录，假如不需要一次获取所有文档，可以使用 limit()方法来限制查询结果数量，具体操作如下：

```
for data in foo.find().limit(5):
print(data)
>> {'_id': ObjectId('5acdc47d29561f64220f6fc2'), 'x': 15}
{'_id': ObjectId('5acdc47d29561f64220f6fc3'), 'x': 17}
{'_id': ObjectId('5acdc47d29561f64220f6fc4'), 'x': 0}
{'_id': ObjectId('5acdc47d29561f64220f6fc5'), 'x': 10}
{'_id': ObjectId('5acdc47d29561f64220f6fc6'), 'x': 7}
```

（3）skip()方法的使用。

可以使用 skip()方法来跳过一定数量的文档，代码演示如下：

```
for data in foo.find().skip(5).limit(5):
    print(data)
>> {'_id': ObjectId('5acdc47d29561f64220f6fc7'), 'x': 17}
{'_id': ObjectId('5acdc47d29561f64220f6fc8'), 'x': 8}
{'_id': ObjectId('5acdc47d29561f64220f6fc9'), 'x': 17}
{'_id': ObjectId('5acdc47d29561f64220f6fca'), 'x': 13}
{'_id': ObjectId('5acdc47d29561f64220f6fcb'), 'x': 6}
```

可以看到，输出的结果和上面使用 limit(5)的数据不一样，这里是跳过前 5 条记录的后 5 条记录。

14.3.3　在一个集合中查询所有文档

调用 find()方法不需要传值即可得到集合中所有的文档。举一个例子，返回 restaurants 集合中所有文档，可以这样表示：

```
cursor = db.restaurants.find()
```

接着迭代游标（cursor）并且打印文档内容。代码如下：

```
for document in cursor:
print(document)
```

最后结果将只包含符合条件的文档。

14.3.4　指定相等条件

对某一个字段的相等条件查询有如下形式：

```
{ <field1>: <value1>, <field2>: <value2>, … }
```

如果字段（<field>）在某个文档的某一个数组内，则使用点操作符（dot notation）去访问该字段。

1. 使用一个顶级字段进行查询

如下所示的操作将查询 borough 字段等于 Manhattan 的文档。

```
cursor = db.restaurants.find({"borough": "Manhattan"})
```

迭代游标（cursor）并且打印文档内容。

```
for document in cursor:
print(document)
```

结果将只包含符合条件的文档。

2. 在一个嵌入式的文档中查询

要指定嵌入文档中字段的查询条件，需要使用点操作符。使用点操作符需要使用双引号将字段名包裹。下面的操作将指定一个文档的地址字典中的邮编字段的一个相等的条件。

```
cursor = db.restaurants.find({"address.zipcode": "10075"})
```

迭代游标（cursor）并且打印文档内容。

```
for document in cursor:
print(document)
```

结果将只包含符合条件的文档。

3. 在一个数组中查询

grades 数组包含一个嵌入式文档作为其元素。在该文档的字段上指定一个相等条件需要用到点操作符。使用点操作符需要使用双引号将字段名包裹。如下所示的查询将查询一个有嵌入式文档的 grades 字段，该字段中的 grade 等于 B。

```
cursor = db.restaurants.find({"grades.grade": "B"})
```

迭代游标（cursor）并且打印文档内容。

```
for document in cursor:
print(document)
```

结果将只包含符合条件的文档。

14.4　使用 PyMongo 更新数据

你可以使用 update_one()和 update_many 方法更新集合中的文档。update_one()方法一次更新一个文档。使用 update_many()方法可以更新所有符合条件的文档。更新数据需要接受以下三个参数：

（1）一个筛选器，可以对符合条件的文档进行更新。

（2）一个指定的修改语句。

（3）自定义更新时的操作参数。

14.4.1　更新特定的字段

要改变一个特定字段的值，MongoDB 提供了更新操作符，例如$set 操作符可以修改值。

1. 更新顶级字段

如下操作将更新第一个符合 name 等于 Juni 这个条件的文档。使用$set 操作符更新 cuisine 字段且将 lastModified 修改为当前日期。

```
result = db.restaurants.update_one(
{"name": "Juni"},
    {
        "$set": {
            "cuisine": "American (New)"
        },
        "$currentDate": {"lastModified": True}
```

```
    }
)
```

这个操作返回了一个 UpdateResult 对象。这个对象报告了符合条件的文档数目以及被修改的文档数目。

如果想要查看符合筛选器条件的文档数目，可以通过访问 UpdateResult 对象的 matched_count 属性。方法如下所示：

```
result.matched_count
```

matched_count 值的返回结果为 1。

如果想要查看更新操作中被修改的文档数目，可以通过访问 UpdateResult 对象的 modified_count 属性。modified_count 值为 1。

2. 更新嵌入式文档中的字段

要更新一个嵌入式文档中的字段，需要使用点操作符。当使用点操作符时，需要使用双引号将字段名包裹。下面的操作将更新 address 字段中的 street 值。

```
result = db.restaurants.update_one(
{"restaurant_id": "41156888"},
    {"$set": {"address.street": "East 31st Street"}}
)
```

这个操作返回了一个 UpdateResult 对象。这个对象报告了符合条件的文档数目以及被修改的文档数目。

想要查看符合筛选器条件的文档数目，可以通过访问 UpdateResult 对象的 matched_count 属性。方法如下所示：

```
result.matched_count
```

返回 matched_count 值为 1。

想要查看更新操作中被修改的文档数目，可以通过访问 UpdateResult 对象的 modified_count 属性。返回 modified_count 值为 1。

3. 更新多个文档

update_one()方法更新了一个文档，要更新多个文档，需要使用 update_many()方法。下面的操作将更新所有的 address.zipcode 等于 10016 以及 cuisine 等于 Other 的文档，将 cuisine 字段设置为 Category To Be Determined 以及将 lastModified 更新为当前日期。代码如下：

```
result = db.restaurants.update_many(
{"address.zipcode": "10016", "cuisine": "Other"},
    {
        "$set": {"cuisine": "Category To Be Determined"},
        "$currentDate": {"lastModified": True}
    }
)
```

这个操作返回了一个 UpdateResult 对象。这个对象报告了符合条件的文档数目以及被修改的文档数目。

想要查看符合筛选器条件的文档数目，可以通过访问 UpdateResult 对象的 matched_count 属性。方法如下所示：

```
result.matched_count
```

最后返回 matched_count 值为 20。

想要查看更新操作中被修改的文档数目，可以通过访问 UpdateResult 对象的 modified_count 属性。返回 modified_count 值为 20。

14.4.2　替换一个文档

如果我们要替换整个文档（除了_id字段），可以将一个完整的文档作为第二个参数传给 update()方法。替代文档对应原来的文档可以有不同的字段。在替代文档中，你可以忽略_id字段因为它是不变的。如果你包含了_id字段，那它必须和原文档的值相同。

注意：在更新之后，该文档将只包含替代文档的字段。

更新操作后，被修改的文档将只剩下_id、name和 address字段。该文档将不再包含 restaurant_id、cuisine、grades 以及 borough 字段。代码如下：

```
result = db.restaurants.replace_one(
    {"restaurant_id": "41704620"},
        {
        "name": "Vella 2",
        "address": {
            "coord": [-73.9557413, 40.7720266],
            "building": "1480",
            "street": "2 Avenue",
            "zipcode": "10075"
        }
    }
)
```

replace_one 操作返回了一个 UpdateResult 对象。这个对象报告了符合条件的文档数目以及被修改的文档数目。

想要查看符合筛选器条件的文档数目，可以通过访问 UpdateResult 对象的 matched_count 属性。方法如下所示：

```
result.matched_count
```

返回 matched_count 值为 20。

想要查看更新操作中被修改的文档数目，可以通过访问 UpdateResult 对象的 modified_count 属性，返回 modified_count 值为 20。

14.5　使用 PyMongo 删除数据

可以使用 delete_one()以及 delete_many()方法从集合中删除文档。该方法需要一个条件来确定需要删除的文档，要指定一个删除条件，使用和查询条件是相同的结构即可。

步骤 1：删除所有符合条件的文档。

首先删除所有符合条件的文档，操作如下所示：

```
result = db.restaurants.delete_many({"borough": "Manhattan"})
```

这个操作返回了一个 DeleteResult 对象。这个对象报告了被删除的文档数目。

想要查看被删除的文档数目，可以通过访问 DeleteResult 对象的 deleted_count 属性。方法如下所示：

```
result.deleted_count
```

返回 deleted_count 值为 10259。

如果你已经插入或者更新了文档，那么你得到的结果将和实例不同。

步骤 2：删除所有文档。

要想删除一个集合中的所有文档，只需给 delete_many()方法传递一个空的条件参数即可。代码如下：

```
result = db.restaurants.delete_many({})
```

这个操作返回了一个 DeleteResult 对象，这个对象报告了被删除的文档数目。

想要查看被删除的文档数目，可以通过访问 DeleteResult 对象的 deleted_count 属性。方法如下所示：

```
result.deleted_count
```

返回 deleted_count 值为 15100。

如果你已经插入或者更新了文档，那么你得到的结果将和实例不同。

步骤 3：销毁一个集合。

删除所有文档的操作只会清空集合中的文档。该集合以及集合的索引将依旧存在。要清空一个集合，销毁该集合以及它的索引并且重建集合和索引可能是相比于清空一个集合更加高效的操作方式。使用 drop()方法可以销毁一个集合，包括它所有的索引。方法如下所示：

```
db.restaurants.drop()
```

14.6　使用 PyMongo 进行数据聚合

MongoDB 可以进行数据聚合操作，例如可以针对某一字段进行分组或者对某一字段不同的值进行统计。

使用 aggregate()方法可以使用基于步骤的聚合操作。aggregate()方法接受多个数组作为每一步的操作。每一个阶段按照顺序处理，描述了对数据操作的步骤。

```
db.collection.aggregate([<stage1>, <stage2>, …])
```

14.6.1　根据一个字段分组文件并计算总数

使用$group 操作符利用一个指定的键进行分组。在$group 操作中，指定需要分组的字段为_id。$group 通过字段路径访问字段，该字段需要有一个美元符号$作为前缀。$group 操作可以使用累加器对本次分组进行计算。下面的例子将使用 borough 字段对 restaurants 集合进行操作，并且使用$sum 累加器进行文档的统计计算。

```
cursor = db.restaurants.aggregate(
    [
        {"$group": {"_id": "$borough", "count": {"$sum": 1}}}
    ]
)
```

迭代游标（cursor）并且打印文档内容。

```
for document in cursor:
print(document)
```

结果将由如下文档组成：

```
{u'count': 969, u'_id': u'Staten Island'}
{u'count': 6086, u'_id': u'Brooklyn'}
{u'count': 10259, u'_id': u'Manhattan'}
{u'count': 5656, u'_id': u'Queens'}
{u'count': 2338, u'_id': u'Bronx'}
```

```
{u'count': 51, u'_id': u'Missing'}
```

_id 字段包含了不同的 borough 值，即根据键的值进行了分组。

14.6.2　筛选并分组文档

使用$match 操作来筛选文档。$match 使用 MongoDB 查询语法。下面的管道使用$match 来对 restaurants 进行一个 borough 等于 Queens 且 cuisine 等于 Brazilian 的查询。接着$group 操作对命中的文档使用 address.zipcode 字段分组并使用$sum 进行统计。$group 通过字段路径访问字段，该字段需要有一个美元符号$作为前缀。

```
cursor = db.restaurants.aggregate(
    [
        {"$match": {"borough": "Queens", "cuisine": "Brazilian"}},
        {"$group": {"_id": "$address.zipcode", "count": {"$sum": 1}}}
    ]
)
```

迭代游标（cursor）并且打印文档内容。

```
for document in cursor:
print(document)
```

结果将由如下文档组成：

```
{u'count': 1, u'_id': u'11368'}
{u'count': 3, u'_id': u'11106'}
{u'count': 1, u'_id': u'11377'}
{u'count': 1, u'_id': u'11103'}
{u'count': 2, u'_id': u'11101'}
```

_id 字段包含了不同的 zipcode 值，即根据键的值进行了分组。

14.7　PyMongo 上的索引

索引可以对查询的高效执行起到支持。如果没有索引，MongoDB 必须进行全表扫描，即扫描集合中的每个文档，来选择符合查询条件的文档。如果一个适当的索引存在于一个查询中，MongoDB 可以使用索引限制必须检查文档的数量。

使用 create_index()方法来为一个集合创建索引，因此可以对查询的高效执行起到支持作用。MongoDB 会在创建文档的时候自动为_id 字段创建索引。

要为一个或多个字段创建索引，使用一个包含字段和索引类型的列表作为参数：

```
[ ( <field1>: <type1> ),…]
```

要创建一个升序的索引，指定 pymongo.ASCENDING 为索引类型。

要创建一个降序的索引，指定 pymongo.DESCENDING 为索引类型。

create_index()只会在索引不存在的时候创建一个索引。

1. 创建一个单字段索引

在 restaurants 集合中的 cuisine 字段上创建自增的索引。

```
import pymongo
db.restaurants.create_index([("cuisine", pymongo.ASCENDING)])
```

该方法将返回被创建的索引的名字。

```
"u'cuisine_1'"
```

2. 创建一个复合索引

MongoDB 支持在多个字段上创建符合索引。这几个字段的命令将声明这个索引包含的键。举个例子，下面的操作将在 cuisine 字段和 address.zipcode 字段上创建一个复合索引。该索引将先对 cuisine 的值输入一个升序的命令，然后对 address.zipcode 的值输入一个降序命令。

```
import pymongo
db.restaurants.create_index([
    ("cuisine", pymongo.ASCENDING),
    ("address.zipcode", pymongo.DESCENDING)
])
```

该方法将返回被创建的索引的名字。

```
"u'cuisine_1_address.zipcode_-1'"
```

14.8　就业面试技巧与解析

学完本章内容，可以了解到 MongoDB Python 驱动的常用操作的基础知识，以及学习了如何搜索、存储、更新和删除数据。下面对面试过程中出现的问题进行解析，更好帮助读者学习本章内容。

14.8.1　面试技巧与解析（一）

面试官： MongoDB 要注意的问题是什么？

应聘者：

（1）因为 MongoDB 是全索引的，所以它直接把索引放在内存中，因此最多支持 2.5G 的数据。如果是 64 位的会更多。

（2）因为没有恢复机制，因此要做好数据备份。

（3）因为默认监听地址是 127.0.0.1，因此要进行身份验证，否则不够安全；如果是自己使用，建议配置成 localhost 主机名。

（4）通过 GetLastError 确保变更。

14.8.2　面试技巧与解析（二）

面试官： MongoDB 数据库安全有几个方面？

应聘者：

（1）绑定 IP 内外地址访问 MongoDB 服务。

（2）设置监听端口。

（3）使用用户名和口令登录。

第 5 篇

项目实践篇

在本篇中，将融会贯通前面所学的编程知识、技能以及开发技巧来开发实战项目。其中包括商品管理系统开发、舞蹈培训管理系统开发、网站帖子爬取系统。通过本篇的学习，读者将对 MongoDB 在不同语言项目开发中的实际应用和开发流程拥有一个切身的体会，为日后进行软件项目管理及实战开发积累经验。

- **第 15 章** 项目实践入门阶段——商品管理系统
- **第 16 章** 项目实践提高阶段——舞蹈培训管理系统
- **第 17 章** 项目实践高级阶段——网站帖子爬取系统

第15章
项目实践入门阶段——商品管理系统

本系统使用 Java 语言以面向对象的思想编写，数据库使用的是 MongoDB，运行环境是 window 7 系统。采用 Java Web 技术，设计了一套商品管理系统。系统对商场产品的增、删、改、查进行跟踪管理，解决商场产品操作流程相关的数据信息处理问题，提高了产品管理的效率，实现了物品管理的信息化、网络化和规范化。

15.1 开发背景

随着我国经济建设突飞猛进，管理科学化与管理手段的现代化已经提高到非常重要的地位。企、事业单位为了提高自身的管理水平和竞争能力，纷纷投入人力物力，开发适合本单位需求的管理信息系统。中小企业与行政事业单位建立的管理信息系统尤如雨后春笋，一个新的开发和管理信息系统的热潮正在掀起，为此计划设计商品管理系统。它可以大大减少人力，使人们摆脱了原有系统的局限性，只要在电脑上轻轻地点几下就可以完成查询、输入、修改、输出等功能。非计算机专业的人员也可以熟练地进行操作。在科技飞速发展的今天，人们已经对网络不再感到陌生，电脑信息技术与各行各业进行了有效的结合。人们可以进行网上购物，网上交友，电子商务，网络营销等各种活动。

随着社会的进步和计算机技术的发展，特别是微型计算机的大范围普及，计算机的应用逐渐由科学计算、实时控制等方面向非数值处理的各个领域中渗透。尤其是以微型计算机为处理核心，以数据库管理系统为开发环境的管理系统办公自动化以及商业信息管理等方面的应用，日益受到人们的关注。

15.2 系统功能设计

该系统分为添加商品模块，根据编号删除商品模块，删除所有商品模块，根据商品编号查询商品信息模块，查询所有商品信息模块。该系统采用 MongoDB 数据库软件开发工具进行开发，具有很好的可移植性，可在应用范围较广的 UNIX、Windows 系列等操作系统上使用。

15.2.1 系统功能结构

本系统是基于 MongoDB 实现商品的增、删、改、查管理，在这里主要有以下几种功能的实现：

（1）查询所有商品的信息，如图 15-1 所示。

```
 Problems  @ Javadoc  Declaration  Progress  Maven Repositories  Console ⮂  Terminal  Servers  Error Log
ProductWeb [Java Application] C:\Program Files\Java\jre1.8.0_131\bin\javaw.exe (2019年10月28日 下午3:46:58)
                        欢迎来到商品管理系统
请输入以下命令进行操作：
A:添加商品  B:根据编号删除商品  C:删除所有商品  D:根据商品编号查询商品信息  E:查询所有商品信息  T:退出
E
商品编号    商品名称    商品价格
1         iPhone    5499.0
2         vivo      1798.0
3         xiaomi    999.0
4         huawei    5499.0
5         Redmi     1999.0
6         oppo      2999.0
7         meizu     1999.0
8         Fedlme    2599.0
                        欢迎来到商品管理系统
请输入以下命令进行操作：
A:添加商品  B:根据编号删除商品  C:删除所有商品  D:根据商品编号查询商品信息  E:查询所有商品信息  T:退出
```

图 15-1　查询所有商品信息

（2）通过 ID 查看商品详情，如图 15-2 所示。

```
 Problems  @ Javadoc  Declaration  Progress  Maven Repositories  Console ⮂  Terminal  Servers  Error Log
ProductWeb [Java Application] C:\Program Files\Java\jre1.8.0_131\bin\javaw.exe (2019年10月28日 下午3:49:25)
                        欢迎来到商品管理系统
请输入以下命令进行操作：
A:添加商品  B:根据编号删除商品  C:删除所有商品  D:根据商品编号查询商品信息  E:查询所有商品信息  T:退出
D
请输入要查询的商品编号：
1
商品编号    商品名称    商品价格
1         iPhone    5499.0
```

图 15-2　通过 ID 查看商品详情

（3）添加商品，如图 15-3 所示。

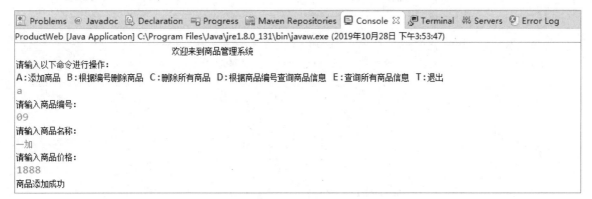

```
 Problems  @ Javadoc  Declaration  Progress  Maven Repositories  Console ⮂  Terminal  Servers  Error Log
ProductWeb [Java Application] C:\Program Files\Java\jre1.8.0_131\bin\javaw.exe (2019年10月28日 下午3:53:47)
                        欢迎来到商品管理系统
请输入以下命令进行操作：
A:添加商品  B:根据编号删除商品  C:删除所有商品  D:根据商品编号查询商品信息  E:查询所有商品信息  T:退出
a
请输入商品编号：
09
请输入商品名称：
一加
请输入商品价格：
1888
商品添加成功
```

图 15-3　添加商品

（4）通过 ID 删除商品，如图 15-4 所示。

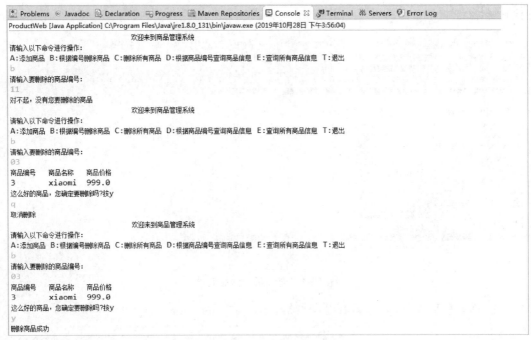

图 15-4　通过 ID 删除商品

15.2.2　系统程序结构

　　在开发商品管理系统之前，我们需要先规划好文件夹的组织结构，也就是说，首先对各个功能模块进行划分，然后实现统一管理。程序结构分为实体层、数据访问层、业务层、控制层、菜单工具、程序入口，具体的结构调用关系如图 15-5 所示。

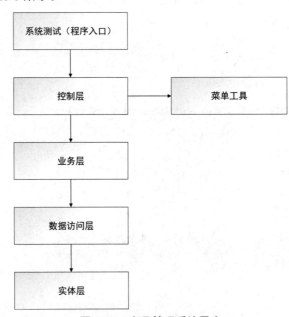

图 15-5　商品管理系统层次

1．实体层：bean、pojo 等

在本项目中它由类 Product 构成，它主要是把数据库的各个表抽象为一个类，类的一个成员对应着表中的列，类的一个对象对应着表中的一行，如图 15-6 所示。

图 15-6　数据库对应关系

2．数据访问层：DAO 层，以及 DAO 层实现类

DAO 层主要是做数据持久层的工作，负责与数据库进行联络的一些任务都封装在此，DAO 层的设计首先是设计 DAO 的接口，然后在 Spring 的配置文件中定义此接口的实现类，然后就可在模块中调用此接口来进行数据业务的处理，而不用关心此接口的具体实现类是哪个类，显得结构非常清晰，DAO 层的数据源配置，以及有关数据库连接的参数都在 Spring 的配置文件中进行配置。

本项目中 DAO 层由类 ProductDao 构成，它主要定义了查询所有商品信息、根据商品编号查询商品信息、添加商品、根据编号删除商品等方法。

3．业务层：Service 层，以及 Service 的实现类

Service 层主要负责业务模块的逻辑应用设计。同样是首先设计接口，再设计其实现的类，接着在 Spring 的配置文件中配置其实现的关联。这样就可以在应用中调用 Service 接口来进行业务处理。Service 层的业务实现，具体要调用到已定义的 DAO 层的接口，封装 Service 层的业务逻辑有利于通用的业务逻辑的独立性和重复利用性，程序显得非常简洁。

4．控制层：Controller 层

负责页面跳转，无工作流的简单请求处理器，用于处理完成 XHTML 表单生命周期的表单控制器，向导控制器，提供多页面工作流，WebWork 风格的一次性控制器，灵活的，多个动作的控制器。在本项目中我们直接在控制台来完成。

接着打开 Eclipse，创建一个 Web 项目，建立好相应的目录结构，如图 15-7 所示。

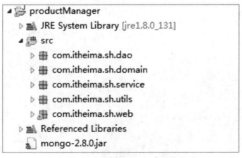

图 15-7　商品管理的组织结构

商品管理的组织结构如图 15-7 所示。

接着最后一步基础工作，导入相应的 MongoDB 驱动的 jar 包，本项目所使用的 jar 包是 mongo-2.8.0.jar。

15.3　数据库设计

商品管理系统采用 MongoDB 作为后台数据库，数据库名称为 commodity。创建好数据库就可以向里面插入数据了，根据系统功能需求的分析，数据库中应该对商品编号，商品名称，商品价格进行设计，代码如下：

```
var productArr = [{
    pid:1,
    pname:"iPhone",
    price:5499
},
{

    pid:2,
    pname:"vivo",
    price:1798
},
{

    pid:3,
    pname:"xiaomi",
    price:999
},
{

    pid:4,
    pname:"huawei",
    price:5499
},
{

    pid:5,
    pname:"Redmi",
    price:1999
},
{

    pid:6,
    pname:"oppo",
    price:2999
},
{

    pid:7,
    pname:"meizu",
    price:1999
},
{

    pid:8,
    pname:"Fedlme",
    price:2599
}]
for(var i = 0;i<productArr.length;i++){
    db.products.insert(productArr[i])
}
```

接着进入 MongoDB 服务器中，打开 commodity 数据库，插入数据如图 15-8 所示。

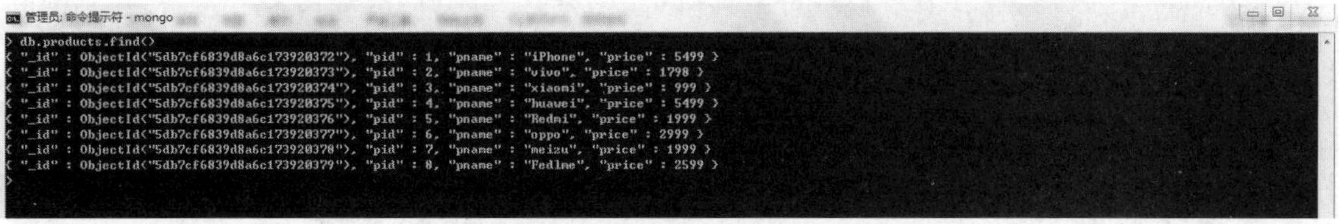

图 15-8　commodity 数据库插入数据

下面正式进入系统开发环节。

15.4　系统功能模块设计与实现

根据系统功能的需求，对各功能进行描述并编写功能的实现方法。

15.4.1　JavaBean 的创建

JavaBean 是用 Java 语言描写叙述的软件组件模型。事实上是一个类。这些类遵循一个接口格式。以便于实现函数命名、底层以及继承或实现的行为。能够把类看作标准的 JavaBean 组件进行构造和应用。

JavaBean 指的是一个特殊的节 Java 类别，就是有默认的构造方法，即 get，set 的方法的 Java 类的对象，接着根据数据库表中的字段创建 JavaBean，代码如下：

```java
public class Product {
    private ObjectId obj_id;
    private int pid;          //商品id
    private String pname;     //商品名称
    private int price;        //商品价格
    public Product() {
        super();
                            //TODO Auto-generated constructor stub
    }
    public Product(ObjectId obj_id, int pid, String pname, int price) {
        super();
        this.obj_id = obj_id;
        this.pid = pid;
        this.pname = pname;
        this.price = price;
    }
    public ObjectId getObj_id() {
        return obj_id;
    }
    public void setObj_id(ObjectId obj_id) {
        this.obj_id = obj_id;
    }
    public int getPid() {
        return pid;
    }
    public void setPid(int pid) {
        this.pid = pid;
    }
```

```
        public String getPname() {
            return pname;
        }
        public void setPname(String pname) {
            this.pname = pname;
        }
        public int getPrice() {
            return price;
        }
        public void setPrice(int price) {
            this.price = price;
        }
        @Override
        public String toString() {
            return "Product [obj_id=" + obj_id + ", pid=" + pid + ", pname=" + pname + ", price=" +
price + "]";
        }
    }
```

程序中往往有反复使用的段落，JavaBean 就是为了可以反复使用而设计的程序段落。并且这些段落并不仅仅服务于某一个程序，并且每一个 JavaBean 都具有特定功能。当需要这个功能的时候就调用对应的 JavaBean。从这个意义上来讲，JavaBean 大大简化了程序的设计过程，也方便了其他程序的反复使用。

15.4.2　工具类

在开发中，在对数据库进行操作时，必须要先获取数据库的连接，获取数据库连接的步骤为：

（1）使用 connection 用来保存 Mongo 数据库的连接对象。

（2）使用 db 接收具体的数据库连接。

具体代码如下所示：

```
public class MongoDBUtils {
    static Mongo connection = null;
    static DB db = null;
    public static DB getDB(String dbName) throws Exception {
        //创建一个 Mongo 的数据库连接对象
        connection = new Mongo("127.0.0.1:27017");
        //通过获取数据库的连接对象 connection 根据传递的数据库名 dbName 来连接具体的数据库
        db = connection.getDB(dbName);
        //将具体的数据库连接返回给调用者
        return db;
    }
}
```

15.4.3　控制台输入

在这个项目中，是在控制台中进行输入运行的，所以需要先搭建一个商品管理系统的控制台输入来进行商品的添加、删除和查询。本项目中使用 System.in 作为输入，具体代码如下所示：

```
public class ProductManager {
    public static void main(String[] args) {
        //创建键盘录入对象
        Scanner sc = new Scanner(System.in);
```

```
        while (true) {
            System.out.println("欢迎来到商品管理系统");
            System.out.println("输入以下命令进行操作:");
            System.out.println("A:添加商品 B:根据编号删除商品 C:删除所有商品 D:根据商品编号查询商品信息 E:
查询所有商品信息 T:退出");
            //获取用户输入的内容
            String s = sc.nextLine();
            switch (s.toUpperCase()) {
                case "A":
                System.out.println("添加商品");
                break;
                case "B":
                System.out.println("根据编号删除商品");
                break;
                case "C":
                System.out.println("删除所有商品");
                break;
                case "D":
                System.out.println("根据商品编号查询商品信息");
                break;
                case "E":
                System.out.println("查询所有商品信息");
                break;
                case "T":
                //System.out.println("欢迎再次访问!");
                //System.exit(0);
                //break;
                default:
                System.out.println("谢谢,欢迎再次访问!");
                System.exit(0);
            }
        }
    }
}
```

15.4.4　查询所有商品信息模块

在软件体系架构设计中，分层式结构是最常见，也是最重要的一种结构。微软推荐的分层式结构一般分为三层，从下至上分别为：数据访问层、业务逻辑层（又称为领域层）、表示层。这也是 Java Web 中重要的三层架构中的三个层次。区分层次的目的即为了"高内聚低耦合"的思想。

所谓三层体系结构，是在客户端与数据库之间加入了一个"中间层"，也叫组件层。这里所说的三层体系，不是指物理上的三层，不是简单地放置三台机器就是三层体系结构，也不仅仅有 B/S 应用才是三层体系结构，三层是指逻辑上的三层，即把这三个层放置到一台机器上。

1. 数据访问层

主要是对非原始数据（数据库或者文本文件等存放数据的形式）的操作层，而不是指原始数据，也就是说，是对数据库的操作，而不是数据，具体为业务逻辑层或表示层提供数据服务。

2. 业务逻辑层

主要是针对具体的问题的操作，也可以理解成对数据层的操作，对数据业务逻辑处理，如果说数据层是积木，那逻辑层就是对这些积木的搭建。

3. 表示层

主要表示 Web 方式。如果逻辑层相当强大和完善，无论表现层如何定义和更改，逻辑层都能完善地提供服务。

当需要查看一个商品信息的时候，首先向服务器发出请求，然后通过业务层对数据业务逻辑处理，最后进入数据访问层与底层 MongoDB 进行数据交互。在本项目中查询所有商品信息的业务流程如图 15-9 所示。

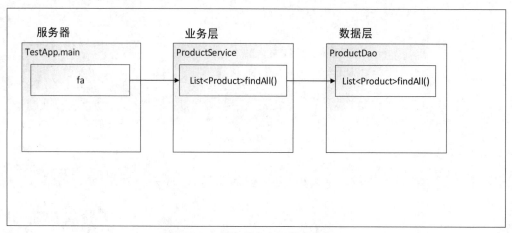

图 15-9　查询所有商品信息流程

步骤 1：Web 层入口，在控制台调用查询所有商品的 findAllProducts()方法，接着查询所有商品信息的代码如下：

```
public static void findAllProducts() {
    try {
        //创建业务层类的对象
        ProductService productService = new ProductService();
        DBCursor cur = productService.findAllProducts();
        //判断数据库中是否有数据
        if (cur.size() == 0) {
            //没有数据
            System.out.println("没有任何商品信息");
        } else {
            //有数据
            System.out.println("商品id\t商品名称\t商品价格");
            //对于光标使用while循环控制获取数据的次数 cur.hasNext()表示判断在光标对象中是否含有数据
            while (cur.hasNext()) {
                //DBObject 相当于 "{"BMW":"181887"}"对象
                //cur.next() 获取每一行数据放到 product 中
                DBObject product = cur.next();
                //product.get("") 表示取出每一行数据
                System.out.println(product.get("pid") + "\t" + product.get("pname") + "\t" +
product.get ("price"));
            }
        }
    } catch (Exception e) {
        e.printStackTrace();
    }
```

```
    }
}
```

步骤 2：编写 Service 层，实现 findAllProducts()方法，代码如下：

```
public DBCursor findAllProducts() throws Exception {
    DBCursor cur = productDao.findAllProducts();
    return cur;
}
```

步骤 3：编写 DAO 层，通过工具类获取到具体的数据库连接，根据集合对象调用方法查找集合中的所有数据，放到返回值 cur，代码如下：

```
//查询所有商品
public DBCursor findAllProducts() throws Exception {
    //通过工具类获取到具体的数据库连接
    DB db = MongoDBUtils.getDB("commodity");
    //根据数据库连接获取具体某张表即集合的对象
    DBCollection coll = db.getCollection("products");
    //根据集合对象调用方法查找集合中的所有数据,放到返回值 cur,可以理解为光标
    DBCursor cur =coll.find();
    //将获取的光标返回给调用者
    return cur;
}
```

15.4.5　通过编号查询商品详情模块

通过编号查询商品和查询商品流程基本一样，只是多添加了一个查询条件，它的业务流程如图 15-10 所示。

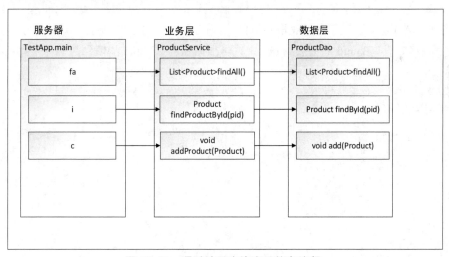

图 15-10　通过编号查询商品信息流程

步骤 1：Web 层入口，在控制台调用根据商品编号查询商品信息的 findProductsByPid()方法，接着编写根据编号查询商品信息的代码如下：

```
public static void findProductById() {
    try {
        //创建键盘录入对象
        Scanner sc = new Scanner(System.in);
        System.out.println("请输入要查询的商品编号: ");
```

```
//获取键盘录入的商品编号
String pidStr = sc.nextLine();
//将 pidStr 解析为 int 类型,如果输入的不是数字,就会抛异常
int pid = Integer.parseInt(pidStr);
//调用业务层根据编号查询商品信息
ProductService productService = new ProductService();
DBCursor cur = productService.findProductById(pid);
//判断光标中是否含有数据
if (cur.size()!=0) {
    //根据 id 查询到了商品信息
    System.out.println("商品 id\t 商品名称\t 商品价格");
    while (cur.hasNext()) {
        DBObject product = cur.next();
        System.out.println(product.get("pid") + "\t" + product.get("pname") + "\t" +
product.get ("price"));
        }
    } else {
        System.out.println("此商品编号没有对应的商品信息");
    }
} catch (Exception e) {
    System.out.println("根据编号查询商品信息出现异常");
}
}
```

步骤 2：编写 Service 层，实现 findProductsByPid(int pid)方法，代码如下：

```
public DBCursor findProductById(int pid) throws Exception {
    DBCursor cur = productDao.findProductById(pid);
    return cur;
}
```

步骤 3：编写 DAO 层，通过工具类获取到具体的数据库连接，接着根据数据库连接获取具体某张表即集合的对象，然后将要查询的 pid 的值放到 dbs 中，再根据 dbs 中的 pid 的值到数据库中查询数据，使用光标接收，代码如下：

```
public DBCursor findProductById(int pid) throws Exception {
    //通过工具类获取到具体的数据库连接
    DB db = MongoDBUtils.getDB("commodity");
    //根据数据库连接获取具体某张表即集合的对象
    DBCollection coll = db.getCollection("products");
    DBObject dbs = new BasicDBObject();
    dbs.put("pid",pid);
    //根据 dbs 中的 pid 的值到数据库中查询数据,使用光标接收
    DBCursor cur = coll.find(dbs);
    //返回光标
    return cur;
}
```

其中，DBObject 是 BasicDBObject 类的父接口，BasicDBObject 底层的实现原理就是 HashMap key-value 形式，DBCursor 类似于 Java 中的 Iterator 迭代器接口，属于一个类。

15.4.6 添加商品模块

添加商品和查询商品的业务流程是一样的，如图 15-11 所示。

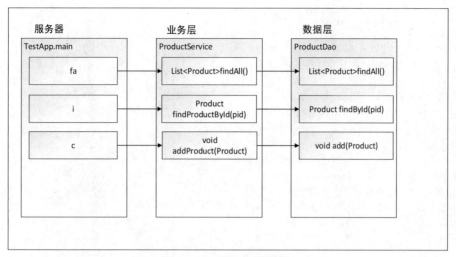

图 15-11　添加商品流程

在添加商品时，在获取数据库连接对象 connection 根据传递的数据库名 dbName 来连接具体的数据库后又多添加了一个 cillName 对象，所以升级工具类的版本代码如下：

```
public class MongoDBUtils {
    //1.使用 connection 用来保存 Mongo 的数据库连接对象
    static Mongo connection = null;
    //2.使用 db 接收具体的数据库连接
    static DB db = null;
    //3.定义 coll 接收数据表的连接
    static DBCollection coll = null;

    public static DB getDB(String dbName) throws Exception {
        //创建一个 Mongo 的数据库连接对象
        connection = new Mongo("127.0.0.1:27017");
        //通过获取数据库的连接对象 connection 根据传递的数据库名 dbName 来连接具体的数据库
        db = connection.getDB(dbName);
        //将具体的数据库连接返回给调用者
        return db;
    }
    public static DBCollection getCollection(String dbName, String collName) throws Exception {
        //创建一个 Mongo 的数据库连接对象
        connection = new Mongo("127.0.0.1:27017");
        //通过获取数据库的连接对象 connection 根据传递的数据库名 dbName 来连接具体的数据库
        db = connection.getDB(dbName);
        coll = db.getCollection(collName);
        //将具体的数据库连接返回给调用者
        return coll;
    }
}
```

接着开始添加商品，步骤 1：Web 层入口，在控制台调用根据商品编号查询商品信息的 addProduct()方法，添加商品的方法代码如下：

```
public static void addProduct() {
```

```
        try {
            //创建键盘录入对象
            Scanner sc = new Scanner(System.in);
            System.out.println("请输入增加商品的编号: ");
            String pidStr = sc.nextLine();
            //将字符串的价格转换为 int 类型
            int pid = Integer.parseInt(pidStr);
            System.out.println("请输入增加商品的名称: ");
            String pname = sc.nextLine();
            System.out.println("请输入增加商品的价格: ");
            String priceStr = sc.nextLine();
            //将字符串的价格转换为 int 类型
            int price = Integer.parseInt(priceStr);
            /*
            * 我们这里需要将商品名称和商品价格封装到 Product 类的对象中,这样只需要将商品类 Product 的对象作为参数
              传递即可
            */
            Product p = new Product();
            //封装到 p 对象中
            p.setPname(pname);
            p.setPrice(price);
            p.setPid(pid);
            //创建业务层对象
            ProductService productService = new ProductService();
            //调用业务层方法将商品传递到业务层
            productService.addProduct(p);
            System.out.println("添加商品成功");
        } catch (Exception e) {
            System.out.println("添加商品出现异常");
        }
    }
}
```

注意：这里需要将商品名称和商品价格封装到 Product 类的对象中，这样只需要将商品类 Product 的对象作为参数传递即可。这样就不会导致如果商品信息有多个时，添加商品时，需要传递参数比较多的情况发生。

步骤 2：编写 Service 层，实现 addProduct(Product p)方法，代码如下：

```
public void addProduct(Product p) throws Exception {
    productDao.addProduct(p);
}
```

步骤 3：由于这里需要将 Product 的对象 p 传递到 DAO 层，所以还得创建 DAO 层对象，那么这里就产生代码重复性了，可以将创建 DAO 层对象的代码拿到类的成员位置进行创建。代码如下：

```
public void addProduct(Product p) throws Exception {
    //通过工具类获取到具体的数据库连接
    DB db = MongoDBUtils.getDB("commodity");
    //根据数据库连接获取具体某张表即集合的对象
    DBCollection coll = db.getCollection("products");
    //根据数据库连接获取具体某张表即集合的对象 "commodity" 表示数据库名 "products" 表示数据库中的表名
    DBCollection coll = MongoDBUtils.getCollection("commodity", "products");
```

```
DBObject dbs = new BasicDBObject();
//向 dbs 中存放 key-value 数据 {"pname","BMW"}
dbs.put("pid", p.getPid());
dbs.put("pname", p.getPname());
dbs.put("price", p.getPrice());
//插入操作
coll.insert(dbs);
}
```

15.4.7　通过编号删除模块

当想要删除商品时，必须先根据用户输入的商品编号去数据库中查询该商品信息，如果该商品编号不存在，则提示商品不存在，然后再重新选择操作。

如果商品编号存在，则查询出商品信息，然后提示"确定删除吗"，因为有可能会误删，所以以防万一，我们这里需要做出提示。最后，如果删除成功，则提示删除成功。根据商品编号删除商品的具体流程如图 15-12 所示。

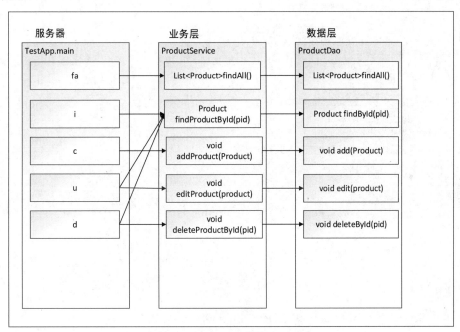

图 15-12　通过编号删除商品流程

步骤 1：在 Web 层入口，在控制台调用根据商品编号删除商品信息的 deleteProductByPid()方法，删除商品的方法代码如下：

```
public static void deleteProductByPid() {
    try {
        //创建键盘录入对象
        Scanner sc = new Scanner(System.in);
        System.out.println("请输入删除商品的编号: ");
        String pidStr = sc.nextLine();
        int pid = Integer.parseInt(pidStr);
```

```
//根据商品编号查询商品信息
//调用业务层根据编号查询商品信息
ProductService productService = new ProductService();
DBCursor cur = productService.findProductById(pid);
//判断是否查找到该商品,如果没有该商品,则提示没有找到要删除的商品,结束方法
if(cur.size() == 0)
{
    System.out.println("对不起,没有找到要删除的商品");
    return;
}
//如果程序能够运行到这里,说明根据编号已经找到该商品信息
System.out.println("商品 id\t 商品名称\t 商品价格");
while (cur.hasNext()) {
    DBObject product = cur.next();
    System.out.println(product.get("pid") + "\t" + product.get("pname") + "\t" + product.get
("price"));
}
//防止误删
System.out.println("确定要删除吗? 按 y!");
//获取录入的字母
String yes = sc.nextLine();
//判断是否确定删除
if("y".equals(yes))
{
    //确定删除 调用业务层根据商品编号进行删除
    productService.deleteProductByPid(pid);
    //提示删除成功
    System.out.println("删除商品成功");
}else
{
    //误删
    System.out.println("取消删除商品信息! ");
}
}catch (Exception e) {
    System.out.println("根据编号删除商品出现异常");
}
}
```

步骤 2：编写 Service 层，实现 deleteProductByPid(int pid)方法，代码如下：

```
public void deleteProductByPid(int pid) throws Exception {
    productDao.deleteProductByPid(pid);
}
```

步骤 3：编写 DAO 层，通过工具类获取到具体的数据库连接，根据数据库连接获取具体某张表即集合的对象，itcast 表示数据库名 products 表示数据库中的表名，代码如下：

```
public void deleteProductByPid(int pid) throws Exception {
    //根据数据库连接获取具体某张表即集合的对象 "commodity" 表示数据库名"products"表示数据库中的表名
    DBCollection coll = MongoDBUtils.getCollection("commodity", "products");
    DBObject dbs = new BasicDBObject("pid", pid);
    coll.remove(dbs);
}
```

15.5　本章总结

本章详细讲解了 MongoDB 数据库的语法和使用,以及如何将 Java 代码进行结合使用,然后实现一个商品管理系统。通过本课程可以让读者掌握如何使用 MongoDB 数据库,同时可以对比非关系型数据库和关系型数据库的区别。

第16章

项目实践提高阶段——舞蹈培训管理系统

本系统采用 Node.js 和 MongoDB, Node.js 并没有重新开发运行环境, 而是选择了目前最快的浏览器内核 V8 作为执行引擎, 保证了 Node.js 的性能和稳定性。同时 Node.js 十分高效, 对系统请求响应十分迅速, 使得开发过程更为便捷高效。

16.1　开发背景

随着网络技术的发展, 越来越多的人开始启用网上报名培训系统, 人们足不出户就能选择自己想要学习的课程。越来越多的线上培训机构为人们提供了更多样的学习方式, 人们越来越倾向于选择线上培训机构, 线上选课已经成为新时代的趋势。

由于舞蹈课程的特殊性, 舞蹈机构并不能进行线上授课, 学生只能在网上预订课程来到线下机构上课。当学生在线上进行选课结束后, 来到线下机构进行培训时, 教务人员需进行信息匹配和记录, 而大部分线下教育机构仍在采用传统方式记录信息。大量的学员信息、教师信息、学员的选课情况以及缴费情况等, 这些都需要教务管理人员及时记录并更新, 工作量很大。

16.2　系统功能设计

本项目分前台、后台两部分: 前台以 production 模式启动, 用户免登录访问。后台以 development 模式启动, 兼有会员管理功能。

16.2.1　系统业务服务实现

本项目主要介绍如何利用 Node.js 以及相关模块和 MongoDB 等来构建一个完整 Web 应用——舞蹈培训管理系统。

Node.js 基于 Chrome V8 Javascript 引擎, 由于其具有事件驱动、非阻塞 I/O 模型、支持异步回调等特性, 使其非常适合用于构建快速、可扩展、轻量、高效的数据密集型实时应用。

整个项目的实现方案如下所示:

前端: FDEV4/jQuery。

后台：Node.js。

Web 框架：Express。

HTML 渲染模板引擎：Jade/markdown。

数据持久化存储：MongoDB。

数据库驱动：MongoSkin（基于 node-mongodb-native）。

Node 应用持续可用性保证：Forever。

静态资源提供/请求压缩、访客日志记录等：Nginx。

16.2.2　系统功能基本操作实现

本项目的一个目标是能够利用 Node.js 和 Express Web Framework 搭建一个最简单的 Web 应用，可以实现以下操作：

（1）提供静态资源路由：加载相应的 js、css。

（2）利用 Jade 模板引擎渲染出一个 HTML 页面。

（3）连接并读取 MongoDB 数据库，将查询的数据与模板一起合成相应的 HTML 页面，在浏览器中显示出来。

（4）用户填写相应的表单数据，并将数据提交给相应的节点控制器加工处理后存入数据库。

这些是完成一个 Web 应用最基本的操作，先要完成以上基本功能而后在此基础上进一步完善和扩展，最终实现更为复杂的系统功能。

16.3　系统开发必备

本舞蹈培训管理系统需要在一定的环境中和所需框架的各项技术支持下实现。

开发舞蹈培训管理系统之前，首先要配置好开发环境，这个过程相对来说还是比较简单的：

（1）Node.js：首先安装 Node.js：可以在 http://nodejs.org/ 网站上下载最新的安装文件进行安装。这个过程应该是比较顺利的。

（2）NPM：NPM 默认会随同 Node.js 一起安装。如果没有，我们可以参考 http://npmjs.org/doc/README.html 这里的说明进行安装。在 Unix like 系统上通过 curl http://npmjs.org/install.sh | sh 命令就可以搞定。

（3）MongoDB：由于需要将数据进行持久化存储所以还需要一个数据库，本项目使用 MongoDB 数据库，MongoDB 跟 Node.js 搭配是非常完美的。MongoDB 天生对 JS 开发人员友好，而且性能、稳定性、扩展性都很好，是一个非常有潜力的 NoSQL 解决方案。

（4）Express：Node.js 虽然很适合构建快速、可扩展的 Web 应用，不过单纯利用 Node.js 来构建 Web 应用还是有很多事情需要做的，重造轮子的成本很大，而且带来的后续可维护性、性能、安全性等都会大打折扣。所以推荐使用 Express web framework 来帮助搭建应用的基本框架。

（5）MongoSkin：通过 Node.js 连接 MongoDB 数据库需要相应的驱动。node-mongodb-native 是最强大的 MongoDB 驱动之一，不过这个驱动用起来不太方便，回调太多。MongoSkin 是基于 node-mongodb-native

的，并在其上进一步封装使其更易于使用。封装后的使用语法类似 Mongo shell，而且像 node-mongodb-native 一样强大，另外还支持 JavaScript 方法绑定。可以像使用 MVC Model 一样使用 MongoSkin 实例。

16.4　数据库设计

舞蹈培训管理系统采用 MongoDB 作为后台数据库，数据库名称为 db_books。

16.4.1　创建测试数据

为了测试利用 Node.js 读取 MongoDB 数据是否成功，需要先向数据库中插入测试数据，这一步可以通过 Mongo shell 来完成：

1）安装完 MongoDB 后通过 mongod 命令启动数据库（如果在 ubuntu 上通过前文所述方法安装则会自动启动 mongod，可以通过 ps aux|grep mongo 看是否有相应进程），mongod 会默认监听来自 27017 端口的数据库连接请求。

2）通过 mongod 命令启动 Mongo shell，Mongo shell 是一个完整的 JavaScript 解释器，可以在其中执行各种 js 脚本语句，同时也可以通过该终端对 MongoDB 数据库进行操作。

3）在数据库中插入数据：

（1）默认情况下启动 MongoSkin 后会连接 test 数据库，可以切换到 latin 数据库：执行 use latin 命令即可。注意一开始虽然没有 latin db，但是当执行 use latin 命令时会根据情况自动创建 latin db。可以通过 db.getName()命令显示当前数据库名。

（2）执行 db.latin.insert({'dancerID': '29411', "dancerName" : "M.J."});命令。

（3）该命令会在数据库中创建一个名字为 latin 的集合（相当于传统数据库的表 table），然后在该集合中新建一个文档（相当于传统数据库中的记录 row）。文档的内容查询出来后为一个 JSON 对象。不过存储的是 BSON 格式的文档，即 json-like 文档序列化后对其进行二进制编码存储。

（4）可以通过 db.latin.find();命令来验证之前的数据插入是否成功。

16.4.2　通过 Get 请求读取 MongoDB 数据

要想从数据库中读取数据先要通过 MongoSkin 连接数据库。这个过程相对来说还是挺简单的。

（1）由于之前已经为应用安装了 MongoSkin 模块，可以在 routes 目录里面添加一个文件 DataBase.js，代码内容如下所示：

```
var db = exports.db = require('mongoskin').db('localhost:27017/latin');
//基本 dancer 操作 DAO 接口
var dancerDAO = exports.dancerDAO = {
    /**
    *根据 dancerID 查询其基本会员信息
    *@param dancerID 待查询的会员的 dancerID
    *@param fn fn 为执行查询成功后的回调
    */
    findDancerByID: function(dancerID, fn){
```

```
        this.findOne({'dancerID':dancerID}, fn);
    }
}
```

（2）Collection 操作绑定。

使用 MongoSkin 的一个便利之处就是可以将 Collection 和其对应的操作进行绑定。这样一来 DAO 接口的逻辑就可以复用，不必重复编写相同的数据库读写代码逻辑，维护起来也容易很多。由于数据库操作是后面很多逻辑的基础，所以这个绑定操作也应当在读写数据库之前进行，放在 app.js 里面是比较合适的，可以在 app.js 中加入如下代码：

```
var db = require("./routes/database.js").db,
dancerOp = require("./routes/database.js").dancerDAO;
```

接着在应用 configure（app.configure()）之后，routes 初始化代码如下：

```
app.get('/', routes.index);
```

并在这之前加入 Collection 绑定逻辑，如下所示：

```
db.bind("latin", dancerOp);
```

进行如上绑定后就可以在其他的 routes 逻辑中通过命令 db.latin.findDancerByID('29411', function(){});来查询数据了。

（3）Node index 逻辑中读取数据。

首先执行将 index.js 中代码改成如下所示的操作：

```
var db = require("./database.js").db; exports.index = function(req, res){
    db.latin.findDancerByID('29411', function(err, result) {
        if (err) throw err;
        if (!!result){ res.render('index',
            {title:'Express', dancer: result
            });
        }
    });
};
```

然后通过以上逻辑将会从数据库中查询满足 dancerID 为 29411 的数据，然后将其放入 result 变量里面。

（4）模板数据合成展示。

修改 index 对应的模板文件 index.jade 并添加如下内容：

```
h1= title
p Welcome to #{title}
p dancerID: #{dancer.dancerID}
p dancerName: #{dancer.dancerName}
```

Jade 模板引擎会用 title 和 dancer 中的数据替换 index.jade 中的相应变量，合成最终将在浏览器中展示的 html，最后合成出来的 html 代码如下：

```
<body><h1>Express</h1><p>Welcome to Express</p><p>dancerID: 29411</p><p>dancerName: MJ</p></body>
```

这样一来就可以将数据从数据库中取出来进行展示了。

现在已经可以从数据库中读取数据并显示了，不过这里的逻辑很简单，但是不足的是 dancerID 也是写死的，一种很自然的想法是通过"/user/29411"…"/user/29555"等 URL 来访问对应的会员信息。这个需要用到 express 的 Routing 功能。

接下来表达如何将用户提交的表单数据保存到数据库。

16.4.3　通过 Post 请求将数据存入 MongoDB

（1）需要一个提交数据的表单，可以直接对 index.jade 进行修改，代码如下：

```
h1= title
p Welcome to #{title}
p dancerID: #{dancer.dancerID}
p dancerName: #{dancer.dancerName}
form(name="updateForm", id="updateForm", method="post", action="/update")
table.apply-table-a tbody
tr.em th
label 工号：
td
input#dancerID.comm-input(type="text", name="dancerID" )
tr
th
label 姓名：
td
input#dancerName.comm-input(type="text", name="dancerName")
button(class="comm-button", id="update-btn") 提 交
```

注意：空格缩进对于 Jade 模板很重要，缩进代表了 DOM 结构的层级关系，子元素的缩进要深一级。

（2）需要修改 DataBase.js，在其中添加如下一个方法：

```
updateDancerByID: function(dancerID, dancerName, fn){
    this.update({dancerID:dancerID}, {dancerName:dancerName}, {upsert:true}, fn);
}
```

在 MongoDB 语法中有一种特殊的更新叫 upsert，该操作如果没有找到满足条件的文档就会以该条件和更新的文档为基础创建一个新的文档，如果找到了满足条件的文档就会正常更新。如此同一套代码既可以创建又可以更新文档。update 的第三个参数为 true 表示这是一个 upsert 操作。注意在 upsert 参数传递上 MongoSkin 与 Mongo shell 有些差别。

（3）添加用户提交表单数据处理逻辑。

由于在前面 index.jade 里面我们的表单提交到的 action 是 update，所以可以在 routes/index.js 中添加该数据保存逻辑，新增代码如下所示：

```
exports.update = function(req, res){
    var dancerID  = req.body.dancerID,
    dancerName= req.body.dancerName; //表单提交的数据可以通过 req.body 取得
    //简单起见,此处忽略表单数据校验逻辑
    db.latin.updateDancerByID(dancerID, dancerName, function(err) {
        if (err) throw err;
        console.log('Dancer Updated With ID:',dancerID,' DancerName:', dancerName);
        //表单提交成功后返回首页
        res.redirect('back');
    });
};
```

（4）在 app.js 里配置 post 请求的路由信息，修改 app.js 在 get 请求下添加新的路由如下：

```
//Routes
app.get('/', routes.index); app.post('/update', routes.update);
```

（5）重启应用，现在再来试试提交表单，数据应该可以成功保存了。可以通过 Mongo shell 执行查询：

```
db.latin.find({dancerID:'29411'});
```

再来查看表单提交操作执行后数据的变化情况。

从 updateDancerByID 方法我们可以发现目前只能修改用户 dancerName 信息，而 dancerID 是不能修改的，除非该会员不存在，则执行新增操作。

到这已经完成了 MongoDB 数据的读取和保存。

16.5　系统需求概述

这个舞蹈培训管理系统的功能比较复杂，要考虑的细节也很多。不过使用 Node.js 开发的好处是前端、后端都用 Node.js，而且接口可以自己定义，沟通成本很小，统一功能的实现有很多。

下面来看一下这个系统的基本功能——用户前台和管理员后台。

16.5.1　用户前台功能描述

（1）实现网上报名。

①新用户：填写基本信息（姓名、工号、旺旺账号、支付宝账号、分机、公司邮箱等）、选择培训课程、提交报名、系统存入数据库。

②老用户：根据用户填写的工号自动获取显示其个人信息，然后选择相应课程提交报名，也可以修改个人信息。

（2）用户可以查看个人信息及报名情况等。

（3）报名页显示当前开设课程实时信息（舞种、额定人数、已申请人数、报名成功人数等）。

（4）新开课程配置简化：开设新培训课程时代码逻辑不需要变更，只需要更改配置即可迅速满足要求。

（5）申请报名后需管理员手工审核报名是否通过，也可以根据一定规则由系统进行自动审核。

（6）管理员审核通过前用户可取消课程报名，审核通过后用户可申请退课。

（7）退课需管理员审核：可以拒绝退课、线下退费、退课。

（8）用户可以查询报名情况：根据工号、部门、性别、课程、报名状态、缴费状态等进行组合查询。

（9）查询结果分页展示，单击表格头部时可以对某些字段进行排序。

16.5.2　管理员后台功能描述

课程生命周期管理：

（1）新申请报名课程状态为待审核（waiting）。

（2）管理员审核前用户可以自助取消（cancelled）。

（3）管理员可以审核拒绝（refused）。

（4）审核通过则报名成功（approved）。

（5）报名成功后会员可以申请退课（quitApplied）。

（6）退课需要管理员审核，审核拒绝则回到报名成功页面（approved）。

（7）退课审核通过则处于退课成功页面（quit）。

（8）对于课程生命周期状态转换系统会验证其是否满足前置条件：比如待审核状态不能直接转为退课

成功，但是可以转换为自动取消，只有待审核或者申请退票状态可以转换为报名成功，而报名成功不能转为待审核，只有申请退票的课程可以转为退课成功，并且需要先退费等。

课程缴费状态设置：

为了简化逻辑，课程的缴费状态跟其生命周期是分开的：

（1）新报名的会员其缴费状态为未缴费。

（2）报名成功的会员在缴费后管理员可以将其设为已缴费。

申请退课的会员管理员可以线下退费并修改其状态为未缴费，然后退课。

管理员修改会员信息：

会员可以修改自身基本信息，管理员可以修改其基本及高级属性，比如 level、vip 等级、blacklist 状态、lock 状态等。

16.5.3　系统功能实现

这里的前端使用 FDEV4/jQuery 调用 Node.js 发布的服务，将数据存放在 MongoDB 中，后台使用 Node.js 来实现。

首先设计一个报名信息首页 index 页面如下：

```
extends layout
block content
include includes/header
.dw: section.dance-content#dance-content
.content-header
h1.header-title= title
p.welcome-msg 欢迎参加 #{title},请您填写报名信息!
#apply-container.apply-container(dType='#{cCourse.courseType}')
#course-info.course-info
p.info-title: em.BD 当前舞蹈培训信息:
each course,i in cCourse.courses
p
em.course-name.BD #{course.cName}
if(!!course.cCapacity)
span.capacity (限:#{course.cCapacity}人)
else
span.capacity (限:#{cCourse.cCapacity}人)
p 已预报名:
em(id='waiting#{i}')
p 报名成功:
em.R(id='approved#{i}')
p: em.R #{course.ps}
p.ps: em.B #{cCourse.notice}
.table-container
form(name="applyForm", id="applyForm", method="post", action="")
table.apply-table-a
tbody
tr.em
th: label 工号:
td
input#dancerID.comm-input(type="text", name="dancerID", maxlength="9", data-valid="{required:
true}")
```

```
td.err-tip *
tr.row-sep.em
th: label 报名班级:
td(colspan="2")
input(type="hidden", name="courseLen", id="courseLen", value="#{cCourse.courses.length}")
each course,i in cCourse.courses
.course-wrapper
if( course.hasOwnProperty('locked') )
- var locked = course.locked;
else
- var locked = cCourse.locked;
if( !locked )
input.comm-check(type="checkbox", value="#{course.cValue}", name="course#{i}", id="course#{i}")
label(for="course#{i}") #{course.cName}
a(href="javascript:;", class="course-btn quit-apply", id="quitCourse#{i}")申请退课
a(href="javascript:;", class="course-btn cancel-apply", id="cancelCourse#{i}")取消报名
p.course-tip(id = "tip#{i}")
else
span.over-tip #{course.cName}(课程锁定)
//.hr-line
table.apply-table-b
tbody
tr
th: label 姓名:
td
input#dancerName.comm-input(type="text", name="dancerName", maxlength="30", data-valid="{required:
true}")
td.err-tip *
tr
th: label 性别:
td
.gender-wrapper
input.comm-radio(type="radio", id="maleRadio", value="male", name="gender")
label(for="maleRadio") 男    
input.comm-radio(type="radio", id="femaleRadio", checked, value="female", name="gender")
label(for="femaleRadio") 女
span.gender-tip 提交后不能修改
td.err-tip *
tr
th: label 邮 箱:
td
input#email.comm-input(type="text", name="email", maxlength="90", data-valid="{required:true,
type:'email'}")
td.err-tip *
tr
th: label 旺 旺:
td
input#wangWang.comm-input(type="text", name="wangWang", maxlength="30", data-valid="{required:
true}")
td.err-tip *
tr
th: label 分机:
td
input#extNumber.comm-input(type="text", name="extNumber", maxlength="12", data-valid="{required:
true}")
td.err-tip *
```

```
tr
th: label 支付宝:
td
input#alipayID.comm-input(type="text", name="alipayID", maxlength="30", data-valid="{required:
true}")
td.err-tip *
tr
th: label 部门:
td
.depart-select
td.err-tip
button(class="reset-btn comm-button", id="reset-btn") 重 置
button(class="apply-btn comm-button", id="apply-btn") 提 交
if (!!showDancerLink)
.operation-info#operation-info
p 您的操作已经成功
a(href="/user/#{cCourse.courseType}/" + dancerID,id="user-info-link")点此
 查看个人详情, 或者
a(href="/",id="home-link")返回
include includes/footer
script(src='/javascripts/user/dance-index-merge.js')
script(src='/javascripts/user/header.js')
```

接着添加功能实现：

1）设置会员为某课程缴费，在 routes 目录下 admin.Node.js 文件中添加内容如下：

```
exports.pay = function(req, res){
    var col = getCollection(req);
    console.log("[INFO]----Set paid for user with ID: "+ req.params.id + " courseVal: " + req.query.
courseVal)
    checkCourseStatus(req, res, 'approved', function(){
        col.updateDancerPayStatus(req.params.id,  req.query.courseVal,  true,  function(err,
result) {
            if (err) throw err;

            res.contentType('application/json');
            res.send({success:true});
        });
    });
};
```

前端设计如下：

```
.admin-op#course-pay
h3 缴费
span.op-cond * 只有报名成功的课程才能设置缴费
table
tbody
tr
td.dancerID-cell
label 工号:
input.dancerID.comm-input(type="text", name="dancerID")
td.course-cell
label.fd-left 课程:
.course-box
select.comm-select(name="course")
option(value="") 请选择…
```

```
each course in courseList
option(value="#{course.courseVal}") #{course.courseName}
td: button(class="payBtn comm-button", id="payBtn") 设置缴费
p.course-tip.fd-hide
```

2）设置会员未为某课程缴费，只有课程状态为 quitApplied、quit 的，即申请过退课的用户才可以退费。
代码如下：

```
exports.unpay = function(req, res){
    var col = getCollection(req);
    console.log("[INFO]----Set unpaid for user with ID: "+ req.params.id + " courseVal: " +
req.query.courseVal)
    checkCourseStatus(req, res, 'quitApplied', function(){
        col.updateDancerPayStatus(req.params.id,  req.query.courseVal,  false,  function(err,
result) {
            if (err) throw err;
            res.contentType('application/json');
            res.send({success:true});
        });
    });
};
```

前端设计代码如下：

```
.admin-op#course-refund
h3 退费
span.op-cond * 只有处在'申请退课'状态的课程才能设置退费
table
tbody
tr
td.dancerID-cell
label 工号：
input.dancerID.comm-input(type="text", name="dancerID")
td.course-cell
label.fd-left 课程：
.course-box
select.comm-select(name="course")
option(value="") 请选择…
each course in courseList
option(value="#{course.courseVal}") #{course.courseName}
td: button(class="refundBtn comm-button", id="refundBtn") 设置退费
p.course-tip.fd-hide
```

3）设置会员报名成功，只有课程状态为 waiting 的才可以报名审核通过。代码如下：

```
exports.approve = function(req, res){
    var col = getCollection(req);
    console.log("[INFO]----Approve course with ID: "+ req.params.id + " courseVal: " + req.query.
courseVal)
    checkCourseStatus(req, res, 'waiting', function(){

        col.updateDancerCourseStatus(req.params.id, req.query.courseVal, 'approved', function(err,
result) {
            if (err) throw err;
            col.findDancerEmailByID(req.params.id, function(err, dancer){
                if (err) throw err;
                sendMail(dancer.email, '您的报名申请已审核通过', col.cCourse.successMsg + '课程代码:' +
req.query. courseVal);
```

```
        });

        res.contentType('application/json');
        res.send({success:true});
    });
  });
};
```

前端页面设计如下：

```
.admin-op#approve-apply
h3 报名通过
span.op-cond * 只有处在'待审核'状态的课程才能被审核通过
table
tbody
tr
td.dancerID-cell
label 工号：
input.dancerID.comm-input(type="text", name="dancerID")
td.course-cell
label.fd-left 课程：
.course-box
select.comm-select(name="course")
option(value="") 请选择…
each course in courseList
option(value="#{course.courseVal}") #{course.courseName}
td: button(class="approveBtn comm-button", id="approveBtn") 审核通过
p.course-tip.fd-hide
```

4）设置会员报名不通过，只有课程状态为 waiting 的才可以报名审核不通过。代码如下：

```
exports.refuse = function(req, res){
    var col = getCollection(req);
    console.log("[INFO]----Refuse course with ID: "+ req.params.id + " courseVal: " + req.query.
courseVal)

    checkCourseStatus(req, res, 'waiting', function(){
        col.updateDancerCourseStatus(req.params.id, req.query.courseVal, 'refused', function(err,
result) {
            if (err) throw err;
            res.contentType('application/json');
            res.send({success:true});
        });
    });
};
```

前端页面设计如下：

```
.admin-op#refuse-apply
h3 报名拒绝
span.op-cond * 只有处在'待审核'状态的课程才能被审核拒绝
table
tbody
tr
td.dancerID-cell
label 工号：
input.dancerID.comm-input(type="text", name="dancerID")
td.course-cell
```

```
label.fd-left 课程:
.course-box
select.comm-select(name="course")
option(value="") 请选择…
each course in courseList
option(value="#{course.courseVal}") #{course.courseName}
td: button(class="refuseBtn comm-button", id="refuseBtn") 审核拒绝
p.course-tip.fd-hide
```

5) 设置会员退课成功，只有课程状态为 quitApplied 且已经退费，或者未缴费时，发出过退课申请的
用户才可以退课成功，代码如下：

```
exports.quit = function(req, res){
    var col = getCollection(req);

    console.log("[INFO]----Quit course with dancerID: "+ req.params.id + " courseVal: " + req.query.
courseVal)
    checkCourseStatus(req, res, 'quitApplied', function(){
        checkPayStatus(req, res, false, function(){
            col.updateDancerCourseStatus(req.params.id, req.query.courseVal, 'quit', function(err,
result) {
                if (err) throw err;
                col.findDancerEmailByID(req.params.id, function(err, dancer){
                    if (err) throw err;
                    sendMail(dancer.email,'您的退课申请已审核通过', col.cCourse.quitMsg + '课程代码:' +
req.query. courseVal);
                });
                res.contentType('application/json');
                res.send({success:true});
            });
        });
    });
};
```

前端页面设计如下：

```
.admin-op#quit-approve
h3 退课通过
span.op-cond * 只有处在'申请退课'状态且已经退还费用的课程才能退课审核通过
table
tbody
tr
td.dancerID-cell
label 工号:
input.dancerID.comm-input(type="text", name="dancerID")
td.course-cell
label.fd-left 课程:
.course-box
select.comm-select(name="course")
option(value="") 请选择…
each course in courseList
option(value="#{course.courseVal}") #{course.courseName}
td: button(class="quitBtn comm-button", id="quitBtn") 确认退课
p.course-tip.fd-hide
```

6) 设置拒绝会员退课，只有课程状态为 quitApplied 时，发出过退课申请的用户才可以拒绝退课。代
码如下：

```
exports.quitRefuse = function(req, res){
    var col = getCollection(req);
    console.log("[INFO]----Refuse quiting with dancerID: "+ req.params.id + " courseVal: " +
req.query. courseVal)
    checkCourseStatus(req, res, 'quitApplied', function(){
        col.updateDancerCourseStatus(req.params.id, req.query.courseVal, 'approved', function(err,
result) {
            if (err) throw err;
            res.contentType('application/json');
            res.send({success:true});
        });
    });
};
```

前端页面设计如下：

```
.admin-op#quit-refuse
h3 退课拒绝
span.op-cond * 只有处在'申请退课'状态的课程才能退课审核拒绝
table
tbody
tr
td.dancerID-cell
label 工号：
input.dancerID.comm-input(type="text", name="dancerID")
td.course-cell
label.fd-left 课程：
.course-box
select.comm-select(name="course")
option(value="") 请选择…
each course in courseList
option(value="#{course.courseVal}") #{course.courseName}
td: button(class="quitRefuseBtn comm-button", id="quitRefuseBtn") 拒绝退课
p.course-tip.fd-hide
```

7）管理员修改保存会员信息，代码如下：

```
exports.editDancer = function(req, res){
    var col = getCollection(req);

    var dancerModel = {
        dancerID   : req.body.dancerID,
        dancerName : req.body.dancerName,
        gender     : req.body.gender,
        email      : req.body.email,
        wangWang   : req.body.wangWang,
        extNumber  : req.body.extNumber,
        alipayID   : req.body.alipayID,
        vip        : req.body.vip,
        level      : req.body.level,
        forever    : req.body.forever,
        department : req.body.department
    };
    col.findDancerByID( dancerModel.dancerID, function(err, result) {
        if (err) throw err;
        //之所以要把新插入会员和更新会员信息分开处理而不采用 upsert 模式,
        //一方面是要设置会员创建时间,另一方面是为了明确操作逻辑,避免意外
        //会员存在则更新会员信息
```

```
        if (!!result) {
            col.updateDancerByAdmin(dancerModel.dancerID, dancerModel, function(err) {
                if (err) throw err;
                //表单提交成功后返回首页，没有错误消息就是好消息
                res.send();
                //res.redirect('back');
                //res.send({success:true, msg:'Dancer Information Updated Successfully!'});
            });
        }
    });
};
```

前端页面设计如下：

```
.admin-op#dancer-edit
h3 会员信息管理
span.op-cond *
#edit-container.edit-container
.table-container
form(name="editForm", id="editForm", method="post", action="")
table.edit-table-a
tbody
tr.em
th: label 工 号:
td
input#dancerID.comm-input(type="text", name="dancerID", maxlength="9", data-valid="{required:
true}")
td.err-tip *
tr.row-sep.em
th: label 报名班级:
td(colspan="2")
each course,i in cCourse.courses
.course-wrapper
input.comm-check(type="checkbox", value="#{course.cValue}", name="course#{i}", id="course#{i}",
disabled)
label(for="course#{i}")  #{course.cName}
p.course-tip(id="tip#{i}")

table.edit-table-b
tbody
tr
th: label 姓 名:
td
input#dancerName.comm-input(type="text", name="dancerName", maxlength="30", data-valid="{required:
true}")
td.err-tip *
tr
th: label 性 别:
td
.gender-wrapper
input.comm-radio(type="radio", id="maleRadio", value="male", name="gender")
label(for="maleRadio") 男    
input.comm-radio(type="radio", id="femaleRadio", value="female", name="gender")
label(for="femaleRadio") 女
td.err-tip *
tr
th: label 邮 箱:
```

```
        td
        input#email.comm-input(type="text", name="email", maxlength="30", data-valid="{required:true,
type:'email'}")
        td.err-tip *
        tr
        th: label 旺旺:
        td
        input#wangWang.comm-input(type="text", name="wangWang", maxlength="30", data-valid="{required:
true}")
        td.err-tip *
        tr
        th: label 分机:
        td
        input#extNumber.comm-input(type="text", name="extNumber", maxlength="12", data-valid="{required:
true}")
        td.err-tip *
        tr
        th: label 支付宝:
        td
        input#alipayID.comm-input(type="text", name="alipayID", maxlength="30", data-valid="{required:
true}")
        td.err-tip *
        tr
        th: label VIP 等级:
        td
        input#vip.comm-input.range-input(type="range",  name="vip",  min="1",  max="5",  step="1",
value="" )
        span.rangeVal#vipValue 3
        td.err-tip
        tr
        th: label 舞蹈水平:
        td
        input#level.comm-input.range-input(type="range",  name="level",  min="1",  max="9",  step="1",
value="")
        span.rangeVal#levelValue 3
        td.err-tip
        tr
        th: label 永舞止境:
        td
        input#forever.forever(type="checkbox", name="forever")
        label.forever-label(for="forever") 成为年卡会员,精彩永不错过!
        tr
        th: label 部门:
        td
        .depart-select
        td.err-tip
        button(class="reset-btn comm-button", id="reset-btn") 重 置
           
        button(class="confirm-btn comm-button", id="confirm-btn") 确 认
        p.course-tip.fd-hide

        include includes/footer
        script(src='http://style.china.alibaba.com/js/lib/fdev-v4/core/fdev-min.js')
        script(src='/javascripts/user/admin.js')
        script(src='/javascripts/user/header.js')
```

16.6　系统功能模块设计与实现

根据系统需求，对各功能的页面进行描述。

16.6.1　Document 模型设计

首先说说会员模型设计。如果用传统的 MySQL 数据库来实现系统所需功能，由于会员和课程之间是多对多的关系，所以除了需要建会员表、课程表之外还需要增加一个培训表，把会员和课程关联起来，如此一来系统就相对复杂化了，而且为了保证操作的原子性，可能还需要引入事务。

采用 MongoDB 后就完全不同了，由于 MongoDB 是自由模式的菲关系型数据库，在 MongoDB 中集合（collection）相当于传统数据库的表（table），文档（document）相当于传统数据库的记录（row），而且文档里面可以嵌套文档。这样就可以在会员文档里面嵌入其参加的舞蹈课程信息文档，文档就能很自然地表达出会员和课程的关系了。具体文档模型如下：

```
dancer:
{
    _id : ObjectId("4f5c6c80359dda5b98000034"),        //mongodb 自动生成的
    dancerID : "29411",                                 //工号,唯一
    dancerName : "MJ",                                  //姓名
    department : "tech",                                //部门
    email : "latin@alibaba-inc.com",                    //公司邮箱
    extNumber : "76211",                                //分机号码
    gender : "male",                                    //性别
    wangWang : "hustcer",                               //旺旺号码
    alipayID : "hustcer@gmail.com",                     //支付宝账号
    level:5,                                            //舞蹈水平 9 is the highest level.
    vip:5,                                              //根据上课积极程度以及参加演出次数确定,最高为 5
    performance:[],                                     //参加的演出信息
    ps:"",                                              //个人备注、个性签名之类
    blacklist:true,                                     //加入黑名单的会员不能报名参加培训
    locked:true,                                        //个人信息锁定后不能修改
    dancerDNA: 110101,           //以后可以考虑利用二进制标志位来定义用户是否具备某些属性
    password:password,           //用户密码,暂不支持
    courses : [
        {
            courseVal : "13RI",        //前面的数字代表期次,接下来的字母表示舞种,尾字母表示课程等级
            gmtPayChanged :ISODate("2019-03-11T21:44:54.017Z"),        //缴费状态改变时间
            gmtStatusChanged :ISODate("2019-03-17T06:23:17.858Z"),     //课程状态改变时间
            applyTime :ISODate("2019-03-17T06:23:17.858Z"),            //课程申请时间
            paid : false,                                              //如果已缴费则为缴费金额
            status:"approved"//status: waiting, cancelled, approved,refused,quitApplied, quit
        },
        {
            courseVal :"13CE",
            gmtPayChanged :ISODate("2019-11-17T06:23:53.124Z"),
            gmtStatusChanged :ISODate("2019-11-18T08:00:29.880Z"),
            applyTime :ISODate("2019-11-17T06:23:17.858Z"),            //课程申请时间
            paid :true,
            status:"approved"
```

```
        }
    ],
    gmtCreated : ISODate("2019-11-11T09:12:32.878Z"), gmtModified : ISODate("2019-11-18T08:00:29.
880Z")
    }
```

下面来说明一下其中的参数：

1）courses 是一个数组，而数组里面的每一个元素又是一个内嵌文档，表示会员参与的舞蹈培训信息。

2）courseVal 的命名遵循特定规则：比如 "13RI" 其中 13 代表培训的期次，R 代表舞种为伦巴（Rumba），其他还有 C（恰恰，ChaCha）、S（桑巴、Samba）、J（牛仔，Jive）、P（斗牛，Paso doble），I 代表课程等级为中级班：Intermediate，E 代表基础班：Elementary，A 代表高级班：Advanced。

3）会员文档会有创建和修改时间属性，课程会有缴费状态变更时间、课程状态变化时间和报名申请时间属性，以跟进信息变更。

在建立以上文档模型后，由于用户和管理员的所有操作最终都要反映到数据库的数据变化上，所以还需要掌握基本的 MongoDB 数据库操作技能。

16.6.2　MongoDB 基础

前面已经说过，在 MongoDB 中集合（collection）相当于传统数据库的表（table），文档（document）相当于传统数据库的记录（row），而且文档里面可以嵌套文档。所以为了完成一个典型的 Web 应用需要掌握基本的 MongoDB 文档增、删、改、查技巧。

从实用角度出发，本项目以拉丁舞培训管理系统中用到过的基本操作为例进行说明。由于应用本身也是使用 Node 开发的，所以每一种操作会以原生 Mongo shell 命令及 Node + MongoSkin 接口调用方式给出。

16.6.3　Mongo shell 基本使用

MongoDB 安装完毕之后通过 mongod 命令即可启动，默认会监听来自 27017 端口的请求。同时还可以在浏览器里面通过 http://localhost:28017/监视数据库运行状态。

Mongo shell 命令可以在 mongod 启动后，通过 mongod 命令连接数据库，然后在其中输入对应的命令即可执行。Mongo shell 可以执行基本的 Node.js 语句，同时可以对数据库进行操作。如果有数据库操作命令记不得了，最简单的办法就是从 help 命令入手。

help 指令会列出 shell 支持的一些操作命令，根据 help 的输出提示可以得到以下操作命令用法：

db.help()可用于获得数据库 db 操作的可用命令。

db.mycoll.help()可以用于获得 collection 支持的操作命令，当然 mycoll 可以被换成其他任意的 collection 的名字。

接着启动 Mongo shell 后默认会连接 test 数据库，可以通过 show dbs 命令查询所有可用数据库。

然后用 use 命令切换到对应的库，比如 use dance 可以切换到 dance 数据库。然后 show collections 查询该数据库里的 collection 名，相当于传统数据库的表名。

最后可以通过 db.collectionName 引用对应的 collection 并对其进行操作，比如：db.latin.count();命令可以用于查询当前数据库（已经切换到 dance）下 latin collection 里面所有文档（document，相当于传统数据库中的 row）数目。

而通过 MongoSkin 连接数据库可以通过如下方式实现：

```
var dbMongo = exports.db = require('mongoskin').db('localhost:27017/dance');
```

前提是你已经安装好 mongoskin 模块，该操作将连接本地 27017 端口的 dance 数据库。

16.6.4　MongoDB 基本文档操作

下面就来说说如何通过 Mongo shell（以下简称 shell）和 Node+MongoSkin 驱动（以下简称 node）实现对 document 基本的增、删、改、查操作，我们先假设您已经根据前面的操作切换到 dance 数据库，并且计划对 latin collection 进行操作。我们可以将前面的文档模型简化为{'dancerID': ' ', "dancerName" : "", level:5}。

（1）在 shell 中插入文档如下所示：

```
db.latin.insert({'dancerID': '29411', "dancerName" : "M.J.01", level:5})
db.latin.insert({'dancerID': '29455', "dancerName" : "M.J.02", level:5})
```

在 node 中插入文档如下所示：

```
db.collection('latin').insert({'dancerID': '29466', 'dancerName' : 'M.J.01', level:5},
function(err, result) {
    if (err) throw err;
    if (result) console.log('M.J.01 Added!');
});
```

注意：db.collection('latin')用于获得当前 db（此处为 dance）内的 latin collection，insert 传入的第一个参数为待插入的文档对象，后面一个参数为文档插入成功后执行的回调函数。

（2）在 shell 中删除文档：删除数据库中 dancerID 为 29477 的文档，如果不止一个则所有满足条件的都会被删除，命令如下所示：

```
>db.latin.remove({dancerID:'29477'})
```

node 中删除文档：

为了简化操作可以把 db.collection('latin')赋值给 db.latin，以后就可以通过 db.latin 进行调用了，如下所示：

```
db.latin = db.collection('latin'); db.latin.remove({dancerID:'29477'}, function(err) {
    if (!err) console.log('Dancer deleted!');
});
```

（3）在 shell 中查询文档：从数据库中查询所有 dancerName 为 MJ，level 大于等于 5 的文档，如果有多条则全部显示，如下所示：

```
>db.latin.find({dancerName:'MJ',level:{$gte:5}})
```

NOTICE：比较筛选除了有$gte 外还有$lt, $gt, $lte 分别相当于：<,>,<=。

然后从数据库中查询一条 dancerID 为 29411 的文档，如果有多条只显示一条，如下所示：

```
>db.latin.findOne({dancerID:'29411'})
```

如果你只想返回特定字段的查询结果，可以在第二个参数里将相应的字段的 value 设为 1，如果不想取出该字段也可以将其设为 0（_id 是默认被返回的，可以显示设置为 0 则不返回），如下所示：

```
>db.latin.findOne({dancerID:'29411'},{dancerName:1,_id:0});
```

node 查询文档：如果 dancerName 为 MJ 的文档不止一个，可以将其转换为一个数组，如下所示：

```
db.latin.find({dancerName: 'MJ',level:{$gte:5}}).toArray(function(err, result) {
    if (err) throw err; console.log(result[0]);
});
//findOne 会确保只返回一条满足条件的数据
db.latin.findOne({dancerID: '29411'}, function(err, result) {
    if (err) throw err; console.log(result);
});
```

（4）在 shell 中统计满足条件的文档数目：

```
//查询数据库 latin 集合中所有文档的数目
>db.latin.count()
//查询 latin 集合中 level 大于 5 的所有文档的数目
>db.latin.count({level: {$gt:5}})
```

在 node 中统计满足条件的文档数目，如下所示：

```
db.latin.count(function(err, count) {
    console.log('There are ' + count + 'dancer in the database');
});
db.latin.count({level:{$gt:5}}, function(err, count) { console.log(count + ' dancer whose level
is greater than 5');
});
```

（5）在 shell 中修改文档：更新数据库中 dancerID 为 29477 的文档，将其 dancerName 设置为 MJ07，如下所示：

```
>db.latin.update({dancerID:'29477'}, {$set:{ dancerName: 'MJ07'}})
```

在 node 中修改文档，如下所示：

```
db.latin.update({dancerID:'29477'}, {$set:{ dancerName: 'MJ07'}}, function(err) {
    if (!err) console.log('Level updated!');
});
```

MongoDB 中对于文档的修改有多种形式，这里列举的只是其中最简单的一种，后面会有其他的修改方法实例。总得来说 MongoSkin 的 api 很直观、自然，跟 Mongo shell 的操作命令很类似。基本上可以举一反三的，可以先猜测，如果不对再查查 MongoSkin 的 api。

16.6.5　MongoDB 文档内嵌数组操作

MongoDB 文档的 value 有可能是一个数组，对于数组 MongoDB 也有一些特殊的操作方法，不过整体来说大多数情况下可以将数组中的每一个元素分别当作全局 key 的 value 来处理，假设文档模型为：

```
{'dancerID':'29411','dancerName':'MJ', 'courses':['c1', 'c2', 'c3'] }
```

可以将其视为：

```
{'dancerID':'29411','dancerName':'MJ', 'courses':'c1', 'courses':'c2', 'courses':'c3' }
```

所以如果要查询选修了 c1 课程的学员可以通过如下方式：

```
>db.latin.find({courses: 'c1'});
```

下面来看一下数组查询和数组子集查询的不同方法。

1. 内嵌数组查询

现在向 collection 中插入一些测试数据：

```
>db.latin.insert({"dancerID":"29711","dancerName":"MJ", "courses":["c1", "c2", "c3"] });
>db.latin.insert({"dancerID":"29511","dancerName":"M0", "courses":[ "c2", "c3"] });
>db.latin.insert({"dancerID":"29611","dancerName":"M1", "courses":["c1", "c3"] });
```

此时如果需要查询所有参加了 c1 和 c3 课程的同学不能通过 db.latin.find({ 'courses':['c1', 'c3'] });来查询，因为这时已经指定了 courses 的具体值，属于精确匹配，只能查出一条文档即 dancerID:29611 的，第一条文档没有命中，此时应该使用 shell 查询数组查询，如下所示：

```
>db.latin.find({courses:{$all:["c1", "c3"]}})
```

这时会命中两条文档。下面来介绍一下其他查询数组和数组子集的方法。

再来看一下 node 查询数组，结构如下所示：

```
db.latin = db.collection('latin');
db.latin.find({courses:{$all:["c1", "c3"]}}, function(err, result) {
    if (err) throw err; console.log(result);
});
```

上面的查询假定数组是无序的，也就是说：{ "courses":["c1", "c3"] }和{ "courses":["c3", "c1"] }都满足条件，如果想查询数组特定位置的元素是否为指定值，比如查询参与第二期培训，且课程为 c2 的会员可以通过如下 key.index 方式查询，如下所示：

```
>db.latin.find({'courses.1':'c2' });
```

此时会命中第一条文档，但是不会命中第二条文档。Index 的值从 0 开始。

2. 数组子集查询

前面说过通过设定查询操作的第二个参数的各个 key 的 value 为 1 或者 0 来控制是否返回对应字段，对于数组查询还可以在第二个参数中通过$slice 设定需要返回的数组 value 的子集，比如：

shell 查询数组子集：查询所有会员返回其对应 dancerID 及所参与的前两门课程。

```
>db.latin.find({},{dancerID:1,_id:0,courses:{$slice:2}});
```

注意：如果{$slice:-2}则返回后两门课程，如果{$slice:[10,20]}则跳过前 10 个数组元素，返回接下来的 20 个元素。

node 查询数组子集：查询所有会员返回其对应 dancerID 及所参与的前两门课程。

```
db.latin.find({},{dancerID:1,_id:0,courses:{$slice:2}}, function(err, result) {
    if (err) throw err; console.log(result);
});
```

3. 内嵌数组修改

可以用$push 为数组末尾增添一个元素，如果对应的数组的 key 不存在的话则创建该 key 并加入这个元素。比如对于新插入的文档：

```
>db.latin.insert({'dancerID': '667788', "dancerName" : "latino"});
```

如果需要为其增加 course：c1，可以这样（假设 dancerID 为 667788 的会员只有一个）：

```
>db.latin.update({dancerID:'667788'}, {$push:{courses:'c1'}});
```

不过$push 存在一个问题，它不会检查元素在数组中是否存在，这意味着如果你多次 push 同一个元素那么数组中就有可能存在多个重复的元素，这可能并不是你所希望的，在这种情况下可以用$ne 检查下，如果不存在再 push，代码如下：

```
>db.latin.update({dancerID:'667788', courses:{$ne:'c1'}}, {$push:{courses:'c1'}});
```

对于这种情况先要判断，不存在了再 push 比较麻烦，实际上我们可以通过$addToSet 来取代，代码如下：

```
>db.latin.update({dancerID:'667788'}, {$addToSet:{courses:'c1'}});
```

这样系统会自动检查会员是否已经参与了该课程，如果没有则加入，反之不做修改。

假如会员同时报名了好几个课程：c1/c2/c3，分三次更新固然可以达到目的，不过效率会下降很多，这时可以将$addToSet 与$each 配合起来使用，代码如下：

```
>db.latin.update({dancerID:'667788'}, {$addToSet:{courses:{$each:['c1','c2','c3']}}});
```

如果想要删除会员课程可以使用以下几种方法：

{$pop : {key : 1}}可以从课程尾部删除一个课程记录：

```
db.latin.update({dancerID:'667788'}, {$pop:{courses:1}});
```

{$pop : {key : -1}}可以从课程头部删除一个课程记录：

```
db.latin.update({dancerID:'667788'},{$pop:{courses:-1}});
```

如果是课程的具体位置不清楚，但是课程值知道的话可以用$pull，例如：

```
>db.latin.update({dancerID:'667788'},{$pull:{courses:'c1'}});
```

我们可以删除会员 667788 的 c1 课程，如果该课程存在的话。也可以对数组指定位置的元素进行修改：比如对于{ "courses":["c1", "c3","c4"] }将其修改为{ "courses":["c1", "c2","c4"] }可以采用如下方案：

```
>db.latin.update({dancerID:'667788'}, {$set:{'courses.1':'c2'}});
```

其中".1"代表要修改的是课程数组中的 index 为 1 的元素。不过问题是我们并不总是可以知道要修改的元素的 index 是多少，所以需要先查询下，这个时候可以用位置操作符$来表示匹配元素的 index。如下所示：

```
>db.latin.update({dancerID:'667788', courses:'c3'},{$set:{'courses.$':'c2'}});
```

注意：如果有多条满足条件的记录，只会更新最先匹配上的一条，而不是所有满足条件的记录。

16.6.6 MongoDB 文档内嵌文档操作

在上面数组操作实例中，数组元素为简单的字符串类型，但在实际应用场景中可能要复杂得多，有可能数组的每一个元素都是一个文档。MongoDB 内嵌文档操作比较麻烦，尤其是当数组里内嵌文档的时候，复杂度更增加了不少，下面以舞蹈培训管理系统的实际模型为例进行说明：

假如新的文档模型为：

```
{
    "dancerID" : "29411",
    "dancerName" : "MJ", "wangWang" : "hustcer", "courses" : [
        {
            "courseVal" : "13CI",
            "paid" : true,
            "status" : "approved"
        },
        {
```

```
        "courseVal" : "13SE", "paid" : true, "status" : "waiting"
        }
    ]
}
```

1. 课程报名

对于新报名的会员数据库中没有该会员对应的课程记录，这个时候可以直接给课程赋值为相应的值，然后插入数据库，例如：

```
var dancerModel = {};
dancerModel.dancerID = '29411';
dancerModel.dancerName = 'MJ';
dancerModel.wangWang = 'hustcer';
dancerModel.couses.push({
    'courseVal' : '13CI',
    'paid' : true,
    'status' : 'approved'
});
dancerModel.couses.push({ 'courseVal' :'13SE',
    'paid' : true,
    'status' : 'waiting'
});
db.latin.insert(dancerModel);
```

对于数据库中已经存在的会员，可以先查出其相关信息，然后对其进行修改最后保存，如下所示：

```
var dancer = db.latin.find({dancerID: '29411'});
dancer.dancerName = 'Mongod';
//遍历 dancer.courses 数组,如果不存在对应的课程则加入该课程,然后保存
……
db.latin.save(dancer);
```

"遍历 dancer.courses 数组，如果不存在对应的课程则加入该课程"这个需求可能会让你想到前面提到过的$ne + $push，或者$addToSet。不过实际上这两种操作都不适用于当前的场景，因为这两种操作都要求文档是精确匹配的，也就是说：{"courseVal" : "13SE","paid" : true,"status" : "waiting"}和{"courseVal" : "13SE","paid" : false,"status" : "waiting"}是两个不同的课程，而实际上是同一课程，只不过处在不同的状态，即是否缴过费。

所以在这种情况下我们只能采用看似老土却很有效的 for 循环来遍历数组：只要对应 courseVal 为 13SE 的课程存在就可以确定会员曾经报名过该课程，数据库中有对应的记录，顶多是状态的差别而已。所以上述给已有会员增加课程的操作应该是类似这样的：

```
…………………
var courseExist = false;
for(int i = 0, l = dancer.courses.length; i < l; i ++){
    if(dancer.courses[i].courseVal==="13SE"){
        courseExist = true;
        break; //课程已经存在则不再增加
    }
}
if(!courseExist){
    dancerModel.couses.push({
        "courseVal" : "13SE",
        "paid" : false,
        "status" : "waiting"
```

```
    });
}
```

2. 修改课程的报名状态

由于课程为会员 courses 数组的内嵌文档，显然这个数组里面可能会有很多课程，所以修改指定会员的特定课程到某一个状态需要三个参数：会员唯一性标记（dancerID）、课程对应 value、修改后的状态。当然还可以添加一个可选参数：修改后执行的回调函数，最终对应的 node 代码如下所示：

```
/**
*设置会员课程状态
*@param dancerID 待设置的会员的 dancerID
*@param courseValue 待设置的课程的值
*@param status 课程新的状态
*/
updateDancerCourseStatus: function(dancerID, courseValue, status, fn){
    this.update({'dancerID':dancerID.toUpperCase(), 'courses.courseVal':courseValue}, { $set:
    {'courses.$.status':status, 'courses.$.gmtStatusChanged':new Date(), 'gmtModified': new
Date()}}, fn);
}
```

以上代码表示查询 ID 为 dancerID 的会员，对于其课程值为 courseValue 的课程进行修改，修改其状态为 status，同时更新其修改时间等属性。

3. 修改课程的缴费状态

修改课程缴费状态跟上述修改课程报名状态类似，逻辑如下：

```
/**
*设置会员缴费状态
*@param dancerID 待设置的会员的 dancerID
*@param courseValue 待设置的课程的值
*@param isPaid 会员是否缴费,缴费为 true,反之为 false
*/
updateDancerPayStatus: function(dancerID, courseValue, isPaid, fn){
    this.update({'dancerID':dancerID.toUpperCase(), 'courses.courseVal':courseValue}, { $set:
    {'courses.$.paid':isPaid, 'courses.$.gmtPayChanged':new Date(), 'gmtModified': new Date()}
    }, fn);
}
```

4. 会员筛选

会员条件筛选的操作比较复杂，工号、性别、部门、报名课程及课程的缴费状态、报名状态等都可以进行组合查询，而课程相关条件是要对内嵌文档进行查询的，可以参考如下方式实现（req.body 里面包含用户后台表单提交过来的查询条件）：

```
/*
*会员列表筛选/搜索接口
*/
exports.search = function(req, res){
    var col= db.collection('latin');
    var dancerModel = {};
    //根据课程状态,是否缴费来进行查询
    if (!!req.body.dancerID) {dancerModel.dancerID = req.body.dancerID;};
    if (!!req.body.gender) {dancerModel.gender = req.body.gender;};
    if (!!req.body.department) {dancerModel.department = req.body.department;};

    //内嵌文档精确匹配
```

```
dancerModel.courses = {};
dancerModel.courses.$elemMatch = {};
if (!!req.body.course)
dancerModel.courses.$elemMatch.courseVal = req.body.course;
if (!!req.body.status)
dancerModel.courses.$elemMatch.status   = req.body.status;
if (!!req.body.paid)
dancerModel.courses.$elemMatch.paid = JSON.parse(req.body.paid);
//FIXME: 如果课程没有任何匹配条件就把该条件完全去掉,这种方法以后可以改进
if (JSON.stringify(dancerModel.courses.$elemMatch) === '{}')
delete dancerModel.courses;
col.findDancerByCondition(dancerModel, function(err, result) {
    if (err) throw err;
    res.contentType('application/json');
    res.send({data:result});
});
};
·················省略部分代码·················
/**
*根据条件查询其基本会员信息,不含创建,修改时间,_id 等
*@param condition Json 对象,待查询的会员所满足的条件
*eg. {dancerID:'29411', 'courses.courseVal':'13R', 'courses.paid':true}
*/
findDancerByCondition: function(condition, fn){
    if (!!condition.dancerID) { condition.dancerID = condition.dancerID.toUpperCase();};
    db.collection('latin').find(condition, {gmtCreated:0, gmtModified:0, _id:0}).toArray(fn);
}
```

16.6.7　Mongoskin MVC Helper

　　文档增、删、查、改的操作比较普遍,如果在每一个需要进行此操作的地方都写上类似的逻辑维护是非常困难的,所以很自然的想法就是像后台那样,把数据库操作相关逻辑单独地抽取出来成为一个 DAO 层,其他 service 层调用 DAO 层提供的接口就可以了。

　　在 node 里面也可以用类似的思路来封装对数据库增、删、改、查的操作,只提供相应的对外接口以减少逻辑冗余,提高可维护性。在 MongoSkin 里面可以将 collection 上所有支持的操作与 collection 本身进行绑定,这样一来 collection 好比一个 Java 类,包含一系列的数据,同时对外提供了对这些数据进行操作的方法。

　　可以利用 MongoSkin 对数据库操作进行封装:

　　(1)定义某 collection 对外提供的方法。

　　(2)将这些方法与 collection 进行绑定。

　　这样一来在 Control 业务逻辑层就可以通过集合实例来调用绑定在其上的方法,从而达到逻辑复用。例如,可以在 DataBase/dancer.js 里面定义:

```
exports.commonDancerOp = {
    /**
    *根据条件查询其基本会员信息,不含创建,修改时间,_id 等
    *@param condition  Json 对象,待查询的会员所满足的条件
    *eg. {dancerID:'29411', 'courses.courseVal':'13R', 'courses.paid':true}
    */
    findDancerByCondition: function(condition, fn){
```

```
            if (!!condition.dancerID) { condition.dancerID = condition.dancerID.toUpperCase();};
            this.find(condition, {gmtCreated:0, gmtModified:0, _id:0}).toArray(fn);
        },
        /**
        *查询满足指定条件的会员数目
        *@param condition   Json 对象,待查询的会员所满足的条件
        */
        countDancerByCondition: function(condition, fn){

            if (!!condition.dancerID) { condition.dancerID = condition.dancerID.toUpperCase();};
            this.count(condition, fn);
        },
        /**
        *根据 dancerID 查询其基本会员信息,不含创建,修改时间,_id 等
        *@param dancerID     待查询的会员的 dancerID
        */
        findDancerByID: function(dancerID, fn){
            this.findOne({'dancerID':dancerID.toUpperCase()}, {gmtCreated:0, gmtModified:0,
_id:0, vip:0, level: 0}, fn);
        },
        /**
        *设置会员缴费状态
        *@param dancerID     待设置的会员的 dancerID
        *@param courseValue 待设置的课程的值
        *@param isPaid 会员是否缴费,缴费为 true,反之为 false
        */
        updateDancerPayStatus: function(dancerID, courseValue, isPaid, fn){

            this.update({'dancerID':dancerID.toUpperCase(), 'courses.courseVal':courseValue}, { $set:
{'courses.$.paid':isPaid, 'courses.$.gmtPayChanged':new Date(), 'gmtModified': new Date()}
}, fn);
        }
    };
```

然后在 node 应用启动逻辑里面将以上数据库操作方法与相应的集合绑定，在 app.js 里面加入类似如下逻辑：

```
Var db = require('mongoskin').db('localhost:27017/dance'),
dancerOp = require("./database/dancer.js").commonDancerOp;
db.bind('latin' , dancerOp);
```

接着在 Control 里面取得集合实例即可调用所绑定的接口，比如像在 index.js 里面这样调用：

```
db.collection('latin'). findDancerByCondition(…);
db.collection('latin'). findDancerByID (…);
db.collection('latin'). updateDancerPayStatus (…);
……
```

如此一来即可达到把数据库持久化相关逻辑进行抽象、公用的目的，维护起来也更方便。

16.6.8　MongoDB 访问权限控制

通过 MongoDB shell 设置数据库访问权限。

通过 mongod 命令以默认配置启动数据库服务是不会对数据库进行访问权限控制的，这显然太不安全，这意味着任何一个知道数据库地址的人都可以访问数据库，所以最好给数据库设置访问权限，MongoDB 的

权限设置比较简单：

1）先以默认配置启动数据库，此时无权限控制，然后通过 Mongo shell 切换到 admin 数据库添加用户名和密码：

```
>use admin;
> db.addUser('admin','123456');
```

2）安全关闭数据库服务，退出 shell。

```
>db.shutdownServer();
>exit
```

3）以--auth 模式重启数据库服务：

```
$ sudo mongod --auth --dbpath /mnt/db/
```

4）此时对 admin 数据库设置的用户名和密码已经生效，可以通过两种方式登录该数据库：

（1）先启动 MongoDB shell 然后授权：

```
$ mongo localhost:27107
>use admin
>db.auth('admin','123456');
```

（2）在 MongoDB shell 终端直接启动 mongo 同时授权：

```
$ mongo localhost:27107/admin -u admin -p 123456
```

5）同理如果需要对其他数据库添加用户名和密码可以按如下步骤：

```
>use dance
>db.addUser('admin', '123456');
```

此时已经给 dance 数据库设置好了用户名和密码，不过前提是已经完成了第 4 步的 admin 的授权。还有一些系统级的命令比如：show dbs 的执行也需要先获得 admin 的授权，否则会报类似于：'uncaught exception: listDatabases failed:{ "errmsg" : "need to login", "ok" : 0 }'的错误。

注意：此处的用户名和密码设置对于 mongodbump 和 mongoexport 命令同样生效。

然后通过 MongoSkin 链接数据库并进行权限验证。

设置好数据库用户名和密码之后通过 MongoSkin 建立数据库链接也需要做相应调整：

```
exports.db = require('mongoskin').db('mongo://admin:123456@localhost:27017/dance');
```

16.7　本章总结

本系统讲解了 MongoDB 与 Node.js 的常用操作基础知识。通过项目讲解了如何搜索、存储、更新和删除数据。

第17章
项目实践高级阶段——网站帖子爬取系统

本系统使用 Pyspider 框架爬取 V2EX 网站的帖子中的问题和内容，然后将爬取的数据保存在本地。

17.1　Scrapy 爬取数据存储到数据库

本项目是首先使用 Python 的爬虫框架 Scrapy 进行数据的爬取，然后存入 MongoDB 数据库，最后将数据展示出来，并进行增、删、改、查的操作。

Python 是由 Guido van Rossum 在 20 世纪八十年代末和九十年代初，在荷兰国家数学和计算机科学研究所设计出来的。Python 是一种跨平台的计算机程序设计语言。是一种面向对象的动态类型语言，最初被设计用于编写自动化脚本（shell），随着版本的不断更新和语言新功能的添加，越来越多被用于独立的、大型项目的开发。

同时 Python 还可以用在以下领域：网站和互联网开发、科学计算和统计、人工智能、教育、桌面界面开发、软件开发、后端开发，同时还可以连接各种数据库，进行数据库的增、删、改、查等各种操作。本章我们就使用 Python 连接 MongoDB 数据库进行相关的操作。

开始工作前首先应确定电脑已经成功安装 Python，可以首先进入 Python 官网 https://www.python.org 进行 Python 的下载及安装操作。

验证是否安装成功，打开 cmd 命令窗口，输入 Python 字符并单击回车，出现如图 17-1 页面即表示安装成功。

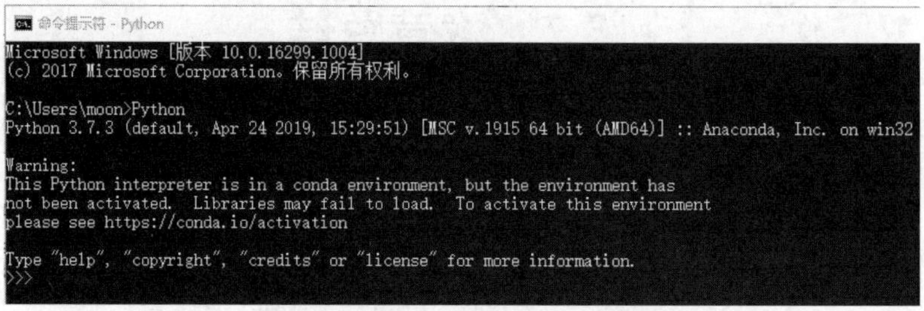

图 17-1　验证 Python 安装成功

本项目还用到 Python 的得力助手 PyCharm，PyCharm 是由 JetBrains 打造的一款 Python 集成开发环境，带有一整套可以帮助用户在使用 Python 语言开发时提高其效率的工具，比如调试、语法高亮、项目管理、代码跳转、智能提示、自动完成、单元测试、版本控制。此外，该集成开发环境提供了一些高级功能，以用于支持 Django 框架下的专业 Web 开发。

　　登录 PyCharm 官网 *http://www.jetbrains.com*，下载适合当前系统的 PyCharm 版本到本地文件夹安装即可。

17.1.1　Scrapy 爬取数据

　　打开 cmd 命令行，输入命令 pip install scrapy 安装 Scrapy 框架，如图 17-2 所示。

```
命令提示符                                                                                □  ×

Microsoft Windows [版本 10.0.16299.1004]
(c) 2017 Microsoft Corporation。保留所有权利。

C:\Users\moon>pip install scrapy
Collecting scrapy
  Using cached https://files.pythonhosted.org/packages/3b/e4/69b87d7827abf03dea2ea984230d50f347b00a7a3897bc93f6ec3dafa49
4/Scrapy-1.8.0-py2.py3-none-any.whl
Requirement already satisfied: zope.interface>=4.1.3 in d:\software\anaconda\lib\site-packages (from scrapy) (4.7.1)
Requirement already satisfied: lxml>=3.5.0 in d:\software\anaconda\lib\site-packages (from scrapy) (4.3.4)
Requirement already satisfied: parsel>=1.5.0 in d:\software\anaconda\lib\site-packages (from scrapy) (1.5.2)
Requirement already satisfied: six>=1.10.0 in d:\software\anaconda\lib\site-packages (from scrapy) (1.12.0)
Requirement already satisfied: service-identity>=16.0.0 in d:\software\anaconda\lib\site-packages (from scrapy) (18.1.0)

Requirement already satisfied: w3lib>=1.17.0 in d:\software\anaconda\lib\site-packages (from scrapy) (1.21.0)
Requirement already satisfied: Twisted>=17.9.0; python_version >= "3.5" in d:\software\anaconda\lib\site-packages (from
scrapy) (19.10.0)
Requirement already satisfied: queuelib>=1.4.2 in d:\software\anaconda\lib\site-packages (from scrapy) (1.5.0)
Requirement already satisfied: PyDispatcher>=2.0.5 in d:\software\anaconda\lib\site-packages (from scrapy) (2.0.5)
Requirement already satisfied: pyOpenSSL>=16.2.0 in d:\software\anaconda\lib\site-packages (from scrapy) (19.0.0)
Requirement already satisfied: cryptography>=2.0 in d:\software\anaconda\lib\site-packages (from scrapy) (2.7)
Requirement already satisfied: protego>=0.1.15 in d:\software\anaconda\lib\site-packages (from scrapy) (0.1.15)
Requirement already satisfied: cssselect>=0.9.1 in d:\software\anaconda\lib\site-packages (from scrapy) (1.1.0)
Requirement already satisfied: setuptools in d:\software\anaconda\lib\site-packages (from zope.interface>=4.1.3->scrapy)
(41.0.1)
Requirement already satisfied: pyasn1-modules in d:\software\anaconda\lib\site-packages (from service-identity>=16.0.0->
scrapy) (0.2.7)
Requirement already satisfied: pyasn1 in d:\software\anaconda\lib\site-packages (from service-identity>=16.0.0->scrapy)
(0.4.8)
Requirement already satisfied: attrs>=16.0.0 in d:\software\anaconda\lib\site-packages (from service-identity>=16.0.0->s
crapy) (19.1.0)
```

图 17-2　安装 Scrapy 框架

　　打开 PyCharm，单击页面下方的 Terminal 终端工具，如图 17-3 所示。

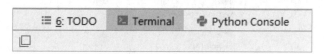

图 17-3　打开终端

　　在终端中输入命令 scrapy startproject ComplaintSpider 创建爬虫项目文件夹，如图 17-4 所示。

```
(venv) C:\Users\moon\PycharmProjects\untitled2>scrapy startproject ComplaintSpider
New Scrapy project 'ComplaintSpider', using template directory 'd:\software\anaconda\lib\site-packages\scrapy\templates\project', created in:
    C:\Users\moon\PycharmProjects\untitled2\ComplaintSpider

You can start your first spider with:
    cd ComplaintSpider
    scrapy genspider example example.com

(venv) C:\Users\moon\PycharmProjects\untitled2>
```

图 17-4　创建爬虫项目文件夹

　　接着便可以看到在 PyCharm 左侧文件目录栏出现如图 17-5 所示的文件结构。

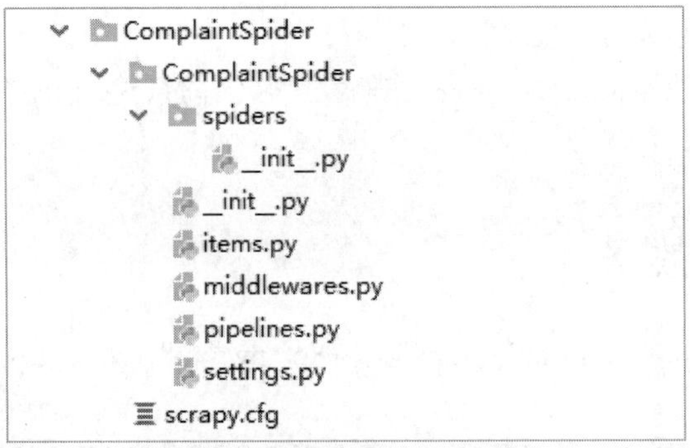

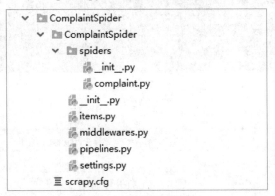

图 17-5　爬虫初始文件目录

此外还需要生成一个爬虫文件，用来实现爬虫逻辑，使用 cd ComplaintSpider 命令进入项目文件夹之后，输入图 17-6 中的命令，其中的域名可以后期自己更改。

```
(venv) C:\Users\moon\PycharmProjects\untitled2\ComplaintSpider>scrapy genspider complaint www.baidu.com
Created spider 'complaint' using template 'basic' in module:
  ComplaintSpider.spiders.complaint


(venv) C:\Users\moon\PycharmProjects\untitled2\ComplaintSpider>
```

图 17-6　生成爬虫文件

此时爬虫文件目录增加了一个 complaint.py 爬虫文件，如图 17-7 所示。

图 17-7　爬虫文件目录

其中第一层目录结构 ComplaintSpider 文件夹是爬虫项目的名称，可以自行更改。

第二层目录结构中包含一个和爬虫项目名称相同的文件夹 ComplaintSpider 以及一个 scrapy.py 文件，这个与项目同名的文件夹是一个模块，所有的项目代码都在这个模块内添加，而 scrapy.cfg 文件是整个爬虫项目的配置文件。

第三层目录结构中有五个文件和一个文件夹，其中 _init_.py 是个空文件，作用是将其上级目录变成一个模块；items.py 是定义储存对象的文件，决定爬取哪些项目；middlewares.py 文件是中间件，一般不用进行修改，主要负责相关组件之间的请求与响应；pipelines.py 是管道文件，决定爬取后的数据如何进行处理和存储；settings.py 是项目的设置文件，设置项目管道数据的处理方法、爬虫效率、表名等；spiders 文件夹中放置的是爬虫的主体文件，用于实现爬虫逻辑，以及一个 _init_.py 空文件。

接着在 items.py 中定义项目所需爬取的字段。

```python
import scrapy

#定义项目所需爬取的字段
class ComplaintspiderItem(scrapy.Item):
    #帖子编号
    number = scrapy.Field()
    #帖子题目
    title = scrapy.Field()
    #帖子内容
    content = scrapy.Field()
    #帖子链接
    url = scrapy.Field()
```

在 complaint.py 文件中爬取网页数据，取出 item 结构化数据。首先设置的是爬取的域名范围，还要定义函数爬取网页内容并且将内容进行解析，然后将数据进行封装，最后将数据依次进行输出。

```python
import scrapy
from ComplaintSpider.items import ComplaintspiderItem

class ComplaintSpider(scrapy.Spider):
    name = 'complaint'
    #设置爬取的域名范围,可省略,不写则表示爬取时候不限域名,结果有可能会导致爬虫失控
    allowed_domains = ['wz.sun0769.com']
    url = 'http://wz.sun0769.com/index.php/question/questionType?type=4&page='
    offset = 0
    start_urls = [url + str(offset)]

    #解析返回的网页数据,提取结构化数据,生成需要下一页的 URL 请求
    def parse(self, response):
        #取出每个页面里帖子链接列表
        links = response.xpath("//div[@class='greyframe']/table//td/a[@class='news14']/@href").
extract()
        #迭代发送每个帖子的请求,调用 parse_item 方法处理
        for link in links:
            yield scrapy.Request(link, callback=self.parse_item)

        #设置页码终止条件,并且每次发送新的页面请求调用 parse 方法处理
        if self.offset <= 71130:
            self.offset += 30
            yield scrapy.Request(self.url + str(self.offset), callback=self.parse)

    #封装数据
    def parse_item(self, response):
        #将得到的数据封装到 SunspiderItem
        item = ComplaintspiderItem()
        #标题
        item['title'] = response.xpath('//div[contains(@class,"pagecenter p3")]//strong/text
()').extract()[0]
        #编号
        item['number'] = item['title'].split(' ')[-1].split(":")[-1]
        #文字内容,默认先取出有图片情况下的文字内容列表
```

```
content = response.xpath('//div[@class="contentext"]/text()').extract()
#若没有内容,则取出没有图片情况下的文字内容列表
if len(content) == 0:
    content = response.xpath('//div[@class="c1 text14_2"]/text()').extract()
    #content 为列表,通过 join 方法拼接为字符串,并去除首尾空格
    item['content'] = "".join(content).strip()
else:
    item['content'] = "".join(content).strip()


#链接
item['url'] = response.url
yield item
```

17.1.2　将数据存入 MongoDB

在 pipelines.py 中设计 Item Pipeline 来存储输出的 item 结构化数据。其中 PyMongo 是 Python 和 MongoDB 数据库进行连接的模块，使用面向对象的思想编程，先定义一个类，方法均在类中书写，首先获取的是主机名、端口号和数据库名等内容，再创建数据库链接，并且指向指定的数据库以及数据库中的表，最后定义函数将指定的数据传入指定的表中。

```
from scrapy.conf import settings
import pymongo

class ComplaintspiderPipeline(object):
    def __init__(self):
        #获取 setting 主机名、端口号和数据库名
        host = settings['MONGODB_HOST']
        port = settings['MONGODB_PORT']
        dbname = settings['MONGODB_DBNAME']

        #pymongo.MongoClient(host, port) 创建 MongoDB 链接
        client = pymongo.MongoClient(host=host,port=port)

        #指向指定的数据库
        mdb = client[dbname]
        #获取数据库里存放数据的表名
        self.post = mdb[settings['MONGODB_DOCNAME']]

    def process_item(self, item, spider):
        data = dict(item)
        #向指定的表里添加数据
        self.post.insert(data)
        return item
```

还要启用 item pipeline 组件，在 settings.py 中补充相关配置。

```
BOT_NAME = 'ComplaintSpider'

SPIDER_MODULES = ['ComplaintSpider.spiders']
NEWSPIDER_MODULE = 'ComplaintSpider.spiders'
```

```
ROBOTSTXT_OBEY = True

ITEM_PIPELINES = {
   'ComplaintSpider.pipelines.ComplaintspiderPipeline': 300,
}

#Crawl responsibly by identifying yourself (and your website) on the user-agent
USER_AGENT = 'Mozilla/5.0 (Macintosh; Intel Mac OS X 10_11_3) AppleWebKit/537.36 (KHTML, like
Gecko) Chrome/48.0.2564.116 Safari/537.36'

#MONGODB 主机环回地址 127.0.0.1
MONGODB_HOST = '127.0.0.1'
#端口号,默认是 27017
MONGODB_PORT = 27017
#设置数据库名称
MONGODB_DBNAME = 'Complaint'
#存放本次数据的表名称
MONGODB_DOCNAME = 'invitation'
```

最后可以启动爬虫进行测试，在 **main.py** 文件中输入如下代码：

```
from scrapy import cmdline
#注意: complaint 为 spiders 下爬取网页的代码
cmdline.execute('scrapy crawl complaint'.split())
```

或者此步可以省略，在 **PyCharm** 的内置终端中直接运行命令 scrapy crawl complaint 即可。

执行完命令后，爬取数据的结果（数据展示）如图 17-8 所示。

1	56715014951312925672893	"提问：画公交车道有什么用？"	"275324"	画公交车道有什么用？	*http:// wz.sun0769.com*
2	5b715016495131192867249494	"提问：新城路与生态园大道第一	"275329"	每天早上7点10分左右这个红绿灯	*http:// wz.sun0769.com*
3	57150199513129286728957	"提问：黑漂染厂弄的周围居民苦	"275315"	黑漂染厂有没有人管啊　噪音	*http:// wz.sun0769.com*
4	5671501649513129296728967	"提问：市政路段停车费贵的离谱	"275263"	城区许多路段都规划了停车位。正	*http:// wz.sun0769.com*
5	56715014951512925672498	"提问：下雨天，能不能提供共享	"275257"	下雨天，能不能提供共享雨伞	*http:// wz.sun0769.com*
6	58715014951512928672499	"提问：看花海，能不能提供微信	"275258"	看花海，能不能提供微信预约啊	*http:// wz.sun0769.com*
7	5b719016495131292867289	"提问：请住建局真正考虑民意，	"275264"	东莞很多的房子都是四周围很宽厂	*http:// wz.sun0769.com*
8	57150169513129286728967	"提问：个人信息泄漏"	"275178"	本人于今年毕业出来实习，从未接	*http:// wz.sun0769.com*
9	5b715019495131292967249	"提问：上班高峰期道路清扫"	"275124"	我相信到目前为止，你们收到的类	*http:// wz.sun0769.com*
10	58715018951312928672894	"提问：私自占霸停车位"	"275061"	这种现象已经投诉过多次，反而越	*http:// wz.sun0769.com*
11	56715022495131292867289	"提问：严重噪音"	"274993"	这个法治讲座广播声音特别大：影	*http:// wz.sun0769.com*

图 17-8　数据展示

17.2　基于 Django 框架对 MongoDB 实现增、删、改、查

在这里从 MongoDB 数据库取出数据，通过 Django 框架展示到 Web 页面，实现展示、分页、添加、修改、删除的功能。

17.2.1　准备工作

创建 Django 工程，打开 Pycharm 编辑工具，单击菜单栏 File 选项，在下拉框中单击 New Project…选

项，如图 17-9 所示。

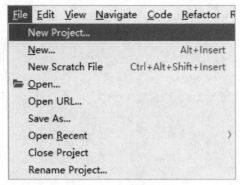

图 17-9　创建新工程

在弹出框中首先单击左侧的 Django 按钮，其次在右侧 Location 文件位置框中命名工程名字为 ComplaintDjango，最后单击 Create 创建即可，如图 17-10 所示。

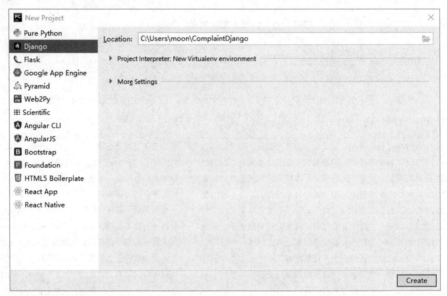

图 17-10　新工程命名

在创建的新工程中有如图 17-11 所示的文件及文件夹。

其中_init_.py 为初始化文件，有了这个文件，标志当前文件夹是一个包，可以被引用；setting.py 有所有的 Django 配置信息，包括数据库配置，静态文件的配置，还有 Django 依赖的第三方扩展包；urls.py 是路由分发器；wsgi.py 是一个服务器的启动文件，后期项目上线的时候会用到此文件；templates 是 html 文件的归置目录；manage.py 是整个 Django 项目的启动文件。

接下来开始创建 App，在 PyCharm 中，打开 Terminal 终端，输入命令 python manage.py startapp cmdb，这样就创建了一个名为 cmdb 的 App，Django 会自动生成 cmdb 文件夹，如图 17-12 所示。

可以看到，文件目录中多出了一个 cmdb 文件夹，这就是创建的第一个 App，一个 Django 项目下可以创建多个 App，各个 App 之间可以独立开发，最终合并起来就是一个完整的项目，如果把整个工程比作一所学校的话，App 就相当于学校的学院，也就是说工程中可以包含多个 App。

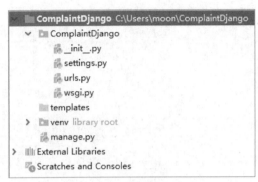

图 17-11　工程目录无 App

图 17-12　工程目录有 App

17.2.2　连接 MongoDB 数据库

在 cmdb 文件夹下的 models.py 文件中，写入如下代码，用来连接 MongoDB 数据库。

```
from django.db import models
from mongoengine import *

#Create your models here.

#指明要连接的数据库
connect('Complaint',host = '127.0.0.1',port = 27017)

class invitation(Document):
    #定义数据库中的所有字段
    number = StringField()
    title = StringField()
    content = StringField()
    url = StringField()

    #指明连接的数据表名
    meta = {'collection':'invitation'}

#测试是否连接成功
#for i in invitation.objects[:10]:
# print(i.title)
```

上述代码，首先导入相应的库，然后指明要连接的数据库，还要定义数据库中的所有字段，为将来数据的存储做准备，最后也可以使用 print 函数输出，测试下是否连接成功。

17.2.3　项目配置

配置相关的设置方面，在 ComplaintDjango 下的 settings.py 文件中，写入如下代码：

```python
"""
Django settings for ComplaintDjango project.

Generated by 'django-admin startproject' using Django 2.0.5.

For more information on this file, see
https://docs.djangoproject.com/en/2.0/topics/settings/

For the full list of settings and their values, see
https://docs.djangoproject.com/en/2.0/ref/settings/
"""

import os

#Build paths inside the project like this: os.path.join(BASE_DIR,…)
BASE_DIR = os.path.dirname(os.path.dirname(os.path.abspath(__file__)))

#Quick-start development settings - unsuitable for production
#See https://docs.djangoproject.com/en/2.0/howto/deployment/checklist/

#SECURITY WARNING: keep the secret key used in production secret!
SECRET_KEY = '4c-=!&(4kx9xhrz=e1%((vx#!*v%2pbot$2sss7k6*c$yw@t*e'

#SECURITY WARNING: don't run with debug turned on in production!
DEBUG = True

ALLOWED_HOSTS = []

#Application definition

INSTALLED_APPS = [
    'django.contrib.admin',
    'django.contrib.auth',
    'django.contrib.contenttypes',
    'django.contrib.sessions',
    'django.contrib.messages',
    'django.contrib.staticfiles',
]

MIDDLEWARE = [
    'django.middleware.security.SecurityMiddleware',
    'django.contrib.sessions.middleware.SessionMiddleware',
    'django.middleware.common.CommonMiddleware',
    #csrf 跨站请求保护机制,暂时先关闭,或者在 form 表单里添加一个'{% csrf_token %}'标签
    #'django.middleware.csrf.CsrfViewMiddleware',
    'django.contrib.auth.middleware.AuthenticationMiddleware',
    'django.contrib.messages.middleware.MessageMiddleware',
    'django.middleware.clickjacking.XFrameOptionsMiddleware',
```

```
]

ROOT_URLCONF = 'ComplaintDjango.urls'

TEMPLATES = [
    {
        'BACKEND': 'django.template.backends.django.DjangoTemplates',
        #配置 html
        'DIRS': [os.path.join(BASE_DIR, 'templates')]
        ,
        'APP_DIRS': True,
        'OPTIONS': {
            'context_processors': [
                'django.template.context_processors.debug',
                'django.template.context_processors.request',
                'django.contrib.auth.context_processors.auth',
                'django.contrib.messages.context_processors.messages',
            ],
        },
    },
]


WSGI_APPLICATION = 'ComplaintDjango.wsgi.application'

#Database
#https://docs.djangoproject.com/en/2.0/ref/settings/#databases

DATABASES = {
    'default': {
        'ENGINE': None,
    }
}
#连接 mongodb 数据库
from mongoengine import connect
connect('Complaint')


#Password validation
#https://docs.djangoproject.com/en/2.0/ref/settings/#auth-password-validators

AUTH_PASSWORD_VALIDATORS = [
    {
        'NAME': 'django.contrib.auth.password_validation.UserAttributeSimilarityValidator',
    },
    {
        'NAME': 'django.contrib.auth.password_validation.MinimumLengthValidator',
    },
    {
        'NAME': 'django.contrib.auth.password_validation.CommonPasswordValidator',
    },
    {
        'NAME': 'django.contrib.auth.password_validation.NumericPasswordValidator',
    },
```

```
]

#Internationalization
#https://docs.djangoproject.com/en/2.0/topics/i18n/
LANGUAGE_CODE = 'en-us'
TIME_ZONE = 'UTC'
USE_I18N = True
USE_L10N = True
USE_TZ = True

#Static files (CSS, JavaScript, Images)
#https://docs.djangoproject.com/en/2.0/howto/static-files/

STATIC_URL = '/static/'
#配置静态文件
STATICFILES_DIRS = (
    os.path.join(BASE_DIR,'static'),
)
```

以上代码的设置中包括 APP 的注册、静态文件路径的添加、数据库的连接、csrf 验证的设置等等，完成以上设置之后再继续进行开发。

17.2.4 路由设置

项目中路由的配置都在 urls.py 文件中，它将浏览器输入的 path 映射到相应的业务处理逻辑，其本质是 URL 与该 URL 要调用的视图函数之间的映射，就是为告诉 Django 对客户端发过来的某个 URL 应该调用执行哪一段逻辑代码。简单的编写方法如下：

```
from django.contrib import admin
from django.urls import path
#导入对应 app 的 views 文件
from cmdb import views

urlpatterns = [
    #首页,展示页面
    path('index/',views.index),
    #跳转到添加页面
    path('toAdd/',views.toAdd),
    #添加到数据库
    path('addInvitation/',views.addInvitation),
    #跳转到修改页面,进行数据回显
    path('toUpdate/',views.toUpdate),
    #修改数据
    path('updateInvitation/',views.updateInvitation),
    #删除数据
    path('delete/',views.delete)
]
```

17.2.5　业务逻辑处理

接下来开始写业务逻辑处理函数，这个文件是后台代码的核心，很多功能都是在此文件中形成的。

```python
from django.shortcuts import render
from cmdb.models import invitation
from django.core.paginator import Paginator #分页
from django.http import HttpResponseRedirect
#Create your views here.

#展示、分页
def index(request):
    #限制每一页显示的条目数量
    limit = 10
    #查询所有的数据
    article = invitation.objects
    paginator = Paginator(article,limit)
    #从 url 中获取页码参数
    page_num = request.GET.get('page',1)
    loaded = paginator.page(page_num)
    context = {
        'invitation':loaded
    }
    return render(request,"index.html",context)

#进入添加页面
def toAdd(request):
    return render(request,"add.html")

#添加
def addInvitation(request):
    if request.method == 'POST':
        number = request.POST.get("number",None)
        title = request.POST.get("title",None)
        content = request.POST.get("content",None)
        url = request.POST.get("url",None)
        tit = "提问: " + str(title) + "  编号: " + str(number)
        #添加到数据库
        invi = invitation(number = number,title = tit,content = content,url = url)
        invi.save()
    return HttpResponseRedirect('/index/')

#回显
def toUpdate(request):
    if request.method == 'GET':
        number = request.GET.get("number",None)
        #根据条件查询数据
    invi = invitation.objects.filter(number=number)
    context = {
        'invitation':invi
    }
    return render(request,"update.html",context)

#修改
def updateInvitation(request):
    if request.method == 'POST':
```

```
        number = request.POST.get("number", None)
        title = request.POST.get("title", None)
        content = request.POST.get("content", None)
        url = request.POST.get("url", None)
        #根据条件修改数据
        invi = invitation.objects.filter(number=number).update(title=title,content=content,
url=url)
    return HttpResponseRedirect('/index/')

#删除
def delete(requeset):
    if requeset.method == 'GET':
        number = requeset.GET.get("number",None)
    #删除数据
    invi = invitation.objects.filter(number=number).delete()
    return HttpResponseRedirect('/index/')
```

首先是导入所需要的各种模块，接着定义 index 函数开始书写展示、分页的函数，还要完成进入添加页面的函数，同时数据的添加、回显、修改、删除等函数也是在此文件中形成的。后台代码完成后开始转战前端，让数据在前端进行展示。

17.2.6 前端页面书写

前端页面主要负责页面数据的展示，让数据库中的数据能够直观地呈现出来。由于前端页面是在 Templates 文件夹中书写的，所以我们需要先创建文件。右击 Templates 文件夹，在下拉框中依次选择 New→HTML File，如图 17-13 所示。在弹出的对话框中给文件命名为 index，如图 17-14 所示。

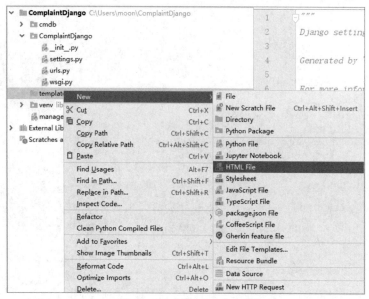

图 17-13 创建 HTML 文件

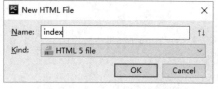

图 17-14 HTML 文件命名

在新建的文件中输入如下的代码来创建一个 HTML 页面：

```
<!DOCTYPE html>
<html lang="en">
```

```html
<head>
    <meta charset="UTF-8">
    <title>首页</title>
</head>
<script type="text/javascript" src="static/js/jquery-1.8.2.min.js"></script>
<link rel="stylesheet" type="text/css" href="../static/css/index_work.css">
<body>
    <a href="/toAdd/">添加</a>
    <table>
        <thead>
            <th>编号</th>
            <th>标题</th>
            <th>内容</th>
            <th>链接</th>
            <th>操作</th>
        </thead>
        <tbody>
            {% for item in invitation %}
                <tr>
                    <td>{{ item.number }}</td>
                    <td>{{ item.title }}</td>
                    <td>{{ item.content }}</td>
                    <td><a>{{ item.url }}</a></td>
                    <td>
                        <a href="/toUpdate/?number={{ item.number }}"><input type="button" value="
修改"></a>
                        <a href="/delete/?number={{ item.number }}"><input type="button" value="
删除"></a>
                    </td>
                </tr>
            {% endfor %}
            <tr>
                <th colspan="6">
                    {% if invitation.has_previous %}
                    <a href="?page={{ invitation.previous_page_number }}"><input type="button"
value="上一页"></a>
                    {% endif %}
                    <span>{{ invitation.number }} of {{ invitation.paginator.num_pages }}</span>
                    {% if invitation.has_next %}
                        <a href="?page={{ invitation.next_page_number }}"><input type="button"
value="下一页"></a>
                    {% endif %}
                </th>
            </tr>
        </tbody>
    </table>
</body>
</html>
```

　　前端代码中主要是先使用 table 标签将内容分列，分别为编号、标题、内容、链接、操作五列，然后再向表中插入从数据库中提取的数据展示出来。

运行程序后可以看到如图 17-15 所示的页面。

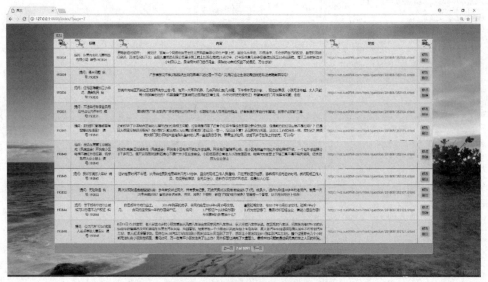

图 17-15 数据可视化展示

同时当单击"添加"按钮时，需要能够添加新的数据，所以还需要再书写一个添加数据的前端页面，在 Templates 文件夹中，按照上面新建前端文件的操作步骤，新建一个 add.html。

```html
<!DOCTYPE html>
<html lang="en">
<head>
    <meta charset="UTF-8">
    <title>添加帖子</title>
</head>
<script type="text/javascript" src="static/js/jquery-1.8.2.min.js"></script>
<link rel="stylesheet" type="text/css" href="../static/css/index_work.css">
<body>
    <form action="/addInvitation/" method="post">
        编号: <input type="text" name="number" style="width: 500px"><br>
        标题: <input type="text" name="title" style="width: 500px"><br>
        内容: <br><textarea name="content" style="width: 550px;height: 200px"></textarea><br>
        链接: <input type="text" name="url" style="width: 500px"><br>
        <input type="submit" value="发布">
    </form>
</body>
</html>
```

通过运行代码，可以看到如下输入框，可以把需要添加的数据添加到输入框中，然后单击"发布"按钮即可实现操作，如图 17-16 所示。

图 17-16　添加数据页面

当然，修改数据的页面也是必不可少的，当已经存在的数据需要修改时，单击"修改"按钮需要把数据进行更改，依然需要在 Templates 文件夹下面新建一个 update.html 来实现相关操作，代码如下所示：

```html
<!DOCTYPE html>
<html lang="en">
<head>
    <meta charset="UTF-8">
    <title>修改</title>
</head>
<script type="text/javascript" src="static/js/jquery-1.8.2.min.js"></script>
<link rel="stylesheet" type="text/css" href="../static/css/index_work.css">
<body>
    <form action="/updateInvitation/" method="post">
        {% for i in invitation %}
            编号: <input type="text" name="number" value="{{ i.number }}" style="width: 500px"
readonly="true"><br>
            标题: <input type="text" name="title" value="{{ i.title }} " style="width: 500px"><br>
            内容: <br><textarea name="content" style="width: 550px;height: 200px">{{ i.content }}
</textarea><br>
            链接: <input type="text" name="url" value="{{ i.url }}" style="width: 500px"><br>
            <input type="submit" value="确认修改">
        {% endfor %}
    </form>
</body>
</html>
```

运行代码后，看到如图 17-17 所示的页面，即可实现数据的更改操作。

图 17-17　更改数据页面

17.3　本章总结

以上就是整个项目的所有操作以及代码，首先使用的是 Python 中的爬虫框架 Scrapy，将数据爬取下来并且存入 MongoDB 中，然后再使用 Python 的 Django 框架将数据展示到页面上。这其中既有对 Scrapy 框架的学习，也有对 Django 框架的了解，同时还用到了前端的技术，不过最重要的是 Python 与 MongoDB 的连接，以及数据的增、删、改、查等操作。